- 本書の複製権・翻訳権・譲渡権は株式会社近代科学社が保有します．
- JCOPY 〈(社)出版者著作権管理機構 委託出版物〉
  本書の無断複写は著作権法上での例外を除き禁じられています．
  複写される場合は，そのつど事前に(社)出版者著作権管理機構
  (https://www.jcopy.or.jp, e-mail: info@jcopy.or.jp) の許諾を得てください．

よくわかる 微分積分概論演習

笹野一洋・南部徳盛・松田重生

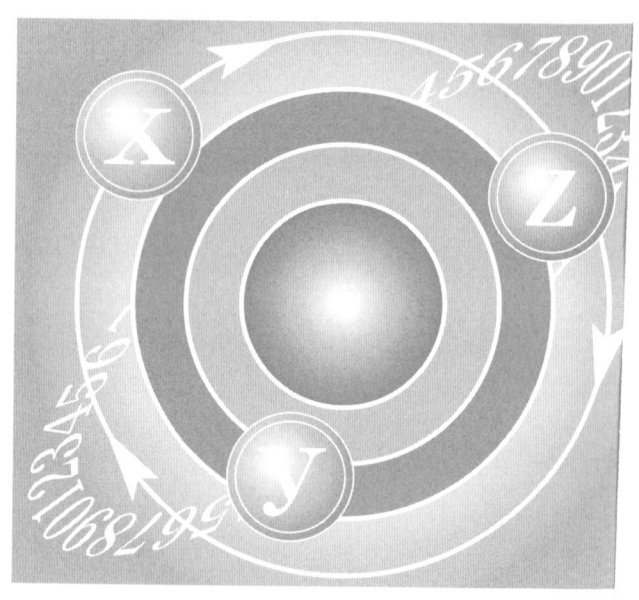

近代科学社

まえがき

　本書は，教科書「よくわかる微分積分概論」の演習書である．

　現在，大学の初年級の学生に対する微分積分の教科書が数多く出版されているが，それらの教科書の問や章末の演習問題には，ほとんど略解しかつけられていない．

　このような状況で，著者三人は，長年にわたる大学での微分積分の講議経験を踏まえ，さらに，教科書の問と章末の演習問題の詳しい解答を求める最近の多くの学生の声を十分に取り入れて，この演習書を執筆することにした．

　この演習書では，教科書「よくわかる微分積分概論」の定義・定理・例はその結果のみを簡潔に記載するにとどめ，問と章末の演習問題について詳細な解答を与えている．教科書で定義・定理などについて理解し，さらに，この演習書で問題演習をすることにより，教科書の内容，すなわち，大学における 1, 2 年次の基礎教育科目の微分積分学の内容を確実に会得できると期待される．

　執筆にあたっては，2006 年 4 月に大学に入学する学生の高校新教育課程による高校数学の教科内容をも検討した上で，多様な学力の学生に対して，誰でも大学における 1 変数関数と多変数関数の微分と積分をやさしく会得できるように留意した．

　なお，一部の図の作成には数式処理ソフト Mathematica, Maple を使用した．また，南部が 1,2,3,8 章を，松田が 6 章を，笹野が 4,5,7 章を担当した．

　この演習書の出版に際し，近代科学社の福澤富仁氏と吉原寿和氏に大変お世話になりました．ここで，著者一同心からお礼申し上げます．

2005 年 1 月

著者一同

目　次

第1章　準備と助走 ……………………………………………………………… 1
- 1.1　この本で用いる記号について ……………………………………………… 1
- 1.2　数列とその極限 …………………………………………………………… 2
- 1.3　関数 ………………………………………………………………………… 9
- 1.4　整関数, 分数関数 ………………………………………………………… 10
- 1.5　逆関数, 合成関数, 無理関数 …………………………………………… 11
- 1.6　三角関数 …………………………………………………………………… 14
  - 1.6.1　角の測り方 (度数法と弧度法) ……………………………………… 14
  - 1.6.2　三角関数 ………………………………………………………… 14
- 1.7　指数関数と対数関数 ……………………………………………………… 17
- 1.8　逆三角関数 ………………………………………………………………… 20
- 1.9　双曲線関数 ………………………………………………………………… 21
- 1.10　無限級数 ………………………………………………………………… 22
- 演習問題 1 ………………………………………………………………………… 24

第2章　1変数関数の極限と連続性 ……………………………………………… 35
- 2.1　関数の極限 ………………………………………………………………… 35
- 2.2　連続関数 …………………………………………………………………… 39
- 演習問題 2 ………………………………………………………………………… 42

第3章　1変数関数の微分 ………………………………………………………… 47
- 3.1　微分可能の定義と導関数 ………………………………………………… 47
- 3.2　微分法の公式 ……………………………………………………………… 49
- 3.3　高次導関数 $f^{(n)}(x)$ …………………………………………………… 53
- 3.4　平均値の定理とその応用 ………………………………………………… 57
- 3.5　テイラーの定理とテイラーの近似多項式 ……………………………… 59
- 3.6　テイラー級数展開とマクローリン級数展開 …………………………… 64

- 3.7 微分の応用 ··· 66
    - 3.7.1 不定形の極限値 ··· 66
    - 3.7.2 極値 ··· 68
- 3.8 方程式 $f(x)=0$ の数値解 x について ··························· 71
- 演習問題 3 ··· 73

第 4 章 不定積分 **87**
- 4.1 不定積分の定義 ·· 87
- 4.2 置換積分・部分積分 ··· 89
- 4.3 有理関数の不定積分 ··· 91
- 4.4 いろいろな関数の不定積分 ·· 93
- 演習問題 4 ··· 98

第 5 章 定積分 **108**
- 5.1 定積分の定義 ·· 108
- 5.2 微分積分の基本定理：不定積分との関係 ···························· 110
- 5.3 置換積分・部分積分 ··· 112
- 5.4 広義積分 ··· 114
- 5.5 定積分の応用 ·· 117
    - 5.5.1 区分求積法 ··· 117
    - 5.5.2 面積・体積・長さ ··· 118
- 5.6 発展：定積分 $\int_a^b f(x)dx$ の数値積分について ··················· 123
- 5.7 発展：フーリエ級数 ··· 129
    - 5.7.1 フーリエ級数の定義 ··· 129
    - 5.7.2 フーリエ級数の性質 ··· 131
- 演習問題 5 ··· 131

第 6 章 多変数関数 **145**
- 6.1 多変数関数 ·· 145
    - 6.1.1 基礎事項 ·· 145
    - 6.1.2 偏微分係数と偏導関数 ·· 148

目次　　　　　　　　　　　　　　　　　　　　　　　　　v

　　6.1.3　方向微分 ································· 150
　　6.1.4　勾配 ····································· 150
　　6.1.5　高次偏導関数 ······························ 151
6.2　全微分とその応用 ································ 152
　　6.2.1　全微分 ···································· 152
　　6.2.2　線形近似 ·································· 153
　　6.2.3　接平面 ···································· 154
　　6.2.4　変数の変換，合成関数の微分法 ·············· 154
　　6.2.5　合成関数の微分法と方向微分 ················ 159
6.3　テイラーの定理 ·································· 159
6.4　極値 ·· 161
6.5　陰関数 ·· 163
6.6　条件付き極値 ···································· 164
演習問題 6 ·· 165

第 7 章　重積分 ··································· **171**
7.1　2 重積分の定義 ··································· 171
7.2　2 重積分の計算方法 ······························ 173
7.3　変数変換：重積分の置換積分 ······················ 180
7.4　広義積分 ·· 190
7.5　立体の体積 ······································ 192
7.6　曲面積 ·· 193
演習問題 7 ·· 194

第 8 章　微分方程式 ································ **210**
8.1　序 ·· 210
8.2　変数分離形 ······································ 210
8.3　同次形 ·· 213
8.4　完全微分方程式 ·································· 217
8.5　1 階線形微分方程式 ······························ 219
8.6　定数係数の 2 階線形微分方程式 ··················· 226
8.7　解の一意性定理と存在定理 ························ 233

演習問題 8 ………………………………………………………… 234

索　引 ………………………………………………………… **247**

ギリシャ文字

大文字	小文字	発音 英語での表記	大文字	小文字	発音 英語での表記
A	α	アルファ alpha	N	ν	ニュー nu
B	β	ベータ beta	Ξ	ξ	グザイ, クシー xi
Γ	γ	ガンマ gamma	O	o	オミクロン omicron
Δ	δ	デルタ delta	Π	π	パイ pi
E	ϵ, ε	イプシロン epsilon	P	ρ	ロー rho
Z	ζ	ゼータ, ツェータ zeta	Σ	σ	シグマ sigma
H	η	イータ, エータ eta	T	τ	タウ, トウ tau
Θ	θ, ϑ	シータ, テータ theta	Υ	υ	ウプシロン upsilon
I	ι	イオタ iota	Φ	ϕ, φ	ファイ, フィー phi
K	κ	カッパ kappa	X	χ	カイ chi
Λ	λ	ラムダ lambda	Ψ	ψ	プサイ, プシー psi
M	μ	ミュー mu	Ω	ω	オメガ omega

第1章 準備と助走

1.1 この本で用いる記号について

$\mathbb{N}$ は自然数全体の集合,$\mathbb{Z}$ は整数全体の集合,$\mathbb{Q}$ は有理数全体の集合,$\mathbb{R}$ は実数全体の集合を表す.集合 S を $\mathbb{R}$ の部分集合とするとき,表現 $p \in S$ は p が集合 S の元(要素)であることを意味する.また,条件 $\cdots$ を満たす数 x の全体の集合を記号 $\{x \,|\, x \text{ は } \cdots \text{ を満たす}\}$ を用いて表す.a, b を実数とするとき,$\mathbb{R}$ の部分集合として,**閉区間**$[a,b] = \{x \,|\, x \in \mathbb{R},\ a \leq x \leq b\}$,**開区間**$(a,b) = \{x \,|\, x \in \mathbb{R},\ a < x < b\}$,$(-\infty, \infty) = \mathbb{R}$,$[a,b) = \{x \,|\, x \in \mathbb{R},\ a \leq x < b\}$,$(a,b] = \{x \,|\, x \in \mathbb{R},\ a < x \leq b\}$ なる**区間**が定義できる.

注 1.1. 記号 ∞ は**無限大**と呼ぶ.なお,∞ は数ではないので,その使い方に注意を要する.

注 1.2. 記号 $\leq$ は記号 $\leqq$ と同じで,さらに,記号 $\geq$ は記号 $\geqq$ と同じである.この本では $\leq$,$\geq$ の記号を用いる.

注 1.3. $\max(a,b)$ は a と b での大きい数を表し,$\min(a,b)$ は a と b での小さい数を表す.S を数の集合とするとき,$\max S$ は S の中での**最大数**を,$\min S$ は S の中での**最小数**を表す.

実数の性質 実数 x, y, z に対して次が成り立つ:

1. $xy \leq |xy| = |x||y|$

2. $|x + y| \leq |x| + |y|$

3. $||x| - |y|| \leq |x - y|$

4. $x \leq y \leq z$ のとき，$|y| \leq \max(|x|, |z|) \leq |x| + |z|$.

   5. a を正の数とする．$|x - y| \leq a$ ならば，$|x| \leq |y| + a$.

問 1.1.1. 実数 x, y, z に対して次の不等式を証明せよ．
  (1) $x \leq y \leq z$ のとき，$|y| \leq \max(|x|, |z|) \leq |x| + |z|$.
  (2) a を正の数とする．$|x - y| \leq a$ ならば，$|x| \leq |y| + a$．

証明
(1) $|x| \leq (|x| + |z|), |z| \leq (|x| + |z|)$ より $\max(|x|, |z|) \leq (|x| + |z|)$ である．
 (i) $0 \leq y$ のとき，$y = |y| \leq z = |z|$ である．
   $|x| \leq |y|$ のとき，$|x| \leq |y| \leq |z|$ で，$|y| \leq |z| \leq \max(|x|, |z|)$.
   $|y| \leq |x|$ のとき，$|y| \leq \max(|x|, |z|)$ である．
 (ii) $y \leq 0$ のとき，$x \leq y \leq 0$ から，$|y| \leq |x|$ であるから，$|y| \leq \max(|x|, |z|)$.
   いずれにせよ，$|y| \leq \max(|x|, |z|)$ である．
(2) $|x - y| \leq a$ の絶対値をはずすと
$$-a \leq x - y \leq a \quad \text{すなわち}, y - a \leq x \leq a + y$$
  ここで (1) を使用すると $|x| \leq \max(|a + y|, |y - a|)$ で，
$|a + y| \leq a + |y|, |y - a| \leq |y| + a$ より，$|x| \leq |y| + a$. □

1.2 数列とその極限

  無限個の数の列
$$a_1, a_2, a_3, \cdots, a_n, \cdots$$
を**数列**といい，記号 $\{a_n\}$ で表す．数列 $\{a_n\}$ の収束，発散が定義できる．
 (数列の収束)
   数列 $\{a_n\}$ において，「n を限りなく大きくするとき，a_n が一定の値 L に限りなく近づく」ならば，数列 $\{a_n\}$ は L に**収束する**といい，L を数列 $\{a_n\}$ の「**極限**」または「**極限値**」という．このとき，
$$\lim_{n \to \infty} a_n = L \quad \text{または} \quad a_n \to L \quad (n \to \infty)$$
と書く．

1.2. 数列とその極限

(**数列の発散**)

 数列 $\{a_n\}$ が収束しないとき，数列 $\{a_n\}$ は**発散する**という．

 数列 $\{a_n\}$ において，n を限りなく大きくするとき，a_n が限りなく大きくなるならば，数列 $\{a_n\}$ は**正の無限大に発散する**といい，$\lim_{n\to\infty} a_n = \infty$ または $a_n \to \infty \ (n \to \infty)$ と書く．数列 $\{a_n\}$ において，n を限りなく大きくするとき，$a_n < 0$ で $|a_n|$ が限りなく大きくなるならば，数列 $\{a_n\}$ は**負の無限大に発散する**といい，$\lim_{n\to\infty} a_n = -\infty$ または $a_n \to -\infty \ (n \to \infty)$ と書く．

 数列の極限に関する性質は次の通りである：

定理 1.4. $\lim_{n\to\infty} a_n = L$, $\lim_{n\to\infty} b_n = M$ で，α, β は定数とするとき，次の関係が成り立つ：

1. $\lim_{n\to\infty} (\alpha a_n + \beta b_n) = \alpha L + \beta M$

2. $\lim_{n\to\infty} (a_n b_n) = LM$

3. $\lim_{n\to\infty} \dfrac{a_n}{b_n} = \dfrac{L}{M} \quad (b_n \neq 0, M \neq 0)$

4. $\lim_{n\to\infty} |a_n| = |L|$

5. $a_n \leq b_n \, (n = 1, 2 \cdots)$ のとき，$L \leq M$

6. (**はさみうちの原理**) $a_n \leq c_n \leq b_n \, (n = 1, 2, \cdots)$ で，$L = M$ のとき，
 $$\lim_{n\to\infty} c_n = L$$

7. $L > 0$ のとき，十分に大なる番号 m があって，m より大きいすべての n に対して $a_n > 0$ である．

更に次の定理が成り立つ：

定理 1.5.

1. $a_n \leq b_n \, (n \in \mathbb{N})$ で

(1) $\lim_{n\to\infty} a_n = \infty$ ならば，$\lim_{n\to\infty} b_n = \infty$.
   (2) $\lim_{n\to\infty} b_n = -\infty$ ならば，$\lim_{n\to\infty} a_n = -\infty$.

2. $\lim_{n\to\infty} a_n = \infty$ ならば，$\lim_{n\to\infty} \dfrac{1}{a_n} = 0$.

3. $\lim_{n\to\infty} |a_n| = 0$ ならば，$\lim_{n\to\infty} a_n = 0$.

数列 $\{a_n\}$ が
$$a_1 \leq a_2 \leq \cdots \leq a_n \leq \cdots \quad (\text{または} \quad a_1 \geq a_2 \geq \cdots \geq a_n \geq \cdots)$$
を満たすとき，**単調増加数列**（または**単調減少数列**）という．単調増加数列と単調減少数列を総称して**単調数列**という．

数列 $\{a_n\}$ において

(1) ある定数 M があって，すべての n に対して $a_n \leq M$ が成り立つならば，**上に有界**であるという．

(2) ある定数 m があって，すべての n に対して $a_n \geq m$ が成り立つならば，**下に有界**であるという．

上にも下にも有界な数列を**有界数列**という．

次の命題を公理として認める：

命題 1.6. 上に有界な単調増加数列は収束する．

注 1.7. この公理から「下に有界な単調減少数列は収束する」が成り立つのは明らかである．

例 1.1. 次の数列の収束，発散を調べよ．

1. $\lim_{n\to\infty} n = +\infty$ （発散）

2. $\lim_{n\to\infty} \dfrac{1}{n} = 0$ （収束）

3. $\lim_{n\to\infty} n^2 = +\infty$ （発散）

4. $\lim_{n\to\infty} \dfrac{n+1}{n} = 1$ （収束）

1.2. 数列とその極限

5. $\displaystyle\lim_{n\to\infty}\frac{2n^2+n+1}{n^2-n+1}=2$ （収束）

6. $(-1)^n$ は振動

7. $\displaystyle\lim_{n\to\infty}\frac{1}{n^2}=0$ （収束）

8. $\displaystyle\lim_{n\to\infty}(-1)^n\frac{1}{n}=0$ （収束）

9. $\displaystyle\lim_{n\to\infty}\sqrt{n+1}-\sqrt{n}=0$ （収束）

10. $\displaystyle\lim_{n\to\infty}\frac{1}{n}\sin n=0$ （収束）

例 1.2.

1. $\displaystyle\sum_{k=1}^{n}k=1+2+3+\cdots+n=\frac{n(n+1)}{2}$

2. $\displaystyle\sum_{k=1}^{n}a^{k-1}=1+a+a^2+\cdots+a^{n-1}=\frac{1-a^n}{1-a}\ (a\neq 1)$

定理 1.8. （二項定理） a,b を数とする．n を自然数とするとき，

$$(a+b)^n = {}_nC_0 a^n + {}_nC_1 a^{n-1}b + {}_nC_2 a^{n-2}b^2 + \cdots + {}_nC_{n-1}ab^{n-1} + {}_nC_n b^n$$
$$= \sum_{k=0}^{n} {}_nC_k a^{n-k}b^k$$

が成り立つ．ただし，${}_nC_k=\dfrac{n!}{k!(n-k)!}$ で，$0!=1$ とする．

例 1.3. $r>1$ のとき，$\displaystyle\lim_{n\to\infty}\frac{r^n}{n}=+\infty$ が成り立つ．

例 1.4. $a_n=\left(1+\dfrac{1}{n}\right)^n$ とするとき，次が成り立つ．

1. $a_n < a_{n+1}\ (n=1,2,\cdots)$.

2. $a_n < 3\ (n=1,2,\cdots)$.

注 1.9. 記号　定数 e について

例 1.4 より，数列 $\left\{(1+\dfrac{1}{n})^n\right\}$ は単調増加数列で上に有界である．よって命題 1.6 により，$\lim_{n\to\infty}(1+\dfrac{1}{n})^n$ が存在する．この極限値を e で表す．定数 e は無理数で $e \fallingdotseq 2.71828\cdots$ である．

注 1.10. 定数 π に関する質問はないけれども，この定数 e に関する質問が多い．文字 e, π, i を初めて用いたのはオイラー (L. Euler, 1707-1783) である．

問 1.2.1. 次の関係を証明せよ．
(1) $\displaystyle\sum_{k=1}^{n} k^2 = \dfrac{1}{6}n(n+1)(2n+1)$
(2) $\displaystyle\sum_{k=1}^{n} k^3 = \left\{\dfrac{1}{2}n(n+1)\right\}^2$

証明

(1) 等式 $(1+k)^3 - k^3 = 1 + 3k + 3k^2$　$(k=1,2,\cdots,n)$ を使用する．
$$\sum_{k=1}^{n}(1+3k+3k^2) = \sum_{k=1}^{n}1 + 3\sum_{k=1}^{n}k + 3\sum_{k=1}^{n}k^2 = n + 3\dfrac{n(n+1)}{2} + 3\sum_{k=1}^{n}k^2$$
$$\sum_{k=1}^{n}((1+k)^3 - k^3) = (1+n)^3 - 1 = n^3 + 3n^2 + 3n$$

よって　$n^3 + 3n^2 + 3n = n + 3\dfrac{n(n+1)}{2} + 3\displaystyle\sum_{k=1}^{n}k^2$

$\therefore \displaystyle\sum_{k=1}^{n}k^2 = \dfrac{1}{6}(2n^3 + 3n^2 + n) = \dfrac{1}{6}n(n+1)(2n+1)$

(2) 等式 $(1+k)^4 - k^4 = 4k^3 + 6k^2 + 4k + 1$　$(k=1,2,\cdots,n)$ を使用する．
$$\sum_{k=1}^{n}(4k^3 + 6k^2 + 4k + 1) = 4\sum_{k=1}^{n}k^3 + 6\sum_{k=1}^{n}k^2 + 4\sum_{k=1}^{n}k + n$$
$$= 4\sum_{k=1}^{n}k^3 + n(n+1)(2n+1) + 2n(n+1) + n = 4\sum_{k=1}^{n}k^3 + 2n^3 + 5n^2 + 4n,$$

他方，$\displaystyle\sum_{k=1}^{n}((1+k)^4 - k^4) = (1+n)^4 - 1 = n^4 + 4n^3 + 6n^2 + 4n$ より，

1.2. 数列とその極限

$$\sum_{k=1}^{n}\left((1+k)^4 - k^4\right) = \sum_{k=1}^{n}\left(4k^3 + 6k^2 + 4k + 1\right) \text{ から,}$$
$$4\sum_{k=1}^{n} k^3 = n^4 + 2n^3 + n^2 = [n(n+1)]^2. \quad \therefore \sum_{k=1}^{n} k^3 = \left\{\frac{1}{2}n(n+1)\right\}^2 \qquad \square$$

問 1.2.2. 次の関係を証明せよ．
(1) ${}_nC_k = {}_nC_{n-k}$ （ただし，$0 \leq k \leq n$）
(2) ${}_nC_{k-1} + {}_nC_k = {}_{n+1}C_k$ （ただし，$1 \leq k \leq n$）
(3) ${}_nC_0 + {}_nC_1 + \cdots + {}_nC_{n-1} + {}_nC_n = 2^n$
(4) ${}_nC_0 - {}_nC_1 + \cdots + (-1)^j {}_nC_j + \cdots + (-1)^n {}_nC_n = 0$

証明
(1) ${}_nC_k = \dfrac{n!}{k!(n-k)!} = \dfrac{n!}{(n-k)!k!} = {}_nC_{n-k}$

(2) ${}_nC_{k-1} + {}_nC_k = \dfrac{n!}{(k-1)!(n-k+1)!} + \dfrac{n!}{k!(n-k)!}$
$= n!\dfrac{1}{k!(n+1-k)!}(k + n + 1 - k) = \dfrac{(n+1)!}{(n+1-k)!k!} = {}_{n+1}C_k$

(3) 二項定理で $a = b = 1$ とおく．$(1+1)^n = 2^n$
(4) 二項定理で $a = 1, b = -1$ とおく．$b^j = (-1)^j$, $(1-1)^n = 0$ $\qquad \square$

問 1.2.3. a を定数とするとき，次の極限を調べよ：$\lim\limits_{n\to\infty} a^n$.

解
(i) $a > 1$ のとき，
$a = 1 + r \ (r > 0)$ とおく．$a^n = (1+r)^n > 1 + nr \ (n = 2, 3, \cdots)$
$\lim\limits_{n\to\infty}(1 + nr) = \infty$ より，$\lim\limits_{n\to\infty} a^n = \infty$
(ii) $a = 1$ のとき，$\lim\limits_{n\to\infty} a^n = \lim\limits_{n\to\infty} 1 = 1$
(iii) $|a| < 1$ のとき
$a = 0$ ならば，$\lim\limits_{n\to\infty} a^n = 0$
$a \neq 0$ のとき，$b = \dfrac{1}{|a|}$ とおくと，$b > 1$ で $\lim\limits_{n\to\infty} b^n = \infty$.

よって $\lim_{n\to\infty} |a^n| = \lim_{n\to\infty} |a|^n = \lim_{n\to\infty} \frac{1}{|b|^n} = 0.$

∴ $|a| < 1$ のとき, $\lim_{n\to\infty} a^n = 0$

(iv) $a \leq -1$ のとき,

$a = -1$ のとき, $a^n = (-1)^n$ より, $\{a^n\}$ は振動する.

$a < -1$ のとき, a^n の符号は n が偶数のとき正で, n が奇数のとき負である. そして, $\lim_{n\to\infty} |a^n| = \lim_{n\to\infty} |a|^n = \infty$ であるから, $\{a^n\}$ は発散する. ■

問 1.2.4. $0 < r < 1$ のとき, 次の極限を調べよ: $\lim_{n\to\infty} \frac{r^n}{n}$.

解 $\lim_{n\to\infty} r^n = 0, \lim_{n\to\infty} \frac{1}{n} = 0$ より $\lim_{n\to\infty} \frac{r^n}{n} = \lim_{n\to\infty} r^n \lim_{n\to\infty} \frac{1}{n} = 0$ ■

問 1.2.5. $\lim_{n\to\infty} a_n = \alpha$ で $a_n > 0$ $(n \in \mathbb{N})$ かつ $\alpha > 0$ のとき, $\lim_{n\to\infty} \sqrt{a_n} = \sqrt{\alpha}$ を示せ.

証明 $(\sqrt{a_n} - \sqrt{\alpha}) = (\sqrt{a_n} - \sqrt{\alpha}) \frac{(\sqrt{a_n} + \sqrt{\alpha})}{(\sqrt{a_n} + \sqrt{\alpha})} = \frac{a_n - \alpha}{(\sqrt{a_n} + \sqrt{\alpha})}.$

故に $|(\sqrt{a_n} - \sqrt{\alpha})| = |\frac{a_n - \alpha}{(\sqrt{a_n} + \sqrt{\alpha})}| \leq \frac{|a_n - \alpha|}{\sqrt{\alpha}}.$

$\lim_{n\to\infty} |a_n - \alpha| = 0$ より, $\lim_{n\to\infty} \sqrt{a_n} = \sqrt{\alpha}.$ □

問 1.2.6. 次の数列は収束するかどうかを調べよ. 収束するときはその極限値を求めよ. a は定数とする.

(1) $\{2^n\}$ (2) $\left\{\frac{(-1)^n}{n}\right\}$ (3) $\left\{\left(\frac{5}{2}\right)^n\right\}$

(4) $\left\{\frac{2^{n+1} - 1}{2^n}\right\}$ (5) $\left\{\frac{(-1)^n + \sqrt{n}}{n}\right\}$ (6) $\{\sqrt[3]{n+1} - \sqrt[3]{n}\}$

(7) $\{\sqrt{n^2 + 1} - n\}$ (8) $\{(a^2 - 4a)^n\}$ (9) $\{a^n\}$ $(0 < a)$

解

(1) $\lim_{n\to\infty} 2^n = \infty$

(2) $|\frac{(-1)^n}{n}| \leq \frac{1}{n}$ より $\lim_{n\to\infty} \frac{(-1)^n}{n} = 0$

(3) $\dfrac{5}{2} > 1$ より，$\displaystyle\lim_{n\to\infty}\left(\dfrac{5}{2}\right)^n = \infty$

(4) $\dfrac{2^{n+1}-1}{2^n} = 2 - \dfrac{1}{2^n}$，$\displaystyle\lim_{n\to\infty}\left(\dfrac{1}{2}\right)^n = 0$ より，$\displaystyle\lim_{n\to\infty}\left(\dfrac{2^{n+1}-1}{2^n}\right) = 2$

(5) $\dfrac{(-1)^n+\sqrt{n}}{n} = \dfrac{(-1)^n}{n} + \dfrac{1}{\sqrt{n}}$ より，$\displaystyle\lim_{n\to\infty}\left(\dfrac{(-1)^n}{n} + \dfrac{1}{\sqrt{n}}\right) = 0+0 = 0$

(6) $\sqrt[3]{n+1} - \sqrt[3]{n} = \dfrac{(n+1)-n}{\sqrt[3]{(n+1)^2} + (\sqrt[3]{n+1}\sqrt[3]{n}) + \sqrt[3]{n^2}}$ より

$\displaystyle\lim_{n\to\infty}(\sqrt[3]{n+1} - \sqrt[3]{n}) = 0$

(7) $(\sqrt{n^2+1} - n) = \dfrac{(n^2+1)-n^2}{\sqrt{n^2+1}+n}$ より，$\displaystyle\lim_{n\to\infty}(\sqrt{n^2+1} - n) = 0$

(8) $|(a^2-4a)| > 1$ のとき，$\displaystyle\lim_{n\to\infty}|(a^2-4a)^n| = \infty$，$|(a^2-4a)| < 1$ のとき，$\displaystyle\lim_{n\to\infty}(a^2-4a)^n = 0$，$(a^2-4a) = 1$ のとき，$\displaystyle\lim_{n\to\infty}(a^2-4a)^n = 1$，$(a^2-4a) = -1$ のとき，$\displaystyle\lim_{n\to\infty}(a^2-4a)^n$ は発散する．

(9) $1 < a$ のとき，$\displaystyle\lim_{n\to\infty}a^n = \infty$．$a = 1$ のとき，$\displaystyle\lim_{n\to\infty}1 = 1$．$0 < a < 1$ のとき，$\displaystyle\lim_{n\to\infty}a^n = 0$． ∎

1.3 関数

I, J を実数 $\mathbb{R}$ の部分集合とする．このとき，I の各数 x に対して，J のただ一つの数 $y = f(x)$ を対応させる規則 f が定義されているとき，この対応を関数(function)といい記号 $y = f(x)$ を用いて表す．そして

$$f : I \ni x \mapsto y = f(x) \in J, \quad \text{または} \quad y = f(x) \quad (x \in I)$$

と書く．このとき，I を関数 f の**定義域**，集合 $\{f(x)|x \in I\}$ を f の**値域**という．値域 $\{f(x)|x \in I\}$ を $f(I)$ で表す．

関数 $f(x)$ の定義域を明記しない場合には $f(x)$ が意味のある x 全体の集合を関数 $f(x)$ の定義域とする．

関数 $f(x)$ の定義域 I に属する任意の 2 数 x_1, x_2 に対して $x_1 < x_2$ ならば $f(x_1) < f(x_2)$ が常に成り立つ時，$f(x)$ は I 上で**単調増加関数**であるという．

さらに $x_1 < x_2$ ならば，$f(x_1) > f(x_2)$ が常に成り立つときには，$f(x)$ は I 上で**単調減少関数**であるという．この二つを総称して**単調関数**という．

さらに，$x_1 < x_2$ ならば，$f(x_1) \leq f(x_2)$ $(f(x_1) \geq f(x_2))$ が常に成り立つとき，$f(x)$ は I 上で**広義の単調増加関数**（**広義の単調減少関数**）であるという．

1.4 整関数，分数関数

x の多項式 $a_n x^n + a_{n-1} x^{n-1} + \cdots + a_2 x^2 + a_1 x + a_0 (a_n, a_{n-1}, \cdots, a_1, a_0$ は定数) を**整式**(または**多項式**)という．整式で定義される関数を**整関数**という．

$f(x), g(x)$ を整式とする．このとき，$\dfrac{f(x)}{g(x)}$ を**分数式**という．分数式で定義される関数を**分数関数**(または**有理関数**)という．

例 1.5. 次の関数 $f(x)$ の定義域, 値域, 単調性について

1. $f(x) = x^2 - 2x + 3$ の定義域は $\mathbb{R}$，値域は区間 $[2, \infty)$
2. $f(x) = x^3$ の定義域は $\mathbb{R}$，値域は $\mathbb{R}$ で，f は $\mathbb{R}$ 上の単調増加関数
3. $f(x) = x^4$ の定義域は $\mathbb{R}$，値域は区間 $[0, \infty)$

例 1.6.

1. $y = \dfrac{x}{x-1} \left(= 1 + \dfrac{1}{x-1} \right)$ の定義域は $\{x \mid x \neq 1\}$ である．
2. $y = \dfrac{1}{x^2 - 3x + 2} \left(= \dfrac{1}{x-2} - \dfrac{1}{x-1} \right)$ の定義域は $\{x \mid x \neq 1, x \neq 2\}$ である．
3. $\dfrac{x^2}{x^2 - 1} = 1 + \dfrac{1}{2} \left(\dfrac{1}{x-1} - \dfrac{1}{x+1} \right)$ の定義域は $\{x \mid x \neq -1, x \neq 1\}$ である．

問 1.4.1. 次の関数 $f(x)$ の定義域を求めよ．
(1) $\dfrac{x}{x+1}$ (2) $\dfrac{1-2x}{x-2}$ (3) $\dfrac{1}{x^2+1}$ (4) $\dfrac{x^2}{x^2-1}$ (5) $\dfrac{x^2}{x^2+1}$

解
(1) 定義域は $x \neq -1$,　(2) 定義域は $x \neq 2$,　(3) 定義域は $\mathbb{R}$,
(4) 定義域は $x \neq \pm 1$,　(5) 定義域は $\mathbb{R}$ ∎

注 1.11. 一般に関数の値域の求め方は難しいので，これについては第3章の微分の応用としてふれる．

1.5　逆関数，合成関数，無理関数

集合 I, J を $\mathbb{R}$ の部分集合とし，関数 $f : I \ni x \mapsto y = f(x) \in J$ を考える．

(1)　$x_1 \neq x_2 (x_1 \in I, x_2 \in I)$ のとき，必ず $f(x_1) \neq f(x_2)$ が成り立つならば，f は I 上で **1 対 1 の関数**であるという．

(2)　$J = f(I) = \{f(x) | x \in I\}$ のとき，f は **I から J の上への関数**であるという．

(3)　(1) と (2) の条件を共に満たす f を **I から J への 1 対 1 の上への関数**という．

集合 I, J を $\mathbb{R}$ の部分集合とする．関数 $f : I \ni x \mapsto y = f(x) \in J = f(I)$ が I から J への 1 対 1 の上への関数のとき，f の値域 $J = f(I)$ の**各元** y に対して $y = f(x)$ なる I の元 $x \in I$ が**唯一つ**定義される．このような，集合 $J = f(I)$ から集合 I への対応を $x = f^{-1}(y)$ と書く．この対応を関数 $f(x)$ の**逆関数**という．すなわち，関数 $y = f(x)$ ($x \in I$) の逆関数を $x = f^{-1}(y)$ ($y \in J = f(I)$) で表す．

注 1.12. 定義された逆関数の表現は $y = f^{-1}(x)$ ($x \in J$), $s = f^{-1}(t)$ ($t \in J$), $b = f^{-1}(a)$ ($a \in J$) 等で書く．

注 1.13. $f^{-1}(x) \neq \dfrac{1}{f(x)}$ であることを注意しておく．

集合 A, B, C を $\mathbb{R}$ の部分集合とする．このとき，二つの関数
$$f : A \ni x \mapsto y = f(x) \in B, \qquad g : B \ni y \mapsto z = g(y) \in C$$
が与えられたとき，A の各元 a に対して C の元 $g(f(a))$ を対応させる関数を f と

g の**合成関数**といい, $g \circ f : A \ni x \mapsto g(f(x)) \in C$ で表す. 即ち, $(g \circ f)(x) = g(f(x)) \ (x \in A)$ と書く.

$$\sqrt{x}, \quad \sqrt{ax+b}, \quad \sqrt{x^2+1}, \quad \sqrt[3]{(x^2-x-2)}, \quad \sqrt[4]{x^2+x+1}, \quad \sqrt[5]{x^2+1}$$

のように $\sqrt{(****)}$, $\sqrt[n]{(****)}$ $(n \in \mathbb{N})$ の $(****)$ の部分が整式である式を**無理式**といい, 無理式で表さる関数を**無理関数**という.

例 1.7.

1. 関数 $y = 5x + 7 \ (x \in \mathbb{R})$ は定義域 $\mathbb{R}$ から値域 $\mathbb{R}$ への1対1の上への関数（単調増加関数）である. その逆関数は $x = f^{-1}(y) = \dfrac{y-7}{5} \ (y \in \mathbb{R})$ である.

2. 関数 $y = x^2 \ (x \in \mathbb{R})$ は定義域 $\mathbb{R}$ から値域 $[0, +\infty)$ への上への関数であるが1対1の関数ではない（なぜなら $(x)^2 = (-x)^2$ である）. この場合には逆関数は定義されない.

3. 関数 $y = x^2 \ (0 \le x)$ は定義域 $[0, +\infty)$ から値域 $[0, +\infty)$ への1対1の上への関数（単調増加関数）である. よって逆関数が定義される. この逆関数を $x = f^{-1}(y) = \sqrt{y} \ (y \in [0, \infty))$ で表す.

4. 関数 $y = x^3 \ (x \in \mathbb{R})$ は定義域 $\mathbb{R}$ から値域 $\mathbb{R}$ への1対1の上への関数である. よってこの逆関数 $x = f^{-1}(y)$ が定義される. この逆関数を $x = \sqrt[3]{y} \ (y \in \mathbb{R})$ で表す.

5. n を自然数とする. 関数 $y = x^{2n+1} \ (x \in \mathbb{R})$ は定義域 $\mathbb{R}$ から値域 $\mathbb{R}$ への1対1の上への関数である. この逆関数が定義される. その逆関数 $x = f^{-1}(y)$ を $x = \sqrt[2n+1]{y} \ (y \in \mathbb{R})$ で表す.

6. n を自然数とする. 関数 $y = x^{2n} \ (0 \le x)$ は定義域 $[0, \infty)$ から値域 $[0, \infty)$ への1対1の上への関数である. この逆関数が定義される. その逆関数 $x = f^{-1}(y)$ を $x = \sqrt[2n]{y} \ (y \in [0, \infty))$ で表す.

例 1.8. 次の与えられた関数 $f(x), g(x)$ に対する合成関数 $(f \circ g)(x) = f(g(x))$, $(g \circ f)(x) = g(f(x))$ とその合成関数の定義域は：

1. $f(x) = ax + b \ (x \in \mathbb{R})$, $g(x) = px^2 + qx + r \ (x \in \mathbb{R})$ に対して,
$(f \circ g)(x) = f(g(x)) = a(px^2 + qx + r) + b \ (x \in \mathbb{R})$,
$(g \circ f)(x) = g(f(x)) = p(ax+b)^2 + q(ax+b) + r \ (x \in \mathbb{R})$

2. $f(x) = x^2 + 1 \ (x \in \mathbb{R})$, $g(x) = \dfrac{1}{x} \ (x \in \mathbb{R}, x \ne 0)$ に対して,

1.5. 逆関数, 合成関数, 無理関数

$(f \circ g)(x) = f(g(x)) = \dfrac{1}{x^2} + 1 \ \ (x \in \mathbb{R}, \ x \neq 0), \ (g \circ f)(x) = g(f(x)) = \dfrac{1}{x^2 + 1} \ \ (x \in \mathbb{R})$

例 1.9.

1. $y = \sqrt{x-1}$ の定義域は $\{x \mid 1 \leq x\}$, 値域は $\{y \mid 0 \leq y\}$.
2. $y = x^2 \sqrt{x}$ の定義域は $\{x \mid 0 \leq x\}$, 値域は $\{y \mid 0 \leq y\}$.
3. $y = \sqrt{x^2 - 1}$ の定義域は $\{x \mid 1 \leq |x|\}$, 値域は $\{y \mid 0 \leq y\}$.
4. $y = \sqrt{1 - x^2}$ の定義域は $\{x \mid |x| \leq 1\}$, 値域は $\{y \mid 0 \leq y \leq 1\}$.

問 1.5.1. 次の関数の逆関数を求めよ.
(1) $y = -2x + 4 \ \ (x \in \mathbb{R})$ (2) $y = \dfrac{x}{x+1} \ \ (-1 < x)$

解
(1) 関数 $y = -2x + 4 \ (x \in \mathbb{R})$ の値域は $\mathbb{R}$. この逆関数 $x = f^{-1}(y)$ は $x = -\dfrac{1}{2}(y - 4)$.
(2) $y = 1 - \dfrac{1}{x+1}$ より, 関数 $y = \dfrac{x}{x+1} \ (-1 < x)$ の値域は $(-\infty, 1)$. この逆関数 $x = f^{-1}(y)$ は $x = \dfrac{y}{1-y} \ (y < 1)$. ∎

問 1.5.2. 次の与えられた関数 $f(x), g(x)$ に対して合成関数 $f(g(x)), g(f(x))$ を求めよ. その合成関数の定義域を明示せよ.
(1) $f(x) = x^2 \ \ (x \in \mathbb{R}), \ g(x) = \sqrt[3]{x} \ \ (x \in \mathbb{R})$
(2) $f(x) = x^2 + 1 \ \ (x \in \mathbb{R}), \ g(x) = \sqrt{x} \ \ (0 \leq x)$

解
(1) $\ \ f(g(x)) = (\sqrt[3]{x})^2 = \sqrt[3]{x^2} \ (x \in \mathbb{R}), \ \ g(f(x)) = \sqrt[3]{x^2} \ (x \in \mathbb{R})$
(2) $\ \ f(g(x)) = x + 1 \ (0 \leq x), \ \ g(f(x)) = \sqrt{x^2 + 1} \ (x \in \mathbb{R})$ ∎

問 1.5.3. 次の関数 $f(x)$ の定義域を求めよ.
(1) $\sqrt{2x - 1}$ (2) $\sqrt{2 - x}$ (3) $-\sqrt{x + 1}$
(4) $\sqrt{x^2 + x + 1}$ (5) $x\sqrt{x^2 - 1}$

解
(1) 定義域は $[\frac{1}{2}, \infty)$, (2) 定義域は $(-\infty, 2]$, (3) 定義域は $[-1, \infty)$,
(4) 定義域は $\mathbb{R}$, (5) 定義域は $(-\infty, -1] \cup [1, \infty)$ ∎

1.6 三角関数

1.6.1 角の測り方 (度数法と弧度法)

直角の $\frac{1}{90}$ を単位 1 度として角を測る方法を**度数法**といい，半径 1 の円周上において，弧の長さが 1 のときの中心角を 1 **ラジアン**（**弧度**）として角を測る方法を**弧度法**という．つまり，

$$1° = \frac{\pi}{180} \text{ラジアン}, \quad 1 \text{ラジアン} = \frac{180°}{\pi}$$

が成立する．今後，角度の単位は通常ラジアンの単位を用い，その単位は省略する．

例 1.10.

度	30°	45°	60°	90°	120°	150°	180°	270°	360°
ラジアン	$\frac{\pi}{6}$	$\frac{\pi}{4}$	$\frac{\pi}{3}$	$\frac{\pi}{2}$	$\frac{2\pi}{3}$	$\frac{5\pi}{6}$	π	$\frac{3\pi}{2}$	2π

例 1.11. $0 < x < \frac{\pi}{2}$ のとき，次の不等式が成り立つ：

$$\sin x < x < \tan x$$

1.6.2 三角関数

座標平面上で直交座標系 $\mathrm{O}x$, $\mathrm{O}y$ が与えられている．いま，角 θ $(0 < \theta < \frac{\pi}{2})$ によって定まる動径を OP とする．点 P の座標を (x, y) とする．OP の長さを $r = \sqrt{x^2 + y^2}$ とおく．

1.6. 三角関数

このとき，三角比 $\sin\theta, \cos\theta, \tan\theta, \cot\theta, \sec\theta, \mathrm{cosec}\,\theta$ を $\sin\theta = \dfrac{y}{r}$, $\cos\theta = \dfrac{x}{r}$, $\tan\theta = \dfrac{y}{x}$, $\cot\theta = \dfrac{x}{y}$, $\sec\theta = \dfrac{r}{x}$, $\mathrm{cosec}\,\theta = \dfrac{r}{y}$ で定義する．さらに，θ が一般角の場合にも，上の式によって $\sin\theta, \cos\theta, \tan\theta, \cot\theta, \sec\theta, \mathrm{cosec}\,\theta$ を定義する．この 6 つの右辺の比は動径 OP の長さ r に無関係で，角 θ だけによって定まるから，これらは一般角 θ の関数と考えることができる．そして，それぞれを**正弦関数**，**余弦関数**，**正接関数**，**余接関数**，**正割関数**，**余割関数**という．これらの 6 つの関数を総称して**三角関数**という．

定義から，次の三角関数の諸性質が成り立つ．

1. $\sin x, \cos x$ の性質

    これらの関数の定義域は $\mathbb{R} = (-\infty, +\infty)$ で，その値域は $[-1, 1]$ である．また，関数 $\sin x, \cos x$ は周期 2π の関数である．すなわち，$\sin(x + 2n\pi) = \sin x$, $\cos(x + 2n\pi) = \cos x$ $(n = \pm 1, \pm 2, \cdots)$ を満たす．$\sin x$ は奇関数で，$\cos x$ は偶関数である．すなわち，$\sin(-x) = -\sin x, \cos(-x) = \cos x$ である．

2. 関数 $\tan x, \cot x, \sec x, \mathrm{cosec}\,x$ の性質

    関数 $\tan x, \sec x$ は $x = \dfrac{\pi}{2} + n\pi$ $(n = 0, \pm 1, \pm 2, \cdots)$ 以外で定義され，関数 $\cot x, \mathrm{cosec}\,x$ は $x = n\pi$ $(n = 0, \pm 1, \pm 2, \cdots)$ 以外で定義される．これら 4 つの関数の値域は $(-\infty, \infty)$ である．$\tan x$ は周期 π の関数である．すなわち，$\tan(x + n\pi) = \tan x$ $(n = \pm 1, \pm 2, \cdots)$．$\tan x$ は奇関数である．すなわち，$\tan(-x) = -\tan x$ である．

3. $\sin^2 x + \cos^2 x = 1$, $\quad 1 + \tan^2 x = \dfrac{1}{\cos^2 x} = \sec^2 x$

4. $\sin(x + \dfrac{\pi}{2}) = \cos x$, $\cos(x + \dfrac{\pi}{2}) = -\sin x$, $\tan(x + \dfrac{\pi}{2}) = -\cot x$

5. $\sin(x + \pi) = -\sin x$, $\cos(x + \pi) = -\cos x$, $\tan(x + \pi) = \tan x$

6. **加法定理**（次の公式はすべて複号同順である）
$$\sin(A \pm B) = \sin A \cos B \pm \cos A \sin B$$
$$\cos(A \pm B) = \cos A \cos B \mp \sin A \sin B$$
$$\tan(A \pm B) = \frac{\tan A \pm \tan B}{1 \mp \tan A \tan B}$$

7. **2 倍角の公式と半角の公式**
$$\sin 2A = 2 \sin A \cos A$$
$$\cos 2A = \cos^2 A - \sin^2 A = 2\cos^2 A - 1 = 1 - 2\sin^2 A$$

$$\tan 2A = \frac{2\tan A}{1-\tan^2 A}$$
$$\sin^2 \frac{A}{2} = \frac{1-\cos A}{2}$$
$$\cos^2 \frac{A}{2} = \frac{1+\cos A}{2}$$
$$\tan^2 \frac{A}{2} = \frac{1-\cos A}{1+\cos A}$$

8. **3倍角の公式**
$$\sin 3A = 3\sin A - 4\sin^3 A$$
$$\cos 3A = 4\cos^3 A - 3\cos A$$

9. 三角関数の積を和,差に変形する公式
$$\sin A \cos B = \frac{1}{2}\{\sin(A+B) + \sin(A-B)\}$$
$$\cos A \sin B = \frac{1}{2}\{\sin(A+B) - \sin(A-B)\}$$
$$\cos A \cos B = \frac{1}{2}\{\cos(A+B) + \cos(A-B)\}$$
$$\sin A \sin B = -\frac{1}{2}\{\cos(A+B) - \cos(A-B)\}$$

10. 三角関数の和,差を積に変形する公式
$$\sin A + \sin B = 2\sin(\frac{A+B}{2})\cos(\frac{A-B}{2})$$
$$\sin A - \sin B = 2\cos(\frac{A+B}{2})\sin(\frac{A-B}{2})$$
$$\cos A + \cos B = 2\cos(\frac{A+B}{2})\cos(\frac{A-B}{2})$$
$$\cos A - \cos B = -2\sin(\frac{A+B}{2})\sin(\frac{A-B}{2})$$

問 1.6.1. 次の関数の グラフを描け.またその関数の定義域と値域を書け.

(1) $y = \sin 3x$ (2) $y = \cos^2 x$ (3) $y = \sin^2 x$

解

(1) 定義域は $(-\infty, \infty)$, 値域は $[-1, 1]$.

(2) $\cos^2 x = \dfrac{1+\cos 2x}{2}$ より，定義域は $(-\infty, \infty)$，値域は $[0,1]$．

(3) $\sin^2 x = \dfrac{1-\cos 2x}{2}$ より，定義域は $(-\infty, \infty)$，値域は $[0,1]$．

関数 $y=\sin 3x, y=\cos^2 x, y=\sin^2 x$ のグラフは図 1.1 の通りである．■

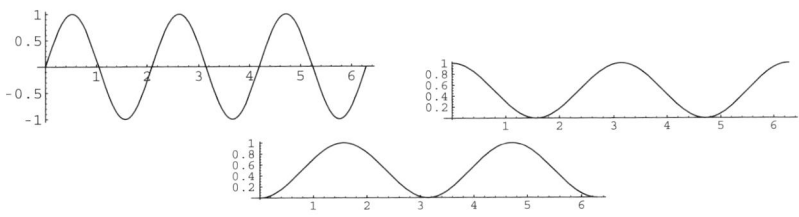

図 1.1: $y=\sin 3x$, $y=\cos^2 x$, $y=\sin^2 x$

1.7 指数関数と対数関数

$a\,(\neq 1)$ を正定数とするとき，$\mathbb{R}$ を定義域とする関数 $y=a^x$ を a を底とする指数関数という．

指数法則.

a, b は $a>0, a\neq 1$，$b>0, b\neq 1$ なる定数とする．$x, y \in \mathbb{R}$ に対して，次が成り立つ：

1) $a^x a^y = a^{x+y}$　　2) $(a^x)^y = a^{xy}$　　3) $(ab)^x = a^x b^x$

（指数関数 $y=a^x$ の性質）

1. $f(x)=a^x$ の定義域は $(-\infty, \infty)$，値域は $(0, \infty)$

2. 単調性

    (1) $a>1$ のとき $f(x)=a^x$ は単調増加関数である．すなわち，$x_1 < x_2$ のとき，$a^{x_1} < a^{x_2}$ である．

    (2) $0<a<1$ のとき，$y=a^x$ は単調減少関数である．すなわち，$x_1 < x_2$ のとき，$a^{x_1} > a^{x_2}$ である．

注 1.14. 定数 e を底とする指数関数 e^x を $\exp x$ と書くことがある．この本では記号 $e^x, \exp x$ の両方を用いる．

例 1.12.

1. 日本の子供の出産数の減少率は年に 1 ％とする．2000 年の出産数は 120 万人とする．n 年後の出産数を a_n 人とすると，$a_n = 120(1 - 0.01)^n$．20 年後に子供の出産数は $a_{20} = 120 \times (0.99)^{20} \fallingdotseq 98.15$（万）

2. 日本の老人（65 歳以上）の増加率は年に 3 ％とする．2000 年の老人数は 3000 万人とする．n 年後の老人数を a_n 人とすると，$a_n = 3000(1 + 0.03)^n$ で，20 年後の老人数は $a_{20} = 3000 \times (1.03)^{20} \fallingdotseq 5418.3$（万）．

3. あるバクテリアの増殖率は日に 10 ％とする．現在のバクテリア数は 100 万個とする．n 日後のバクテリア数を a_n 個として，$a_n = 100(1 + 0.1)^n$．100 日後のバクテリア数は $a_{100} = 100 \times (1.1)^{100} \fallingdotseq 0.1378 \times 10^7$（万）．

上に述べた指数関数の性質より，関数 $y = a^x \, (a \neq 1, a > 0)$ は定義域 $\mathbb{R}$ から値域 $(0, \infty)$ への 1 対 1 の上への関数であるから，この逆関数が定義できる．すなわち，区間 $(0, \infty)$ に属する任意の y に対して $y = a^x$ なる実数 x が唯一つ定まる．この対応 $y \mapsto x$ を $x = \log_a y$ で表す．$\log_a y$ を a を底とする y の**対数**という．このようにして定義される関数 $y = \log_a x \, (0 < x < \infty)$ を a **を底とする対数関数**という．

注 1.15. $a = 2$ を底とする対数関数 $\log_2 x$ はコンピューター理論や情報理論ではよく使用される．また，$a = 10$ を底とする**常用対数** $\log_{10} x$ は 10 進法になれた我々はよく使用する．（ネピアの）定数 e を底とする対数 $\log_e x$ を**自然対数**という．$\log_e x$ は底 e を省略して単に $\log x$ または $\ln x$ と書く．この本では $\log x$ を用いる．

注 1.16. 電卓にある関数キー $\log, \ln$ はそれぞれ常用対数 $\log_{10} x$，自然対数 $\log_e x$（e は自然対数の底）である．電卓の説明書は必ず読むこと．

注 1.17. 常用対数 $\log_{10} x$ は「**片対数方眼紙**」とか「**両対数方眼紙**」で用いられる．「**片対数方眼紙**」は横軸を普通目盛りで，縦軸に対数目盛りを用いたもの

1.7. 指数関数と対数関数

である．「両対数方眼紙」は横軸と縦軸に対数目盛りを用いたものである．これらの方眼紙は「けた違い」に変化する数値を観察するのに用いられる．

対数 $\log_a x$ の性質は次の通りである．

対数法則． $a > 0, a \neq 1$, $x > 0, y > 0$ のとき，次が成り立つ：

1. $\log_a xy = \log_a x + \log_a y$
2. $\log_a \dfrac{x}{y} = \log_a x - \log_a y$
3. $\log_a x^y = y \log_a x$
4. (底の変換公式)　$\log_a x = \dfrac{\log_b x}{\log_b a}$　$(b > 0, b \neq 1)$

例 1.13.

1. $\log_2 3 = \dfrac{\log_{10} 3}{\log_{10} 2}$
2. 常用対数 $\log_{10} x$ では，値 $\log_{10} 2 = 0.3010\cdots$, $\log_{10} 3 = 0.4771\cdots$, $\log_{10} 7 = 0.8451\cdots$ を知っていると便利である．

(対数関数 $y = \log_a x$ の性質)

1. 関数 $y = \log_a x$ の定義域は $(0, \infty)$，値域は $(-\infty, \infty)$ である．
2. (1) $a > 1$ のとき関数 $y = \log_a x$ は単調増加関数である．すなわち，$x_1 < x_2$ のとき，$\log_a x_1 < \log_a x_2$ である．
   (2) $0 < a < 1$ のとき関数 $y = \log_a x$ は単調減少関数である．すなわち，$x_1 < x_2$ のとき，$\log_a x_1 > \log_a x_2$ である．

例 1.14. $a = \exp(\log a) = e^{\log a}$ $(a > 0)$

問 1.7.1. 次の関係式を証明せよ．ただし a は正の定数とする．
(1) $\log(\exp u) = u$ $(u \in \mathbb{R})$　　(2) $a^x = \exp(x \log a)$ $(x \in \mathbb{R})$

解
(1) $t = \exp u$ $(u \in \mathbb{R})$ とおくと　$t \in (0, \infty)$ で，$u = \log t$ であるから，$u = \log(\exp u)$．
(2) 例 1.14 から，$u = \exp(\log u) = e^{\log u}$ $(u > 0)$，ここで，$u = a^x$ とおくと，$a^x = \exp(\log a^x) = \exp(x \log a)$　■

1.8 逆三角関数

1. 関数 $\sin : [-\frac{\pi}{2}, \frac{\pi}{2}] \to [-1, 1]$ の逆関数を $\sin^{-1}$, arcsin と書く．x の関数 $y = \sin^{-1} x \; (-1 \leq x \leq 1)$ を**逆正弦関数**という．

2. 関数 $\cos : [0, \pi] \to [-1, 1]$ の逆関数を $\cos^{-1}$, arccos と書く．x の関数 $y = \cos^{-1} x \; (-1 \leq x \leq 1)$ を**逆余弦関数**という．

3. 関数 $\tan : (-\frac{\pi}{2}, \frac{\pi}{2}) \to (-\infty, \infty)$ の逆関数を $\tan^{-1}$, arctan と書く．x の関数 $y = \tan^{-1} x \; (-\infty < x < \infty)$ を**逆正接関数**という．

注 1.18. パソコン等では逆三角関数は $\sin^{-1} x$ は ASin の記号等で，$\tan^{-1} x$ は ATan の記号等で用いられていることがある．

例 1.15.

1. $\sin^{-1}(\sin \frac{3\pi}{4}) = \frac{\pi}{4}$

2. $\tan^{-1}(\tan \frac{3\pi}{4}) = -\frac{\pi}{4}$

3. $\cos^{-1} \frac{1}{2} = \sin^{-1} x$ なる x は $x = \frac{\sqrt{3}}{2}$ である．

例 1.16. $\sin^{-1} x + \cos^{-1} x = \frac{\pi}{2} \quad (-1 \leq x \leq 1)$

注 1.19. 上の例 1.16 で $a = \sin^{-1} x, \; b = \cos^{-1} x, \; a, \frac{\pi}{2} - b (\in [-\frac{\pi}{2}, \frac{\pi}{2}])$ で，$\sin(\frac{\pi}{2} - b) = \sin a$ から，$a = \frac{\pi}{2} - b$ を得る．

問 1.8.1. 次を満たす x を求めよ．

(1) $2\sin^{-1} \frac{4}{5} = \cos^{-1} x$ 　　(2) $2\tan^{-1} \frac{3}{4} = \tan^{-1} x$

解

(1) $\sin^{-1} \frac{4}{5} = \alpha$ とおくと, $\sin \alpha = \frac{4}{5}$. 　$2\alpha = \cos^{-1} x$ より,
$x = \cos 2\alpha = 1 - 2\sin^2 \alpha = 1 - 2 \times (\frac{4}{5})^2 = -\frac{7}{25}$

(2) $\tan^{-1} \frac{3}{4} = \alpha$ とおくと, $\tan \alpha = \frac{3}{4}$. 　$2\alpha = \tan^{-1} x$ より,
$x = \tan 2\alpha = \frac{2\tan \alpha}{1 - \tan^2 \alpha} = \frac{24}{7}$ ∎

問 **1.8.2.** 次の関係式を証明せよ．

(1) $\sin^{-1}\dfrac{12}{13} = \cos^{-1}\dfrac{5}{13}$　　(2) $\tan^{-1}2 + \tan^{-1}3 = \dfrac{3\pi}{4}$

証明
(1) $\sin^{-1}(\dfrac{12}{13}) = \alpha$, $\cos^{-1}(\dfrac{5}{13}) = \beta$ とおくと，$\sin\alpha = \dfrac{12}{13}$ $(0 \le \alpha \le \dfrac{\pi}{2})$，$\cos\beta = \dfrac{5}{13}$ $(0 \le \beta \le \dfrac{\pi}{2})$ である．$\sin\beta = \sqrt{1-\cos^2\beta} = \dfrac{12}{13}$．∴ $\alpha = \beta$．
(2) $\tan^{-1}2 = \alpha, \tan^{-1}3 = \beta$ とおくと，$\tan\alpha = 2, \tan\beta = 3$ $(0 < \alpha, \beta < \dfrac{\pi}{2})$ である．$\tan(\alpha+\beta) = \dfrac{\tan\alpha + \tan\beta}{1 - \tan\alpha\tan\beta} = -1$ で，$0 < \alpha + \beta < \pi$ より，$\alpha + \beta = \dfrac{3\pi}{4}$　　　□

1.9 双曲線関数

関数 e^x, e^{-x} を用いて定義される次の関数を**双曲線関数**という．

$$\sinh x = \frac{e^x - e^{-x}}{2},\ \cosh x = \frac{e^x + e^{-x}}{2}\quad (x \in \mathbb{R})$$

$$\tanh x = \frac{\sinh x}{\cosh x} = \frac{e^x - e^{-x}}{e^x + e^{-x}}\quad (x \in \mathbb{R})$$

$\sinh x$ は**ハイパボリック・サイン**と読む．他も同様に読む．

例 1.17. 関数 $y = f(x) = \sinh x$ は奇関数 $(f(-x) = -f(x))$，関数 $y = g(x) = \cosh x$ は偶関数 $(f(-x) = f(x))$ である．

双曲線関数の性質
1. $y = \sinh x$ は定義域は $\mathbb{R}$ で，増加関数である．その値域は $\mathbb{R}$ である．
2. $y = \cosh x$ は定義域は $\mathbb{R}$ である．その値域は $[1, \infty)$ である．
3. $\cosh^2 x - \sinh^2 x = 1$
4. $\sinh(x \pm y) = \sinh x \cosh y \pm \cosh x \sinh y$　（複号同順）
5. $\cosh(x \pm y) = \cosh x \cosh y \pm \sinh x \sinh y$　（複号同順）
6. $\tanh(x \pm y) = \dfrac{\tanh x \pm \tanh y}{1 \pm \tanh x \tanh y}$　（複号同順）

問 1.9.1. 次の双曲線関数の性質を示せ.

(1) $\cosh^2 x - \sinh^2 x = 1$
(2) $\sinh(x \pm y) = \sinh x \cosh y \pm \cosh x \sinh y$ （複号同順）
(3) $\cosh(x \pm y) = \cosh x \cosh y \pm \sinh x \sinh y$ （複号同順）
(4) $\tanh(x \pm y) = \dfrac{\tanh x \pm \tanh y}{1 \pm \tanh x \tanh y}$ （複号同順）

証明

(1) $\cosh^2 x - \sinh^2 x = \left(\dfrac{e^x + e^{-x}}{2}\right)^2 - \left(\dfrac{e^x - e^{-x}}{2}\right)^2 = 1$

(2) $\sinh x \cosh y \pm \cosh x \sinh y = \dfrac{e^x - e^{-x}}{2}\dfrac{e^y + e^{-y}}{2} \pm \dfrac{e^x + e^{-x}}{2}\dfrac{e^y - e^{-y}}{2}$

$= \dfrac{e^{x \pm y} - e^{-(x \pm y)}}{2} = \sinh(x \pm y)$

(3) $\cosh x \cosh y \pm \sinh x \sinh y = \dfrac{e^x + e^{-x}}{2}\dfrac{e^y + e^{-y}}{2} \pm \dfrac{e^x - e^{-x}}{2}\dfrac{e^y - e^{-y}}{2}$

$= \dfrac{e^{x \pm y} + e^{-(x \pm y)}}{2} = \cosh(x \pm y)$

(4) $\tanh(x \pm y) = \dfrac{\sinh(x \pm y)}{\cosh(x \pm y)} = \dfrac{\sinh x \cosh y \pm \cosh x \sinh y}{\cosh x \cosh y \pm \sinh x \sinh y}$

$= \dfrac{\tanh x \pm \tanh y}{1 \pm \tanh x \tanh y}$ □

1.10 無限級数

数列 $\{a_n\}$ に対して, 形式的な和 $a_1 + a_2 + \cdots + a_n + \cdots$ を**級数**または**無限級数**といい, これを $\sum_{n=1}^{\infty} a_n$ で表す. a_n をこの級数の**第 n 項**といい, 和 $S_n (= a_1 + a_2 + \cdots + a_n)$ をこの級数の**第 n 部分和**という. 以下簡単のため, $\sum_{n=1}^{\infty} a_n$ を $\sum a_n$ で表す. 級数 $\sum a_n$ において, 数列 $\{S_n\}$ が定数 S に収束するとき, 級数 $\sum a_n$ は**収束**するといい, $\sum a_n = S$ と書く. また, 数列 $\{S_n\}$ が収束しないとき, 級数 $\sum a_n$ は**発散**するという.

級数 $\sum a_n$ において, 級数 $\sum |a_n|$ が収束する時, 級数 $\sum a_n$ は**絶対収束**するという.

1.10. 無限級数

級数の性質

1. $\sum a_n$ が収束すれば，$\lim_{n\to\infty} a_n = 0$ である．対偶から，$\lim_{n\to\infty} a_n \neq 0$ であれば，$\sum a_n$ は発散する．
2. $\sum a_n$, $\sum b_n$ が収束すれば，定数 α, β に対して

$$\sum(\alpha a_n + \beta b_n) = \alpha \sum a_n + \beta \sum b_n$$

3. 級数 $\sum a_n$ が絶対収束するならば，級数 $\sum a_n$ は収束する．

例 1.18. $a\ (a>0)$ は定数とする．

1. $\sum \dfrac{1}{n(n+1)} = \lim_{n\to\infty} \sum_{k=1}^{n} \dfrac{1}{k(k+1)} = 1$

2. $\sum a^n = \lim_{n\to\infty} \sum_{k=1}^{n} a^k = \begin{cases} \dfrac{a}{1-a} & (0 < a < 1) \\ \text{発散する} & (1 \leq a) \end{cases}$

次の定理が成り立つ．

定理 1.20. $\sum_{n=1}^{\infty}(-1)^n a_n\ (a_n > 0)$ において，
$$a_1 > a_2 > \cdots > a_n > \cdots \quad \text{かつ} \lim_{n\to\infty} a_n = 0$$
ならば，$\sum_{n=1}^{\infty}(-1)^n a_n$ は収束する．

例 1.19. 1. 級数 $\sum_{n=1}^{\infty}(-1)^n \dfrac{1}{n}$ は収束 2. 級数 $\sum_{n=1}^{\infty}(-1)^n \dfrac{1}{n^2}$ は収束

問 1.10.1. 次の級数の収束，発散を調べよ．
(1) $\sum \left(\dfrac{2}{5}\right)^n$ (2) $\sum \left(-\dfrac{2}{5}\right)^n$ (3) $\sum \dfrac{n}{n+3}$
(4) $\sum \dfrac{1}{(n+1)(n+2)}$ (5) $\sum \dfrac{1^n + 3^n}{4^n}$

解

(1) $|\frac{2}{5}| < 1$ より $\lim_{n\to\infty}(\frac{2}{5})^n = 0$. $S_n = \sum_{k=1}^{n}(\frac{2}{5})^k = \frac{2}{5}\frac{1-(\frac{2}{5})^n}{1-\frac{2}{5}}$ より, $\lim_{n\to\infty} S_n = \frac{2}{3}$

(2) $|-\frac{2}{5}| < 1$ より $\lim_{n\to\infty}(-\frac{2}{5})^n = 0$. $S_n = \sum_{k=1}^{n}(-\frac{2}{5})^k = -\frac{2}{5}\frac{1-(-\frac{2}{5})^n}{1+\frac{2}{5}}$ より, $\lim_{n\to\infty} S_n = -\frac{2}{7}$

(3) $\lim_{n\to\infty}\frac{n}{n+3} = 1$ より, 級数の性質から, $\sum \frac{n}{n+3}$ は発散する.

(4) $\frac{1}{(n+1)(n+2)} = \frac{1}{n+1} - \frac{1}{n+2}$ より, $S_n = \sum_{k=1}^{n}\frac{1}{(k+1)(k+2)} = \frac{1}{2} - \frac{1}{n+2} \to \frac{1}{2}$ $(n\to\infty)$. $\therefore \sum \frac{1}{(n+1)(n+2)} = \frac{1}{2}$

(5) $\sum \frac{1^n + 3^n}{4^n} = \sum \frac{1^n}{4^n} + \sum \frac{3^n}{4^n} = \frac{1}{4} \times \frac{4}{3} + \frac{3}{4} \times 4 = \frac{10}{3}$ ∎

演習問題 1

1. 次の数列の収束, 発散を調べよ. $a \neq 0$ は定数とする.

(1) $\left\{\frac{2^n + a^n}{3^n - a^n}\right\}$ $(a > 3)$ (2) $\{\sqrt{n}(\sqrt{n+1} - \sqrt{n})\}$ (3) $\{\sqrt{n+1} - \sqrt{n}\}$

(4) $\{(1-a^n)^2\}$ $(|a| < 1)$ (5) $\{\sqrt{n^2+n+1} - n\}$ (6) $\left\{\left(1 + \frac{2}{n+1}\right)^n\right\}$

解

(1) $\lim_{n\to\infty}\frac{2^n + a^n}{3^n - a^n} = \lim_{n\to\infty}\frac{(2/a)^n + 1}{(3/a)^n - 1} = -1$ $\left(0 < \frac{2}{a} < \frac{3}{a} < 1\right)$

(2) $\lim_{n\to\infty}\sqrt{n}(\sqrt{n+1} - \sqrt{n}) = \lim_{n\to\infty}\sqrt{n}\frac{n+1-n}{\sqrt{n+1}+\sqrt{n}}$

$= \lim_{n\to\infty}\frac{\sqrt{n}}{\sqrt{n+1}+\sqrt{n}} = \lim_{n\to\infty}\frac{1}{\sqrt{1+\frac{1}{n}}+1} = \frac{1}{2}$

(3) $\lim_{n\to\infty}(\sqrt{n+1} - \sqrt{n}) = \lim_{n\to\infty}\frac{n+1-n}{\sqrt{n+1}+\sqrt{n}} = 0$

(4) $|a| < 1$ より $\lim_{n\to\infty}(1-a^n) = 1$, $\lim_{n\to\infty}(1-a^n)^2 = (\lim_{n\to\infty}(1-a^n))^2 = 1$

(5) $\displaystyle\lim_{n\to\infty}(\sqrt{n^2+n+1}-n)=\lim_{n\to\infty}\dfrac{n^2+n+1-n^2}{\sqrt{n^2+n+1}+n}=\dfrac{1}{2}$

(6) $n=2k-1$ とおくと $(1+\dfrac{2}{n+1})^n=(1+\dfrac{1}{k})^{2k-1}$

∴ $\displaystyle\lim_{n\to\infty}(1+\dfrac{2}{n+1})^n=\lim_{k\to\infty}(1+\dfrac{1}{k})^{2k-1}=\lim_{k\to\infty}(1+\dfrac{1}{k})^{2k}\lim_{k\to\infty}(1+\dfrac{1}{k})^{-1}=e^2$ ∎

2. 次のことを証明せよ．α,β は定数とする．

(1) $a_n>0, a_{n+1}>\alpha a_n\ (n\in\mathbb{N}),\ \alpha>1$ ならば，数列 $\{a_n\}$ は発散する．

(2) $a_n>0, a_{n+1}<\alpha a_n\ (n\in\mathbb{N}),\ 0<\alpha<1$ ならば，数列 $\{a_n\}$ は収束する．

(3) $a_{n+1}=\alpha a_n+\beta(n\in\mathbb{N}),\ 0<\alpha<1$ ならば，数列 $\{a_n\}$ は収束する．

証明

(1) 仮定より $a_{n+1}>\alpha a_n>\alpha^2 a_{n-1}$, 故に $a_{n+1}>\alpha^n a_1>0\ (n\in\mathbb{N})$,
$\displaystyle\lim_{n\to\infty}\alpha^n=\infty$ より, $\displaystyle\lim_{n\to\infty}a_n=\infty$

(2) 仮定より $a_{n+1}<\alpha a_n<(\alpha)^2 a_{n-1}$, 故に $0<a_{n+1}<(\alpha)^n a_1\ (n\in\mathbb{N})$,
$\displaystyle\lim_{n\to\infty}(\alpha)^n=0$ より, $\displaystyle\lim_{n\to\infty}a_n=0$

(3) $a_{k+1}-a_k=\alpha(a_k-a_{k-1})=\cdots=\alpha^{k-1}(a_2-a_1)$ より,
$\displaystyle\sum_{k=1}^n(a_{k+1}-a_k)=a_{n+1}-a_1,\quad \sum_{k=1}^n(a_{k+1}-a_k)=\sum_{k=1}^n\alpha^{k-1}(a_2-a_1)$

∴ $a_{n+1}-a_1=(a_2-a_1)\dfrac{1-\alpha^n}{1-\alpha}=((\alpha-1)a_1+\beta)\dfrac{1-\alpha^n}{1-\alpha}$

∴ $\displaystyle\lim_{n\to\infty}a_n=a_1+((\alpha-1)a_1+\beta)\left(\lim_{n\to\infty}\dfrac{1-\alpha^n}{1-\alpha}\right)=\dfrac{\beta}{1-\alpha}$ □

3. $a_n>0\ (n\in\mathbb{N}),\ \displaystyle\lim_{n\to\infty}\dfrac{a_{n+1}}{a_n}=\alpha$ とする．次を証明せよ．

(1) $0<\alpha<1$ ならば，数列 $\{a_n\}$ は収束する．

(2) $\alpha>1$ ならば，数列 $\{a_n\}$ は発散する．

証明

(1) $1-\alpha>0$ であることと, $\displaystyle\lim_{n\to\infty}\dfrac{a_{n+1}}{a_n}=\alpha$ より, 十分に大きい番号 N_0 を選ぶと N_0 より大きいすべての n に対して $|\dfrac{a_{n+1}}{a_n}-\alpha|<\dfrac{1-\alpha}{2}$ が成り立つ．

ここで，絶対値をはずすと $\dfrac{a_{n+1}}{a_n} - \alpha < \dfrac{1-\alpha}{2}$ より $\dfrac{a_{n+1}}{a_n} < \dfrac{1+\alpha}{2}$ $(N_0 < n)$ を得る．$\beta = \dfrac{1+\alpha}{2} < 1$ であるから，$0 < a_{n+1} < \beta a_n$ $(N_0 < n)$ を得る．$0 < \beta < 1$ より，問 2(1) より，$\displaystyle\lim_{n\to\infty} a_n = 0$.

(2) $\alpha - 1 > 0$ であるから，$\displaystyle\lim_{n\to\infty} \dfrac{a_{n+1}}{a_n} = \alpha$ より，十分に大きい番号 N_0 を選ぶと N_0 より大きいすべての n に対して $\left|\dfrac{a_{n+1}}{a_n} - \alpha\right| < \dfrac{\alpha - 1}{2}$ が成り立つ．ここで絶対値をはずすと $-\dfrac{\alpha - 1}{2} < \dfrac{a_{n+1}}{a_n} - \alpha$ より $\dfrac{\alpha + 1}{2} < \dfrac{a_{n+1}}{a_n}$ $(N_0 < n)$ を得る．$\beta = \dfrac{1+\alpha}{2} > 1$ で，$\beta a_n < a_{n+1}$ $(N_0 < n)$ を得る．問 2(2) より，$1 < \beta$ より，$\displaystyle\lim_{n\to\infty} a_n = \infty$. □

4. $\displaystyle\lim_{n\to\infty} \dfrac{a^n}{n!} = 0$ $(a > 0)$ を証明せよ．

証明

(1) $0 < a < 1$ ならば，$\displaystyle\lim_{n\to\infty} a^n = 0$, かつ $\displaystyle\lim_{n\to\infty} \dfrac{1}{n!} = 0$ より，$\displaystyle\lim_{n\to\infty} \dfrac{a^n}{n!} = 0$

(2) $a = 1$ のとき，$\displaystyle\lim_{n\to\infty} \dfrac{1}{n!} = 0$ より，$\displaystyle\lim_{n\to\infty} \dfrac{a^n}{n!} = 0$

(3) $1 < a$ のとき，$a < k$ なる 2 以上の自然数 k がある．この k に対して，$n > k$ なるすべての自然数 n に対して $\dfrac{a^n}{n!} = \dfrac{a^k}{k!}\left(\dfrac{a}{k+1}\dfrac{a}{k+2}\cdots\dfrac{a}{n}\right)$.

$n \geq m > k$ なる m に対して，$m > k > a$ より，$\dfrac{a}{m} < \dfrac{a}{k}$ で $\dfrac{a}{k} < 1$ であるから，k より大きいすべての n に対して，$0 < \dfrac{a^n}{n!} < \dfrac{a^k}{k!}\left(\dfrac{a}{k}\right)^{n-k}$.

$\displaystyle\lim_{n\to\infty}\left(\dfrac{a}{k}\right)^{n-k} = 0$ であるから，$\displaystyle\lim_{n\to\infty}\dfrac{a^n}{n!} = 0$. □

5. $a_n = \left(1 + \dfrac{1}{n}\right)^n$ は次を満たすことを示せ．

(1) $a_n < a_{n+1}$ $(n = 1, 2, \cdots)$.

(2) $a_n < 3$ $(n = 1, 2, \cdots)$.

証明

二項定理から, $a_n = (1 + \frac{1}{n})^n = \sum_{k=0}^{n} {}_nC_k (\frac{1}{n})^k$ である.

(1) $(1 - \frac{1}{n}) < (1 - \frac{1}{n+1})$ であることと, $2 \leq k \leq n$ なる k に対して

$${}_nC_k (\frac{1}{n})^k = \frac{n(n-1)\cdots(n-k+1)}{k!} \frac{1}{n^k} = \frac{1}{k!}(\frac{n-1}{n})\cdots(\frac{n-k+1}{n}) \text{ より,}$$

$$a_n = \sum_{k=0}^{n} {}_nC_k (\frac{1}{n})^k = 1 + 1 + \frac{1}{2!}(1 - \frac{1}{n}) + \frac{1}{3!}(1 - \frac{1}{n})(1 - \frac{2}{n}) + \cdots +$$

$$\frac{1}{n!}(1 - \frac{1}{n})(1 - \frac{2}{n})\cdots(1 - \frac{n-1}{n})$$

$$< 1 + 1 + \frac{1}{2!}(1 - \frac{1}{n+1}) + \frac{1}{3!}(1 - \frac{1}{n+1})(1 - \frac{2}{n+1}) + \cdots +$$

$$\frac{1}{n!}(1 - \frac{1}{n+1})(1 - \frac{2}{n+1})\cdots(1 - \frac{n-1}{n+1})$$

$$< \sum_{k=0}^{n+1} {}_{n+1}C_k (\frac{1}{n+1})^k = a_{n+1}. \text{ 故に } a_n < a_{n+1} \quad (n = 1, 2, \cdots) \text{ が成り立つ.}$$

(2) $\frac{1}{k!} < \frac{1}{2^{k-1}}$ $(k = 3, 4, \cdots, n)$ であるから,

$$a_n < 1 + 1 + \frac{1}{2!} + \cdots + \frac{1}{n!}$$

$$< 1 + 1 + \frac{1}{2} + \frac{1}{2^2} + \cdots + \frac{1}{2^{n-1}} = 1 + \frac{1 - (\frac{1}{2})^n}{1 - \frac{1}{2}} < 3. \therefore a_n < 3. \qquad \square$$

6. 次の二つの関数 $f(x), g(x)$ の合成関数 $f(g(x)), g(f(x))$ を求めよ. また, その合成関数の定義域を明示せよ.

(1) $y = f(x) = e^x \ (x \in \mathbb{R}), \quad y = g(x) = x^2 - x + 1 \ (x \in \mathbb{R})$

(2) $y = f(x) = \log x \ (x \in (0, \infty)), \quad y = g(x) = -x^2 + 2x + 3 \ (x \in \mathbb{R})$

(3) $y = f(x) = \sin x \ (x \in \mathbb{R}), \quad y = g(x) = e^x \ (x \in \mathbb{R})$

解

(1) $f(g(x)) = \exp(x^2 - x + 1) \ (x \in \mathbb{R}), \quad g(f(x)) = e^{2x} - e^x + 1 \ (x \in \mathbb{R})$

(2) $-1 < x < 3$ で $g(x) > 0$ であるから, $f(g(x)) = \log(-x^2 + 2x + 3) \ (-1 < x < 3), g(f(x)) = -(\log x)^2 + 2\log x + 3 \ (x \in (0, \infty))$

(3) $f(g(x)) = \sin(e^x)\,(x \in \mathbb{R}), \quad g(f(x)) = \exp(\sin x)\,(x \in \mathbb{R})$ ■

7. $0 < |x| < \dfrac{\pi}{2}$ のとき，次の不等式を証明せよ：

$$|\sin x| < |x| < |\tan x|$$

証明 $0 < x < \dfrac{\pi}{2}$ のとき，例題 1.11 より $\sin x < x < \tan x$. $-\dfrac{\pi}{2} < x < 0$ のとき，$y = -x$ とおくと $0 < y < \dfrac{\pi}{2}$ で，$\sin y < y < \tan y$, $\sin x = -\sin(-x) = -\sin y$, $\tan x = -\tan(-x) = -\tan y$ であるから，$-\sin x < -x < -\tan x$, すなわち, $0 > \sin x > x > \tan x$. よって $-\dfrac{\pi}{2} < x < 0$ のとき, $|\sin x| < |x| < |\tan x|$ □

8. $\tan \dfrac{\theta}{2} = x$ とおくとき，$\sin \theta = \dfrac{2x}{1+x^2}$, $\cos \theta = \dfrac{1-x^2}{1+x^2}$ を示せ．

解 $\dfrac{1}{(\cos\dfrac{\theta}{2})^2} = 1 + (\tan\dfrac{\theta}{2})^2 = 1 + x^2$

$\sin\theta = 2\sin\dfrac{\theta}{2}\cos\dfrac{\theta}{2} = 2\tan\dfrac{\theta}{2}(\cos\dfrac{\theta}{2})^2 = \dfrac{2x}{1+x^2}$

$\cos\theta = (\cos\dfrac{\theta}{2})^2 - (\sin\dfrac{\theta}{2})^2 = (\cos\dfrac{\theta}{2})^2(1 - (\tan\dfrac{\theta}{2})^2) = \dfrac{1-x^2}{1+x^2}$ ■

9. 次の関数の逆関数を求めよ．

(1) $y = x^2 + 1\,(0 \le x)$ (2) $y = x^3 - 1\,(x \in \mathbb{R})$

解

(1) $f(x) = x^2 + 1\,(0 \le x)$ の値域は $[1, \infty)$. $y \in [1, \infty)$ に対して $y = x^2 + 1\,(0 \le x)$ なる x は $x = \sqrt{y-1}$. 逆関数は $x = \sqrt{y-1}\,(1 \le y < \infty)$.

(2) $f(x) = x^3 - 1\,(x \in \mathbb{R})$ の値域は $(-\infty, \infty)$. $y \in (-\infty, \infty)$ に対して $y = x^3 - 1\,(x \in \mathbb{R})$ なる x は $x = \sqrt[3]{y+1}$. 逆関数は $x = \sqrt[3]{y+1}\,(y \in \mathbb{R})$. ■

10. 次の値を求めよ．

(1) $\sin^{-1}(\sin\dfrac{2\pi}{3})$ (2) $\sin^{-1}(\cos\dfrac{3\pi}{4})$ (3) $\cos^{-1}(\cos\dfrac{5\pi}{4})$

(4) $\cos^{-1}(\cos(-\dfrac{\pi}{3}))$ (5) $\tan^{-1}(\tan\dfrac{5\pi}{6})$ (6) $\tan^{-1}(\sin\dfrac{3\pi}{2})$

解

(1) $\sin^{-1}(\sin\dfrac{2\pi}{3}) = \sin^{-1}\dfrac{\sqrt{3}}{2} = \dfrac{\pi}{3}$ (2) $\sin^{-1}(\cos\dfrac{3\pi}{4}) = \sin^{-1}\dfrac{-1}{\sqrt{2}} = \dfrac{-\pi}{4}$

(3) $\cos^{-1}(\cos\frac{5\pi}{4}) = \cos^{-1}\frac{-1}{\sqrt{2}} = \frac{3\pi}{4}$ (4) $\cos^{-1}(\cos(-\frac{\pi}{3})) = \cos^{-1}\frac{1}{2} = \frac{\pi}{3}$

(5) $\tan^{-1}(\tan\frac{5\pi}{6}) = \tan^{-1}(-\frac{1}{\sqrt{3}}) = -\frac{\pi}{6}$ (6) $\tan^{-1}(\sin\frac{3\pi}{2}) = \tan^{-1}(-1) = -\frac{\pi}{4}$ ∎

11. 次の関係を調べよ.

(1) $\sin^{-1}(-x)$ と $\sin^{-1}x$ $(-1 \leq x \leq 1)$

(2) $\cos^{-1}(-x)$ と $\cos^{-1}x$ $(-1 \leq x \leq 1)$

(3) $\tan^{-1}(-x)$ と $\tan^{-1}x$ $(x \in \mathbb{R})$

解

(1) $\sin(\sin^{-1}(-x)) = -x$, $\sin(\sin^{-1}x) = x$, $\sin x$ は奇関数より, $\sin(-\sin^{-1}x) = -\sin(\sin^{-1}x) = -x$. 故に, $\sin(\sin^{-1}(-x)) = \sin(-\sin^{-1}x)$ で, $-\frac{\pi}{2} \leq \sin^{-1}(-x), -\sin^{-1}x \leq \frac{\pi}{2}$ であるから, $\sin^{-1}(-x) = -\sin^{-1}x$

(2) $\cos(\pi - \cos^{-1}x) = -\cos(\cos^{-1}x) = -x$ より, $\cos^{-1}(-x) = \pi - \cos^{-1}x$

(3) $\tan(\tan^{-1}(-x)) = -x$, $\tan x$ は奇関数より, $\tan(-\tan^{-1}x) = -\tan(\tan^{-1}x) = -x$. 故に $\tan(\tan^{-1}(-x)) = \tan(-\tan^{-1}x)$ で, $-\frac{\pi}{2} < \tan^{-1}(-x), -\tan^{-1}x < \frac{\pi}{2}$ であるから, $\tan^{-1}(-x) = -\tan^{-1}x$ ∎

12. 次の関係式を証明せよ.

(1) $\cos^{-1}\frac{63}{65} + \cos^{-1}\frac{12}{13} = \sin^{-1}\left(\frac{3}{5}\right)$

(2) $4\tan^{-1}\frac{1}{5} - \tan^{-1}\frac{1}{239} = \frac{\pi}{4}$ (マチンの公式)

解

(1) $\cos^{-1}\frac{63}{65} = a$, $\cos^{-1}\frac{12}{13} = b$ とおく. $\cos a = \frac{63}{65}, \cos b = \frac{12}{13}$, $0 < a, b < \frac{\pi}{4}$ であるから, $\sin a = \frac{16}{65}, \sin b = \frac{5}{13}$.

$\sin(a+b) = \sin a \cos b + \cos a \sin b = \frac{3}{5}$

$0 < a+b < \frac{\pi}{2}$ であるから, $a+b = \sin^{-1}\frac{3}{5}$.

(2) $\tan^{-1}\frac{1}{5} = \alpha, \tan^{-1}\frac{1}{239} = \beta$ とおくと $\tan\alpha = \frac{1}{5}$, $\tan\beta = \frac{1}{239}$, $\tan\frac{\pi}{12} = 0.2679 > 0.2 = \tan\alpha$ より, $0 < \alpha < \frac{\pi}{12}$, $0 < \beta < \frac{\pi}{12}$ である.

$\tan(4\alpha - \beta) = \dfrac{\tan 4\alpha - \tan \beta}{1 + \tan 4\alpha \tan \beta}$, $\tan 4\alpha = \dfrac{2\tan 2\alpha}{1 - \tan^2(2\alpha)}$ より, $\tan 2\alpha = \dfrac{2\tan\alpha}{1 - \tan^2\alpha} = \dfrac{5}{12}$, $\tan 4\alpha = \dfrac{120}{119}$, 故に, $\tan(4\alpha - \beta) = \dfrac{120 \times 239 - 119}{119 \times 239 + 120} = \dfrac{28561}{28561} = 1$. $0 < 4\alpha < \dfrac{4\pi}{12}$, $-\dfrac{\pi}{12} < 4\alpha - \beta < \dfrac{\pi}{3}$ より, $4\alpha - \beta = \dfrac{\pi}{4}$ ∎

13. 次の関係式を証明せよ．
$$\cos^{-1} x = \sin^{-1}\sqrt{1 - x^2} \quad (0 \leq x \leq 1)$$

証明 $a = \cos^{-1} x$, $b = \sin^{-1}(\sqrt{1 - x^2})$ とおく．$x = \cos a$, $\sqrt{1 - x^2} = \sin b$ で $0 \leq a \leq \dfrac{\pi}{2}$, $0 \leq b \leq \dfrac{\pi}{2}$. $\sin b = \sqrt{1 - x^2} = \sin a$ で, $a, b \in [0, \dfrac{\pi}{2}]$ より, ∴ $a = b$ □

14. 次の関係式を証明せよ．
$$\sin^{-1} x + 2\tan^{-1}\sqrt{\dfrac{1 - x}{1 + x}} = \dfrac{\pi}{2} \quad (-1 < x \leq 1)$$

証明 $\sin^{-1} x = a$, $2\tan^{-1}\sqrt{\dfrac{1 - x}{1 + x}} = b$ とおく．$x = \sin a$. ここで, $-1 < x \leq 1$, $-\dfrac{\pi}{2} < a \leq \dfrac{\pi}{2}$, さらに, $-1 < x \leq 1$, $0 \leq \dfrac{b}{2} < \dfrac{\pi}{2}$. $\sqrt{\dfrac{1-x}{1+x}} = \tan\dfrac{b}{2}$ より, $\dfrac{1-x}{1+x} = \left(\tan\dfrac{b}{2}\right)^2 = \dfrac{\sin^2\frac{b}{2}}{\cos^2\frac{b}{2}}$. $x = \cos^2\left(\dfrac{b}{2}\right) - \sin^2\dfrac{b}{2} = \cos b \quad (0 \leq b < \pi)$
∴ $\cos b = x = \sin a = \cos\left(\dfrac{\pi}{2} - a\right)$ $(0 \leq \dfrac{\pi}{2} - a, b < \pi)$. よって, $b = \dfrac{\pi}{2} - a$, すなわち, $a + b = \dfrac{\pi}{2}$. □

15. 次の関数のグラフを描け．
 (1) $f(x) = \sin(\sin^{-1} x) \quad (|x| \leq 1)$
 (2) $f(x) = \sin^{-1}(\sin x) \quad (x \in \mathbb{R})$
 (3) $f(x) = \tan(\tan^{-1} x) \quad (x \in \mathbb{R})$
 (4) $f(x) = \tan^{-1}(\tan x) \quad (x \in \mathbb{R}, x \neq \dfrac{\pi}{2} + n\pi (n \in \mathbb{Z}))$
(ヒント．) 関数の定義域，値域に注意すること．

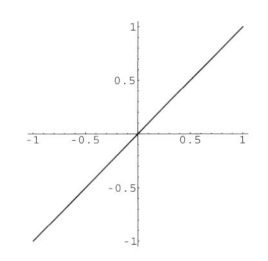

図 1.2: $y = \sin(\sin^{-1} x)$

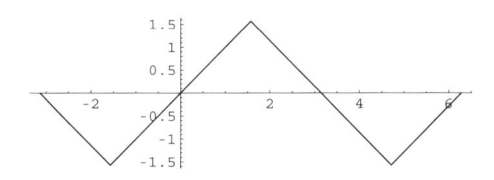

図 1.3: $y = \sin^{-1}(\sin x)$

解

(1) $y = \sin(\sin^{-1} x)$, $b = \sin^{-1} x$ とおく. $b = \sin^{-1} x$ は $x = \sin b$ で $-\dfrac{\pi}{2} \leq b \leq \dfrac{\pi}{2}$, $-1 \leq x \leq 1$ と同値である. また, $y = \sin b$ であるから, $y = \sin b = x$. $\therefore f(x) = x$. (図 1.2).

(2) $y = \sin^{-1}(\sin x)$, $b = \sin x$ とおく. $y = \sin^{-1} b$ は $b = \sin y$, $-\dfrac{\pi}{2} \leq y \leq \dfrac{\pi}{2}$ と同値である. $\sin x = b = \sin y$ より, $y = x + 2n\pi \, (n \in \mathbb{Z})$ または $y = (\pi - x) + 2n\pi \, (n \in \mathbb{Z})$ を得る. ここで, $-\dfrac{\pi}{2} \leq y \leq \dfrac{\pi}{2}$ であるから,

(i) $2n\pi - \dfrac{\pi}{2} \leq x \leq \dfrac{\pi}{2} + 2n\pi \, (n \in \mathbb{Z})$ の時, $f(x) = y = x + 2n\pi, -\dfrac{\pi}{2} \leq y \leq \dfrac{\pi}{2}$.

(ii) $2n\pi + \dfrac{\pi}{2} \leq x \leq \dfrac{3\pi}{2} + 2n\pi \, (n \in \mathbb{Z})$ の時, $f(x) = y = -x + (2n+1)\pi, -\dfrac{\pi}{2} \leq y \leq \dfrac{\pi}{2}$. (図 1.3).

(3) $y = \tan(\tan^{-1} x)$. いま, $b = \tan^{-1} x$ とおくと $x = \tan b \, (-\dfrac{\pi}{2} < b < \dfrac{\pi}{2})$, $y = \tan b$ より, $y = x$. $\therefore f(x) = x$. (図 1.4).

(4) $y = \tan^{-1}(\tan x)$, $b = \tan x$ とおくと $-\infty < b < \infty$. $y = \tan^{-1} b$ は

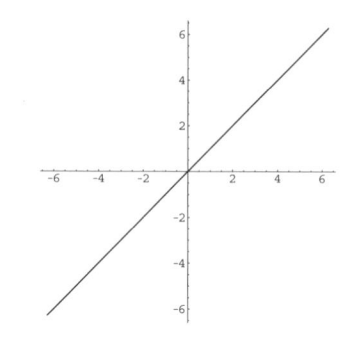

図 1.4: $y = \tan(\tan^{-1} x)$

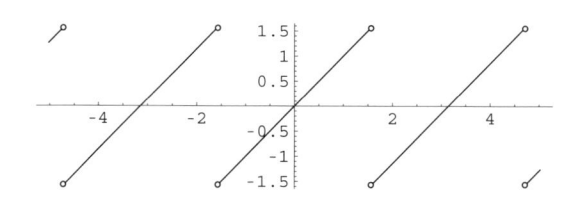

図 1.5: $y = \tan^{-1}(\tan x)$

$b = \tan y$, $-\dfrac{\pi}{2} < y < \dfrac{\pi}{2}$ と同値である.

$\tan y = b = \tan x$ より, $y = x + n\pi \ (x \neq \frac{\pi}{2} + n\pi)(n \in \mathbb{Z})$ を得る. ただし, $-\dfrac{\pi}{2} < y < \dfrac{\pi}{2}$. $\therefore f(x) = x + n\pi \ (x \neq \frac{\pi}{2} + n\pi)(n \in \mathbb{Z})$. (図 1.5). ∎

16. 次の関数の逆関数を求めよ.

(1) $y = \sinh x \quad (-\infty < x < \infty)$

(2) $y = \cosh x \quad (0 \leq x < \infty)$

解

(1) $y = \dfrac{e^x - e^{-x}}{2} \quad (x \in \mathbf{R})$ の値域は $(-\infty, \infty)$. $e^x - e^{-x} = 2y$, $(e^x)^2 - 2ye^x - 1 = 0 \therefore e^x = y \pm \sqrt{y^2 + 1}$. $e^x > 0$ であるから, $e^x = y + \sqrt{y^2 + 1}$, これから, $x = \log(y + \sqrt{y^2 + 1}) \ (y \in \mathbb{R})$

(2) $y = \dfrac{e^x + e^{-x}}{2} \quad (0 \leq x < \infty)$ の値域は $[1, \infty)$ $e^x + e^{-x} = 2y$ すなわち

演習問題 1   33

$(e^x)^2 - 2ye^x + 1 = 0$ より $e^x = y \pm \sqrt{y^2 - 1}$. $e^x \geq 1$ より, $e^x = y + \sqrt{y^2 - 1}$. これから, $x = \log(y + \sqrt{y^2 - 1})$ $(y \geq 1)$ ∎

17. 次の級数の収束, 発散を調べよ.

(1) $\sum \dfrac{2}{(n+1)(n+3)}$ (2) $\sum \dfrac{1^n + 3^n}{5^n}$ (3) $\sum \dfrac{(1+2+\cdots+n)}{n^2}$

(4) $\sum (-1)^n \sqrt{2n+1}$ (5) $\sum \dfrac{1}{n^2}$ (6) $\sum (\dfrac{1}{1+x^2})^n$ $(x \in \mathbb{R})$

解

(1) $\dfrac{2}{(n+1)(n+3)} = \dfrac{1}{n+1} - \dfrac{1}{n+3}$ より

$S_n = \sum_{k=1}^n \dfrac{2}{(k+1)(k+3)} = \dfrac{1}{2} + \dfrac{1}{3} - \dfrac{1}{n+2} - \dfrac{1}{n+3}$. ∴ $\lim_{n\to\infty} S_n = \dfrac{5}{6}$

(2) $\sum \dfrac{1^n}{5^n} = \dfrac{1}{5}\dfrac{5}{4} = \dfrac{1}{4}$ $\sum \dfrac{3^n}{5^n} = \dfrac{3}{5}\dfrac{5}{2} = \dfrac{3}{2}$ より, $\sum \dfrac{1^n + 3^n}{5^n} = \dfrac{1}{4} + \dfrac{3}{2} = \dfrac{7}{4}$

(3) $(1+2+\cdots+n) = \dfrac{n(n+1)}{2}$ であるから, $\dfrac{(1+2+\cdots+n)}{n^2} = \dfrac{(n+1)}{2n}$.

$\lim_{n\to\infty} \dfrac{n+1}{2n} = \dfrac{1}{2}$ より級数は収束しない.

(4) $\lim_{n\to\infty} \sqrt{2n+1} = \infty$ であるからこの級数は収束しない.

(5) $S_n = \sum_{k=1}^n \dfrac{1}{k^2}$ とおくと, $S_n = 1 + \sum_{k=2}^n \dfrac{1}{k^2} < 1 + \sum_{k=2}^n \dfrac{1}{k(k-1)} = 2 - \dfrac{1}{n} < 2$

であるから, 数列 $\{S_n\}$ は上に有界な単調増加数列である. 故に $\sum \dfrac{1}{n^2}$ は収束する.

(6) $x = 0$ ならば, $\sum (1)^n$ は発散する. $x \neq 0$ のとき, $0 < \dfrac{1}{1+x^2} < 1$ より $r = \dfrac{1}{1+x^2}$ とおくと $S_n = \sum_{k=1}^n (\dfrac{1}{1+x^2})^k = r\dfrac{1-r^n}{1-r} \to \dfrac{r}{1-r}$ $(n \to \infty)$ で収束する. ∎

18. $\displaystyle\sum_{n=1}^\infty (-1)^n a_n$ $(a_n > 0)$ において,

$$a_1 > a_2 > \cdots > a_n > \cdots \quad \text{かつ} \lim_{n\to\infty} a_n = 0$$

ならば, $\displaystyle\sum_{n=1}^\infty (-1)^n a_n$ は収束することを証明せよ.

証明

$S_n = \sum_{k=1}^{n}(-1)^k a_k$ とおく．$(a_{2n-1} - a_{2n}) > 0$ であるから，

(i) $S_{2n} = (a_1 - a_2) + (a_3 - a_4) + \cdots + (a_{2n-1} - a_{2n}) > 0, \ S_{2n+2} > S_{2n} > 0$．
また，$S_{2n} = a_1 - (a_2 - a_3) - \cdots - (a_{2n-2} - a_{2n-1}) - a_{2n} < a_1$

(ii) $S_{2n+1} = S_{2n} + a_{2n+1} > 0$ で，$S_{2n+3} > S_{2n+1}$．
$S_{2n+1} = a_1 - (a_2 - a_3) - (a_4 - a_5) - \cdots - (a_{2n} - a_{2n+1}) < a_1$．

よって，数列 $\{S_{2n}\}, \{S_{2n+1}\}$ は上に有界な単調増加数列である．命題1.6 より，極限値 $\lim_{n\to\infty} S_{2n} = S, \ \lim_{n\to\infty} S_{2n+1} = T$ が存在する．$\lim_{n\to\infty} S_{2n+1} = \lim_{n\to\infty} S_{2n} + \lim_{n\to\infty} a_{2n+1} = \lim_{n\to\infty} S_{2n}$ より，$S = T$ を得る．故に $\sum_{n=1}^{\infty}(-1)^n a_n$ は収束する． □

19. 次の真偽を確かめよ．ただし，$n \in \mathbb{N}$ である．

(1) $\cos^{-1}(-x) = \cos^{-1} x \ (-1 \leq x \leq 1)$ である．

(2) $\lim_{n\to\infty} \dfrac{\sqrt{1+n^2}}{n} = \left(\lim_{n\to\infty} \dfrac{1}{n}\right)\left(\lim_{n\to\infty} \sqrt{1+n^2}\right) = 0$．

解

(1) 偽である．問11(2) を見よ．

(2) 偽である．$\lim_{n\to\infty} \sqrt{1+n^2}$ は発散する．しかし，
$\lim_{n\to\infty} \dfrac{\sqrt{1+n^2}}{n} = \lim_{n\to\infty} \sqrt{\dfrac{1}{n^2} + 1} = 1$． ■

第2章　1変数関数の極限と連続性

2.1　関数の極限

x が $x \neq a$ を満たしつつ，a に限りなく近づくとき，$f(x)$ が定数 L に限りなく近づくならば，x が a に限りなく近づくときの関数 $f(x)$ の**極限値**は L である（または，$f(x)$ は定数 L に**収束**する）といい，
$$\lim_{x \to a} f(x) = L \quad \text{または} \quad f(x) \to L \quad (x \to a)$$
で表す．

また x を限りなく大きくなるとき，$f(x)$ が定数 L に限りなく近づくならば，$\lim_{x \to \infty} f(x) = L$ または $f(x) \to L \quad (x \to \infty)$ などと表す．

同様に x が負で，$|x|$ が限りなく大きくなるとき，$f(x)$ が定数 L に限りなく近づくならば，$\lim_{x \to -\infty} f(x) = L$ または $f(x) \to L \quad (x \to -\infty)$ などと表す．

例 2.1.

1. $\lim_{x \to a} 3 = 3$

2. $\lim_{x \to a} x^3 = a^3, \quad a > 0$ のとき，$\lim_{x \to a} x^{\frac{1}{2}} = a^{\frac{1}{2}}$

3. $\lim_{x \to a} 2^x = 2^a, \quad \lim_{x \to a} e^x = e^a$

4. $\lim_{x \to a} \log_2 x = \log_2 a, \quad \lim_{x \to a} \log x = \log a \quad (a > 0)$

5. $\lim_{x \to a} \sin x = \sin a, \quad \lim_{x \to a} \cos x = \cos a, \quad \lim_{x \to a} \tan x = \tan a$

6. $\lim_{x \to a} \sqrt{x+1} = \sqrt{a+1}$

定理 2.1. 点 a の近くの区間 I で定義されている関数 $f(x), g(x)$ において，$\lim_{x \to a} f(x) = L$, $\lim_{x \to a} g(x) = M$ で，α, β は定数とするとき，次の関係が成り立つ：

1. $\lim_{x \to a} (\alpha f(x) + \beta g(x)) = \alpha L + \beta M$

2. $\lim_{x \to a} (f(x)g(x)) = LM$

3. $\lim_{x \to a} \dfrac{f(x)}{g(x)} = \dfrac{L}{M}$ （ただし，$g(x) \neq 0, M \neq 0$）

4. $\lim_{x \to a} |f(x)| = |L|$

5. $f(x) \leq g(x)$ $(x \in I)$ のとき，$L \leq M$

6. **(はさみうちの原理)** $f(x) \leq h(x) \leq g(x)$ $(x \in I)$ で $L = M$ のとき，$\lim_{x \to a} h(x) = L$

7. $L > 0$ のとき，a に十分に近い x に対して，$f(x) > 0$ が成り立つ．また，$L < 0$ のとき，a に十分に近い x に対して，$f(x) < 0$ が成り立つ．

注 2.2. $\lim_{x \to \infty} f(x) = L$, $\lim_{x \to \infty} g(x) = M$ (または $\lim_{x \to -\infty} f(x) = L$, $\lim_{x \to -\infty} g(x) = M$) の場合にも，$x \to a$ を $x \to \infty$ (または $x \to -\infty$) で置き換えた定理 2.1 が成立する．

注 2.3. 数列の場合と同様に，$\lim_{x \to a} f(x) = \infty$, $\lim_{x \to \infty} f(x) = \infty$, $\lim_{x \to -\infty} f(x) = \infty$, $\lim_{x \to a} f(x) = -\infty$, $\lim_{x \to \infty} f(x) = -\infty$, $\lim_{x \to -\infty} f(x) = -\infty$ が定義される．

例 2.2.

1. $\lim_{x \to 0} (x^3 + 9x^2 + 9x + 9) = 9$

2. $\lim_{x \to 0} \dfrac{e^x + \cos x}{x^2 + 1} = \dfrac{2}{1} = 2$

3. $\lim_{x \to \infty} \dfrac{x^2 + 9x + 8}{3x^2 + 10} = \lim_{x \to \infty} \dfrac{1 + \dfrac{9}{x} + \dfrac{8}{x^2}}{3 + \dfrac{10}{x^2}} = \dfrac{1}{3}$

2.1. 関数の極限

4. $\displaystyle\lim_{x\to\infty}\frac{1}{\sqrt{x+1}+\sqrt{x}}=0$

5. $\displaystyle\lim_{x\to-\infty}(x^3+1)=-\infty$

例 2.3.

1. $\displaystyle\lim_{x\to 0}\sin\frac{1}{x}$ は存在しない.

2. $\displaystyle\lim_{x\to 0}x\sin\frac{1}{x}=0$ である.

例 2.4. $\displaystyle\lim_{x\to 0}\frac{\sin x}{x}=1$ である.

注 2.4. 上の例からわかるように,関数 $f(x)=\sin\left(\dfrac{1}{x}\right)$, $f(x)=x\sin\left(\dfrac{1}{x}\right)$, $f(x)=\dfrac{\sin x}{x}$ は $x=0$ で,$f(0)$ が定義されていないが,極限 $\displaystyle\lim_{x\to 0}f(x)$ を考えることができる.一般に $\displaystyle\lim_{x\to a}f(x)$ を調べるとき,関数 $f(x)$ は $x=a$ で定義されていなくてもよい.

右側極限値と左側極限値

$x<a$ を満たしつつ,x が a に限りなく近づくとき,$f(x)$ が定数 L に限りなく近づくならば,$\displaystyle\lim_{x\to a-0}f(x)=L$ と表し,L を $f(x)$ の点 a における**左側極限値**という.$a<x$ を満たしつつ,x が a に限りなく近づくとき,$f(x)$ が定数 M に限りなく近づくならば $\displaystyle\lim_{x\to a+0}f(x)=M$ と表し,M を $f(x)$ の点 a における**右側極限値**という.特に $a=0$ のとき,$x\to 0-0$ を $x\to -0$ と書き,$x\to 0+0$ を $x\to +0$ と書く.

次の定理が成り立つことが知られている.

定理 2.5. $\displaystyle\lim_{x\to a}f(x)$ が存在するための必要十分条件は,$\displaystyle\lim_{x\to a-0}f(x)$ と $\displaystyle\lim_{x\to a+0}f(x)$ が存在し,かつ $\displaystyle\lim_{x\to a-0}f(x)=\lim_{x\to a+0}f(x)$ が成り立つことである.

例 2.5. $\displaystyle\lim_{x\to 0}\frac{|x|}{x}$ は存在しない.

例 2.6. $\displaystyle\lim_{x\to\infty}e^{-x}\sin x=0$

例 **2.7.** $\displaystyle\lim_{x\to\infty}(1+\frac{1}{x})^x = \lim_{x\to-\infty}(1+\frac{1}{x})^x = e$

無限小 $[f(x)=o(g(x))]$

$\displaystyle\lim_{x\to a}f(x)=0$ ならば，$x\to a$ のとき，$f(x)$ は**無限小**であるという．

$f(x)$ と $g(x)$ が $x\to a$ のとき無限小とする．このとき，

$$\lim_{x\to a}\frac{f(x)}{g(x)}=0$$

が成り立つとき，$f(x)$ は $g(x)$ より**高位**の無限小であるといい，

$$f(x)=o(g(x)) \quad (x\to a)$$

と表す（これは $f(x)$ スモール・オー $g(x)$ であると読む）．

例 **2.8.**

1. $x^2=o(x) \quad (x\to 0)$
2. $x=o(\sqrt{|x|}) \quad (x\to 0)$
3. $x^2\sin\dfrac{1}{x}=o(x) \quad (x\to 0)$

問 **2.1.1.** 次の関数の極限値を調べよ．（λ は定数とする）

(1) $\displaystyle\lim_{x\to 0}\frac{\sqrt{2x+1}-1}{x}$ (2) $\displaystyle\lim_{x\to 0}\frac{\sin 3x}{x}$ (3) $\displaystyle\lim_{x\to 0}\frac{1-\cos x}{x^2}$

(4) $\displaystyle\lim_{x\to 0}x^2\cos\frac{1}{x}$ (5) $\displaystyle\lim_{x\to\infty}e^{-x}\left(\frac{x+1}{x}\right)$ (6) $\displaystyle\lim_{x\to\infty}\frac{\sqrt{x^2+1}-1}{x}$

(7) $\displaystyle\lim_{x\to\infty}e^{-x}\tan^{-1}(x+1)$ (8) $\displaystyle\lim_{x\to\infty}\left(1+\frac{\lambda}{x}\right)^x$ (9) $\displaystyle\lim_{x\to-\infty}\left(1+\frac{\lambda}{x}\right)^x$

解

(1) $\dfrac{\sqrt{2x+1}-1}{x} = \dfrac{\sqrt{2x+1}-1}{x}\times\dfrac{\sqrt{2x+1}+1}{\sqrt{2x+1}+1} = \dfrac{2x}{x(\sqrt{2x+1}+1)}$

$\therefore \displaystyle\lim_{x\to 0}\frac{\sqrt{2x+1}-1}{x} = \lim_{x\to 0}\frac{2x}{x(\sqrt{2x+1}+1)} = 1$

(2) $\dfrac{\sin 3x}{x} = 3\dfrac{\sin 3x}{3x}$ より，$\displaystyle\lim_{x\to 0}\frac{\sin 3x}{x} = 3$

(3) $1-\cos x = 2\sin^2\dfrac{x}{2}$ であるから，$\dfrac{1-\cos x}{x^2}=\dfrac{1}{2}\dfrac{\sin^2\dfrac{x}{2}}{(\dfrac{x}{2})^2}$. $\displaystyle\lim_{x\to 0}\dfrac{1-\cos x}{x^2}=\dfrac{1}{2}$

(4) $|x^2\cos\dfrac{1}{x}|\leq x^2$ であるから，$\displaystyle\lim_{x\to 0}x^2\cos\left(\dfrac{1}{x}\right)=0$

(5) $\displaystyle\lim_{x\to\infty}e^{-x}=0$, $\displaystyle\lim_{x\to\infty}\dfrac{x+1}{x}=1$ より，$\displaystyle\lim_{x\to\infty}e^{-x}\dfrac{x+1}{x}=0$

(6) $x>0$ のとき，$\dfrac{\sqrt{x^2+1}-1}{x}=\dfrac{\sqrt{x^2+1}-1}{x}\dfrac{\sqrt{x^2+1}+1}{\sqrt{x^2+1}+1}=\dfrac{x}{\sqrt{x^2+1}+1}$

$\therefore\displaystyle\lim_{x\to\infty}\dfrac{\sqrt{x^2+1}-1}{x}=1$

(7) $\displaystyle\lim_{x\to\infty}e^{-x}=0$, $\displaystyle\lim_{x\to\infty}\tan^{-1}(x+1)=\dfrac{\pi}{2}$ より，$\displaystyle\lim_{x\to\infty}e^{-x}\tan^{-1}(x+1)=0$

(8) $\dfrac{1}{t}=\dfrac{\lambda}{x}$ とおくと $x=\lambda t$ で $\left(1+\dfrac{\lambda}{x}\right)^x=(1+\dfrac{1}{t})^{\lambda t}=((1+\dfrac{1}{t})^t)^\lambda$. $\lambda>0$ のとき，$x\to\infty$ は $t\to\infty$ で，$\lambda<0$ のとき，$x\to\infty$ は $t\to-\infty$ で，$\displaystyle\lim_{t\to\pm\infty}(1+\dfrac{1}{t})^t=e$ より，$\therefore\displaystyle\lim_{x\to\infty}\left(1+\dfrac{\lambda}{x}\right)^x=e^\lambda$

(9) $\dfrac{1}{t}=\dfrac{\lambda}{x}$ とおくと $x=\lambda t$ で $\left(1+\dfrac{\lambda}{x}\right)^x=(1+\dfrac{1}{t})^{\lambda t}=((1+\dfrac{1}{t})^t)^\lambda$. $\lambda>0$ のとき，$x\to-\infty$ は $t\to-\infty$ で，$\lambda<0$ のとき，$x\to-\infty$ は $t\to\infty$ で，$\displaystyle\lim_{t\to\pm\infty}(1+\dfrac{1}{t})^t=e$ より，$\displaystyle\lim_{x\to-\infty}\left(1+\dfrac{\lambda}{x}\right)^x=e^\lambda$ ∎

2.2 連続関数

点 a を含む開区間 I で定義されている関数 $f(x)$ に対して $\displaystyle\lim_{x\to a}f(x)=L=f(a)$ が成り立つとき，関数 $f(x)$ は点 $x=a$ で**連続**であるという．開区間 $I=(a,b)$ で定義された関数 $f(x)$ が開区間 I のすべての点 x で連続であるとき，**関数 $f(x)$ は開区間 I で連続**であるという．閉区間 $[a,b]$ で定義された関数が開区間 (a,b) で連続であって，$\displaystyle\lim_{x\to a+0}f(x)=f(a)$, $\displaystyle\lim_{x\to b-0}f(x)=f(b)$ であるとき，関数 $f(x)$ は閉区間 $[a,b]$ で連続であるという．

定理 2.1. より，次の定理が成り立つ：

定理 2.6. 関数 $f(x), g(x)$ が $x = a$ で連続ならば，

1. 関数 $\alpha f(x) + \beta g(x)$ は $x = a$ で連続である（ただし α, β は定数である）．
2. 関数 $f(x)g(x)$ は $x = a$ で連続である．
3. $g(a) \neq 0$ のとき，関数 $\dfrac{f(x)}{g(x)}$ は $x = a$ で連続である．
4. 関数 $|f(x)|$ は $x = a$ で連続である．

定理 2.7 (合成関数の連続性). 関数 $f(x)$ を区間 I で連続，関数 $g(y)$ を区間 J で連続であると仮定する．$f(I) \subseteq J$ ならば合成関数 $h(x) = (g \circ f)(x) = g(f(x))$ は I で連続になる．

定理 2.8 (逆関数の連続性). $f(x)$ を区間 I で連続な単調関数とし，$J = f(I)$ とおく．f の逆関数 $x = f^{-1}(y) \, (y \in J)$ は区間 J で連続になる．

例 2.9. 例 2.1 であげた関数 $x^3, \sqrt{x}, \ 2^x, \ e^x(=\exp(x)), \ \log_2 x, \ \log x, \sin x, \cos x, \tan x, \sqrt{1+x}$ 等はその定義域で連続である．

例 2.10. $f(x) = \dfrac{e^x - 1}{x} \, (x \neq 0), f(0) = 1$ なる関数 $f(x)$ は，$\lim\limits_{x \to 0} f(x) = 1 = f(0)$ であるから，$x = 0$ で連続である．

定理 2.9. 関数 $f(x)$ が閉区間 $[a,b]$ で連続で，$f(a)f(b) < 0$ ならば，$f(c) = 0, \ a < c < b$ なる点 c が少なくとも一つ存在する．

注 2.10. 上の定理の証明の方法は第 3 章 (§3.8) 発展で考える方程式 $f(x) = 0$ の数値解 x を見つける際に使用される．

定理 2.11 (中間値の定理). 関数 $f(x)$ が閉区間 $[a,b]$ で連続であるとき，$f(a) < k < f(b)$ または $f(a) > k > f(b)$ ならば，$f(c) = k, \ a < c < b$ なる点 c が少なくとも一つ存在する．

例 2.11. 方程式 $x - \cos x = 0$ は，$f(0) = -1 < 0, f(\frac{\pi}{2}) = \frac{\pi}{2} > 0$ であるから閉区間 $[0, \frac{\pi}{2}]$ で解 x をもつ．

2.2. 連続関数

例 2.12. 関数 $f(x) = x^3 + ax^2 + bx + c$ (a, b, c は定数) に対して，方程式 $f(x) = 0$ は実数解 x をもつ．

関数 $y = f(x)$ の値を定義域 I 全体で考察する（**大局的に関数を考察する**）：
すべての $x\ (\in I)$ に対して $f(x) \leq f(a)$ $(x \in I)$ なる点 $a \in I$ が存在するときは $f(x)$ は $x = a$ で**最大**であるといい，値 $f(a)$ を**最大値**という．
すべての $x\ (\in I)$ に対して $f(x) \geq f(a)$ $(x \in I)$ なる点 $a \in I$ が存在するときは $f(x)$ は $x = a$ で**最小**であるといい，値 $f(a)$ を**最小値**という．最大値・最小値に関して，次の定理が成り立つことが知られている：

定理 2.12 (最大値-最小値の定理)．有界閉区間 $[a, b]$ で連続な関数 $f(x)$ は，閉区間 $[a, b]$ において最大値と最小値をとる．

例 2.13.

1. 関数 $f(x) = x^2$ を開区間 $I = (0, 1)$ で考えると区間 I で連続であるが，I では f の最大値と最小値は存在しない．しかし、関数 $f(x) = x^2$ を閉区間 $I = [0, 1]$ で考えると f は $x = 1$ で最大値は 1 を，$x = 0$ で最小値 0 をとる．

2. 関数 $f(x) = \log x$ を区間 $I = [1, \infty)$ で考えると区間 I での f の最大値は存在しないが，$x = 1$ で f は最小値 $f(1) = 0$ をとる．

3. 関数 $f(x) = e^{-x}$ を区間 $I = [0, \infty)$ で考えると $0 < e^{-x} \leq 1 = f(0)$ であるから，$x = 0$ で f は最大値は 1 をとり，f の I での最小値は存在しない．

問 2.2.1. 次の方程式は，それぞれ指示された区間で解をもつこと示せ．

(1) $e^x - 3x = 0$ ($[0, 1]$)　　(2) $\sin 2x = x$ ($[\frac{\pi}{4}, \frac{\pi}{2}]$)

(3) $x^3 - 9x^2 + 2 = 0$ ($[0, 3]$)　　(4) $x^5 + x^3 + x + 1 = 0$ ($(-\infty, \infty)$)

解

(1) $f(x) = e^x - 3x$ とおく．$f(0) = 1, f(1) = e - 3 < 0$ より定理 2.9 から区間 $[0, 1]$ で $f(x) = 0$ なる x が存在する．

(2) $f(x) = \sin 2x - x$ とおく．$f(\frac{\pi}{4}) = 1 - \frac{\pi}{4} > 0, f(\frac{\pi}{2}) = -\frac{\pi}{2} < 0$ より定理 2.9 から区間 $[\frac{\pi}{4}, \frac{\pi}{2}]$ で $f(x) = 0$ なる x が存在する．

(3) $f(x) = x^3 - 9x^2 + 2$ とおく. $f(0) = 2, f(3) = -52$ より定理 2.9 から区間 $[0,3]$ で $f(x) = 0$ なる x が存在する.

(4) $f(x) = x^5 + x^3 + x + 1$ とおく. $f(-1) = -2, f(1) = 4 > 0$ より定理 2.9 から区間 $[-1,1]$ で $f(x) = 0$ なる x が存在する. ∎

演習問題 2

1. 次の極限値を求めよ. a, b は 0 でない定数とする.

(1) $\displaystyle\lim_{x\to 3} \frac{\sqrt{x+1}-2}{x-3}$ (2) $\displaystyle\lim_{x\to 0} \frac{1-\cos ax}{bx}$

(3) $\displaystyle\lim_{x\to 0} \frac{\sin ax}{\sin bx}$ (4) $\displaystyle\lim_{x\to 0} \frac{1-\cos^2 ax}{bx^2}$

(5) $\displaystyle\lim_{x\to 0} \frac{\sin^{-1} ax}{bx}$ (6) $\displaystyle\lim_{x\to -\infty}\left\{\sqrt{x^2+x+1}+x\right\}$

(7) $\displaystyle\lim_{x\to\infty} \tan^{-1}\left(1+\frac{1}{x}\right)$ (8) $\displaystyle\lim_{x\to\infty} \tan^{-1}\left(\frac{1-x}{1+x}\right)$

(9) $\displaystyle\lim_{x\to\infty} e^{-x}\cos(ax+b)$ (10) $\displaystyle\lim_{x\to\infty}\left(\sqrt{x+2}-\sqrt{x}\right)$

解

(1) $\dfrac{\sqrt{x+1}-2}{x-3} = \dfrac{(\sqrt{x+1}-2)}{x-3}\dfrac{(\sqrt{x+1}+2)}{(\sqrt{x+1}+2)} = \dfrac{1}{\sqrt{x+1}+2}$ より,

$\displaystyle\lim_{x\to 3}\dfrac{\sqrt{x+1}-2}{x-3}=\dfrac{1}{4}$

(2) $\sin^2\dfrac{t}{2} = \dfrac{1-\cos t}{2}$ であるから, $\dfrac{1-\cos ax}{bx} = 2\dfrac{\sin^2\dfrac{ax}{2}}{bx} = \dfrac{2}{b}\dfrac{\sin^2\dfrac{ax}{2}}{(\dfrac{ax}{2})^2}\dfrac{a^2 x}{4}$

より, $\displaystyle\lim_{x\to 0}\dfrac{1-\cos ax}{bx}=0$

(3) $\dfrac{\sin ax}{\sin bx} = \dfrac{a}{b}\dfrac{\sin ax}{ax}\dfrac{bx}{\sin bx}$ より, $\displaystyle\lim_{x\to 0}\dfrac{\sin ax}{\sin bx}=\dfrac{a}{b}$

(4) $\dfrac{1-\cos^2 ax}{bx^2} = \dfrac{\sin^2 ax}{bx^2}$ より, $\displaystyle\lim_{x\to 0}\dfrac{1-\cos^2 ax}{bx^2} = \lim_{x\to 0}\dfrac{\sin^2 ax}{(ax)^2}\dfrac{a^2}{b} = \dfrac{a^2}{b}$

(5) $t = \sin^{-1}(ax)$ とおくと、$ax = \sin t$ であるから,

$\displaystyle\lim_{x\to 0}\dfrac{\sin^{-1} ax}{bx} = \lim_{t\to 0}\dfrac{t}{\sin t}\dfrac{a}{b} = \dfrac{a}{b}$

演習問題 2

(6) $\sqrt{x^2+x+1}+x = (\sqrt{x^2+x+1}+x)\dfrac{\sqrt{x^2+x+1}-x}{\sqrt{x^2+x+1}-x}$
$=\dfrac{x+1}{\sqrt{x^2+x+1}-x}$, $x<0$ のとき, $\sqrt{x^2+x+1}=(-x)\sqrt{(1+\dfrac{1}{x}+\dfrac{1}{x^2})}$ であるから, $\displaystyle\lim_{x\to-\infty}\left\{\sqrt{x^2+x+1}+x\right\}=\lim_{x\to-\infty}\dfrac{1+\dfrac{1}{x}}{-\sqrt{1+\dfrac{1}{x}+\dfrac{1}{x^2}}-1}=-\dfrac{1}{2}$

(7) $\displaystyle\lim_{x\to\infty}(1+\dfrac{1}{x})=1$ より, $\displaystyle\lim_{x\to\infty}\tan^{-1}(1+\dfrac{1}{x})=\tan^{-1}1=\dfrac{\pi}{4}$

(8) $\displaystyle\lim_{x\to\infty}\dfrac{1-x}{1+x}=-1$ より, $\displaystyle\lim_{x\to\infty}\tan^{-1}\left(\dfrac{1-x}{1+x}\right)=\tan^{-1}(-1)=-\dfrac{\pi}{4}$

(9) $|e^{-x}\cos(ax+b)|\le e^{-x}$ より, $\displaystyle\lim_{x\to\infty}e^{-x}\cos(ax+b)=0$

(10) $\sqrt{x+2}-\sqrt{x}=\dfrac{2}{\sqrt{x+2}+\sqrt{x}}$ より, $\displaystyle\lim_{x\to\infty}(\sqrt{x+2}-\sqrt{x})=0$ ∎

2. 次の関数 $f(x)$ の $x=0$ における連続性を調べよ.

(1) $f(x)=\begin{cases} x\cos(\dfrac{1}{x}) & (x\ne 0) \\ 0 & (x=0) \end{cases}$ (2) $f(x)=\begin{cases} x^2\sin(\dfrac{1}{x}) & (x\ne 0) \\ 0 & (x=0) \end{cases}$

(3) $f(x)=\begin{cases} \exp(-\dfrac{1}{x^2}) & (x\ne 0) \\ 0 & (x=0) \end{cases}$ (4) $f(x)=\begin{cases} x\tan^{-1}(\dfrac{1}{x^2}) & (x\ne 0) \\ 0 & (x=0) \end{cases}$

解
(1) $x\ne 0$ で $|x\cos(\dfrac{1}{x})|\le |x|$ である. $\displaystyle\lim_{x\to 0}f(x)=0$, $f(0)=0$ より, $f(x)$ は $x=0$ で連続である.

(2) $x\ne 0$ で $|x^2\sin(\dfrac{1}{x})|\le x^2$ である. $\displaystyle\lim_{x\to 0}f(x)=0$, $f(0)=0$ より, $f(x)$ は $x=0$ で連続である.

(3) $t=\dfrac{1}{x^2}$ とおくと $x\to 0$ のとき, $t\to +\infty$ である. $\displaystyle\lim_{x\to 0}f(x)=\lim_{t\to\infty}\exp(-t)=0$, $f(0)=0$ より $f(x)$ は $x=0$ で連続である.

(4) $x\ne 0$ で $|x\tan^{-1}(\dfrac{1}{x^2})|\le \dfrac{\pi}{2}|x|$ である. $\displaystyle\lim_{x\to 0}f(x)=0$, $f(0)=0$ より, $f(x)$ は $x=0$ で連続である. ∎

3. 関数 $f(x)=\displaystyle\lim_{n\to\infty}\dfrac{|x|^n+1}{2|x|^n+1}$ のグラフを描け.

解 $|x|<1$ のとき, $\displaystyle\lim_{n\to\infty}|x|^n=0$ より $f(x)=1$,

$|x| = 1$ のとき，$f(x) = \dfrac{2}{3}$，

$|x| > 1$ のとき，$\displaystyle\lim_{n\to\infty} \dfrac{1}{|x|^n} = 0$ より $f(x) = \dfrac{1}{2}$

グラフは明らかである． ∎

4. 任意の実数 x に対して $f(2x) = f(x)$，かつ $x = 0$ で連続である関数 $f(x)$ は定数に限ることを証明せよ．

証明

(1) $t = 2x$ とおくと，$x = \dfrac{t}{2}$ で $f(t) = f(\dfrac{t}{2})\,(t \in \mathbb{R})$

(2) (1) から $f(x) = f(\dfrac{x}{2})$．ここで，$x = \dfrac{t}{2}$ とおくと $f(\dfrac{t}{2}) = f(\dfrac{t}{4})$．∴ $f(x) = f(\dfrac{x}{2}) = f(\dfrac{x}{4})\,(x \in \mathbb{R})$ を得る．数学的帰納法により $f(x) = f(\dfrac{x}{2^n})\,(n \in \mathbb{N})$ が証明できる．

(3) $x \neq 0$ のとき，$\displaystyle\lim_{n\to\infty}\dfrac{x}{2^n} = 0$ である．関数 $f(x)$ は $x = 0$ で連続であるから，$f(0) = \displaystyle\lim_{t\to 0}f(t)$．$f(x) = \displaystyle\lim_{n\to\infty}f(x) = \lim_{n\to\infty}f(\dfrac{x}{2^n}) = \lim_{t\to 0}f(t) = f(0)$．
∴ $f(x) = f(0)\,(x \in \mathbb{R})$． ∎

5. $f(x)$ が閉区間 $[a,b]$ で連続で，$\{f(x) \mid x \in [a,b]\} \subseteq [a,b]$ であるとき，$f(c) = c$ となる点 $c(\in [a,b])$ が存在することを証明せよ．

証明 $g(x) = f(x) - x$ とおく．仮定より，$a \leq f(a) \leq b, a \leq f(b) \leq b$ であるから，$g(a) = f(a) - a \geq 0, g(b) = f(b) - b \leq 0$，定理 2.9 より $g(c) = 0$．すなわち，$f(c) = c$ となる点 $c(\in [a,b])$ が存在する． ∎

6. 関数 $f(x)$ は $\mathbb{R}$ で連続とする．任意の $x, x' \in \mathbb{R}$ に対して $f(x + x') = f(x) + f(x')$ を満たせば，$f(x)$ は $f(x) = f(1)x\,(x \in \mathbb{R})$ と表されることを証明せよ．

証明

(1) $x = x' = 0$ をとると仮定から，$f(0) = f(0) + f(0)$．∴ $f(0) = 0$．

(2) $x' = -x$ とおくと $f(x + (-x)) = f(0) = 0$，$f(x + (-x)) = f(x) + f(-x)$ より，$f(-x) = -f(x)$．

(3) $f(1 + 1) = f(1) + f(1) = 2f(1)$ より，$f(2) = 2f(1)$ である．$f(k) = kf(1)$ のとき，$f(k + 1) = f(k) + f(1) = (k + 1)f(1)$ であるから，数学的帰納法によ

り $f(n) = nf(1)$ $(n \in \mathbb{N})$ である．

(4) $n \in \mathbb{N}$ のとき，(2) から $f(-n) = -f(n) = -nf(1)$ である．

(5) $x = x' = \dfrac{1}{2}$ とおくと $f(1) = f(\dfrac{1}{2}) + f(\dfrac{1}{2}) = 2f(\dfrac{1}{2}) \therefore f(\dfrac{1}{2}) = \dfrac{1}{2}f(1)$. $n \in \mathbb{N}$ のとき，$f(1) = f(n \times \dfrac{1}{n})$ で，仮定より $f(n \times \dfrac{1}{n}) = nf(\dfrac{1}{n})$. 故に $f(\dfrac{1}{n}) = \dfrac{1}{n}f(1)$.

(6) $n \in \mathbb{N}$ のとき，(2) より $f(-\dfrac{1}{n}) = -f(\dfrac{1}{n}) = -\dfrac{1}{n}f(1)$.

(7) (5) より $n \in \mathbb{N}$ のとき，$f(\dfrac{1}{n}) = \dfrac{1}{n}f(1)$ であるから，$m \in \mathbb{Z}$ のとき，$f(\dfrac{m}{n}) = \dfrac{m}{n}f(1)$ である．

(8) $x \in \mathbb{R}$ に対して，$x = \lim\limits_{n \to \infty} p_n$ なる有理数の数列 $\{p_n\}$ が存在する．p_n に対して (7) より $f(p_n) = p_n f(1)$ である．関数 $f(x)$ は点 x で連続であるから，$f(x) = \lim\limits_{n \to \infty} f(p_n)$. $\therefore f(x) = \lim\limits_{n \to \infty} f(p_n) = \lim\limits_{n \to \infty} p_n f(1) = x f(1)$ である．
□

7. 次の真偽を確かめよ．

(1) a を含む区間で $f(x)$ が定義されているとき，$\lim\limits_{x \to a} f(x) = f(a)$ が常に成り立つ．

(2) $f(x)$ が区間 $(0, \infty)$ で定義されていると，$\lim\limits_{x \to +0} f(x) = 1$ ならば，$f(x) = 1$ $(x > 0)$ である．

(3) $\lim\limits_{x \to +0} x \log x = \left(\lim\limits_{x \to +0} x\right)\left(\lim\limits_{x \to +0} \log x\right) = 0$ である．

(4) $\lim\limits_{x \to 0} x \sin(\dfrac{1}{x}) = \lim\limits_{t \to \infty}\left(\dfrac{1}{t} \sin t\right) = 0$ （ただし，$x = \dfrac{1}{t}$ とおく）．

(5) $\lim\limits_{x \to 0} x \sin(\dfrac{1}{x}) = \left(\lim\limits_{x \to 0} x\right)\left(\lim\limits_{x \to 0} \sin(\dfrac{1}{x})\right) = 0$ である．

(6) $\lim\limits_{x \to \infty} \dfrac{\sin x}{x} = \left(\lim\limits_{x \to \infty} \dfrac{1}{x}\right)\left(\lim\limits_{x \to \infty} \sin x\right) = 0$ である．

(7) $f(x)$ は区間 $(0, \infty)$ で定義されている．n を自然数とする．このとき，数列 $\{f(n)\}$ を考える．$\lim\limits_{n \to \infty} f(n) = L$ が存在するとき，$\lim\limits_{x \to \infty} f(x) = L$ である．

解

(1) 偽である．$x = a$ で不連続な関数は，すべて反例となる．

(2) 偽である．例として，$f(x) = \dfrac{\sin x}{x}$ は区間 $(0, \infty)$ で定義されている．$\displaystyle\lim_{x \to 0} \dfrac{\sin x}{x} = 1$ で $f(x) \neq 1 \ (x > 0)$ である．

(3) 偽である．$\displaystyle\lim_{x \to +0} \log x$ は存在しない．

(4) 偽である．$x = \dfrac{1}{t}$ とおくと，$x \to +0$ のとき，$t \to +\infty$ で，$x \to -0$ のとき，$t \to -\infty$ である．$\displaystyle\lim_{x \to 0} x \sin(\dfrac{1}{x}) \neq \lim_{t \to \infty} \dfrac{1}{t} \sin t$ である．

(5) 偽である．$\displaystyle\lim_{x \to 0} \sin(\dfrac{1}{x})$ が存在しない．

(6) 偽である．$\displaystyle\lim_{x \to \infty} \sin x$ が存在しない．

(7) 偽である．$f(x) = \sin(\pi x)$ は $f(n) = \sin(n\pi) = 0 \ (n \in \mathbb{N})$ であるが，$\displaystyle\lim_{x \to \infty} \sin(\pi x)$ は存在しない． ∎

第3章　1変数関数の微分

3.1　微分可能の定義と導関数

点 a を含む開区間で定義された関数 $y=f(x)$ において，極限値

$$\lim_{h\to 0}\frac{f(a+h)-f(a)}{h}=L$$

が存在するとき，関数 $f(x)$ は $x=a$ で**微分可能**であるという．このとき，L を $f'(a)$ で表し，極限値 L を $x=a$ における関数 $f(x)$ の**微分係数**という．極限値が存在しないとき，関数 $f(x)$ は点 a で**微分不可能**（微分できない）という．

また，x が a から $a+h$ まで変化するときの $f(x)$ の変化の割合

$$\frac{f(a+h)-f(a)}{h}$$

を x が $x=a$ から $x=a+h$ まで変化するときの関数 $f(x)$ の**平均変化率**という．

$f'(a)$ の意味
1) 　$f'(a)$ の幾何学的意味

座標平面上で，曲線 $y=f(x)$ の点 $P(a,f(a))$ における接線の方程式は

$$y-f(a)=f'(a)(x-a)$$

で，$f'(a)$ は接線の傾きを表す．

2) 　平均速度と瞬間速度

変数 x は時間を表し，関数 $f(x)$ を時刻 x までの自動車の進んだ距離を表すとすると，平均変化率は時刻 a から時刻 $a+h$ までの自動車の平均速度を表す．また，$f'(a)$ は時刻 a での自動車の瞬間速度を表す．

3) 　微小な区間の拡大率

$f'(a)$ は「$x = a$ を含む極く小さな区間が $f(x)$ によって，約何倍に拡大されるか？」という拡大率と考えることができる．

例 3.1. 関数 $f(x) = x^3 + x \ (x \in R)$ に対して，点 a における微分係数 $f'(a)$ は $f'(a) = 3a^2 + 1$ である．曲線 $y = x^3 + x$ 上の点 $(a, a^3 + a)$ における接線の方程式は $y = (3a^2 + 1)x - 2a^3$ である．

例 3.2. 関数 $y = |x| \ (x \in R)$ は $x = 0$ で微分不可能である．

関数 $f(x)$ が区間 I のすべての点 x で微分可能であるとき，$f(x)$ は**区間 I で x に関して微分可能**であるという．

関数 $f(x)$ が区間 I で x に関して微分可能であるとき，I の各点 x に微分係数 $f'(x)$ を対応させる関数を $f(x)$ の**導関数**といい，$f'(x)$ で表す．$f(x)$ の導関数を表わす記号として y'，$\{f(x)\}'$，$\dfrac{dy}{dx}$，$\dfrac{df(x)}{dx}$，$\dfrac{d}{dx}f(x)$，$Df(x)$ 等が用いられる．

$f(x)$ の導関数 $f'(x)$ を求めることを「$f(x)$ **を微分する**」という．

例 3.3. 1. $f(x) = x^n \ (n \in N)$ ならば，$f'(x) = nx^{n-1}$

2. $f(x) = \sin x$ ならば，$f'(x) = \cos x$

3. $f(x) = \cos x$ ならば，$f'(x) = -\sin x$

4. $f(x) = \exp x \ (= e^x)$ ならば，$f'(x) = e^x$

5. $f(x) = \log x$ ならば，$f'(x) = \dfrac{1}{x}$

関数 f の微分 df

関数 $f(x)$ において，変数 x の変化量 $\Delta x (\neq 0)$ に対して $\Delta y = f(x + \Delta x) - f(x)$ とおく．関数 $f(x)$ が点 x で微分可能ならば，$\dfrac{\Delta y - f'(x)\Delta x}{\Delta x} \to 0 \quad (\Delta x \to 0)$ であるから，$\Delta y - f'(x)\Delta x$ は Δx より高位の無限小である．よって

$$\Delta y = f'(x)\Delta x + o(\Delta x) \quad (\Delta x \to 0)$$

と書く（ここで，記号 o については第 2 章を参照せよ）．ここで，$f'(x)\Delta x$ を dy または $df(x)$ で表し，それを点 x における f の**微分**あるいは**全微分**という．通常 $dy = f'(x)\Delta x = f'(x)dx$ と書く．

3.2　微分法の公式

例 3.4. 1.　$y = x^2$ のとき，$dy(= d(x^2)) = 2x\,dx$．
2.　$y = \sin x$ のとき，$dy(= d(\sin x)) = \cos x\,dx$．

定理 3.1. 点 a を含む開区間で定義された関数 $f(x)$ が $x = a$ で微分可能ならば，$f(x)$ は $x = a$ で連続である．

3.2　微分法の公式

定理 3.2. 関数 $f(x)$ と $g(x)$ が x に関して微分可能ならば，$cf(x)$（c は定数），$f(x) \pm g(x)$，$f(x)g(x)$，$\dfrac{f(x)}{g(x)}$ $(g(x) \neq 0)$ は x に関して微分可能で，次の公式が成り立つ：

1. $\{cf(x)\}' = cf'(x)$
2. $\{f(x) \pm g(x)\}' = f'(x) \pm g'(x)$
3. $\{f(x)g(x)\}' = f'(x)g(x) + f(x)g'(x)$
4. $\left\{\dfrac{f(x)}{g(x)}\right\}' = \dfrac{f'(x)g(x) - f(x)g'(x)}{\{g(x)\}^2}$　　$(g(x) \neq 0)$

例 3.5. 定理 3.2 を用いると

1. $\left(x^2 + 3\cos x + 4\sin x + e^x\right)' = 2x - 3\sin x + 4\cos x + e^x$
2. $\left(x^2 \sin x\right)' = 2x \sin x + x^2 \cos x$
3. $\left(\dfrac{1}{x^2+1}\right)' = -\dfrac{2x}{(x^2+1)^2}$
4. $(\tan x)' = \left(\dfrac{\sin x}{\cos x}\right)' = \dfrac{1}{(\cos x)^2}$

次の合成関数の微分の公式は重要であり，この公式が自由に使えるようになれば，導関数の計算が大変容易になる．

定理 3.3 (合成関数の微分の公式その 1（連鎖律 1）)． 関数 $z = g(y)$ は y について微分可能，関数 $y = f(x)$ は x について微分可能ならば，合成関数 $z = (g \circ f)(x) = g(f(x))$ は x について微分可能で，次の公式が成り立つ：

$$\frac{dg(f(x))}{dx} = \frac{dg}{dy}(f(x)) \cdot \frac{df}{dx}(x) = g'(f(x)) \cdot f'(x)$$

注 3.4. この連鎖律 1 を簡単に $\dfrac{dz}{dx} = \dfrac{dz}{dy}\dfrac{dy}{dx}$ と書くことがある．

注 3.5. 上の定理で $\dfrac{dg(f(x))}{dx} \neq g'(x)f'(x)$ であることを注意しておく．

例 3.6. 関数 $f(x)$ は微分可能とする．このとき，次が成り立つ：

1. 関数 $z = (f(x))^n \ (n \in N)$ は微分可能で，$\dfrac{dz}{dx} = n\,(f(x))^{n-1}\,f'(x)$．

2. 関数 $z = f(ax+b)\,(a, b\text{ は定数})$ は微分可能で，$\dfrac{dz}{dx} = af'(ax+b)$．

例 3.7. (対数微分法) a を定数とする．次が成り立つ：

1. $(x^a)' = ax^{a-1} \ (x > 0)$

2. $(a^x)' = (\log a)\, a^x \ (a > 0)$

3. $(x^x)' = (\log x + 1)x^x \ (x > 0)$

例 3.8. 1. $f(x) = |x|\,e^{-x}$ は $x = 0$ で微分不可能である．

2. $f(x) = x \sin \dfrac{1}{x}\,(x \neq 0), \quad f(0) = 0$ は $x = 0$ で微分不可能である．

注 3.6. $f'(a)$ を考察する際に，よくある間違いの例は $\lim_{x \to a} f'(x) = f'(a)$ とすることである．上の例 3.8 でいえば，まず，$x \neq 0$ で $f'(x) = \sin \dfrac{1}{x} - \dfrac{1}{x}\cos\dfrac{1}{x}$ を求める．ついで，$\lim_{x \to 0} f'(x)$ が存在しないから，$x = 0$ で $f(x)$ は微分不可能と結論する．この解答には，どこに間違いがあるのか？

3.2. 微分法の公式　　　　　　　　　　　　　　　　　　　　　　　　51

定理 3.7 (逆関数の微分の公式). $y = f(x)$ は区間 I で微分可能かつ単調関数とする. 各点 $x \in I$ で $f'(x) \neq 0$ とする. このとき, 逆関数 $x = f^{-1}(y)$ は区間 $J = f(I)$ で y に関して微分可能で次の公式が成り立つ:

$$\frac{df^{-1}(y)}{dy} = \frac{1}{f'(x)} = \frac{1}{f'(f^{-1}(y))}$$

例 3.9. (逆三角関数の微分)

1. $(\sin^{-1} x)' = \dfrac{1}{\sqrt{1-x^2}}\ (-1 < x < 1)$

2. $(\cos^{-1} x)' = -\dfrac{1}{\sqrt{1-x^2}}\ (-1 < x < 1)$

3. $(\tan^{-1} x)' = \dfrac{1}{1+x^2}\ (x \in R)$

注 3.8. 例 3.9 に対する別の考察

関数 $y = \sin^{-1} x$ は関係 $x = \sin y$ で定まる x の関数 y であるから $x = \sin y (=\sin(\sin^{-1} x))$ の両辺を x で微分すると

$$1 = \cos y \frac{dy}{dx} \quad (-1 < x < 1, -\frac{\pi}{2} \leq y \leq \frac{\pi}{2}).$$

ここで, $-\dfrac{\pi}{2} < y < \dfrac{\pi}{2}$ より $\cos y = \sqrt{1-x^2}(> 0)$. 故に $\dfrac{dy}{dx} = \dfrac{1}{\sqrt{1-x^2}}$.

定理 3.9 (パラメーター表示の微分の公式). $x = f(t), y = g(t)\,(\alpha \leq t \leq \beta)$ は微分可能で, $f'(t) \neq 0\,(\alpha < t < \beta)$ であるとき, 次の公式が成り立つ:

$$\frac{dy}{dx} = \frac{g'(t)}{f'(t)}$$

例 3.10.

1. $x = t, y = t^3\ (-\infty < t < \infty)$ のとき, $\dfrac{dy}{dx} = \dfrac{3t^2}{1} = 3t^2$

2. $x = a\cos t, y = b\sin t\ (0 \leq t < 2\pi)\,(a, b \text{ は正の定数})$ のとき,
$\dfrac{dy}{dx} = -\dfrac{b}{a}\cot t\,(\sin t \neq 0 \text{ のとき}),$
$\dfrac{dx}{dy} = -\dfrac{a}{b}\tan t\,(\cos t \neq 0 \text{ のとき}).$

問 3.2.1. 関数 $f(x)$ は x に関して微分可能とする．次の合成関数を微分せよ．
(1) $z = \sin f(x)$　　(2) $z = f(\sin x)$　　(3) $z = \log f(x)\ (f(x) > 0)$
(4) $z = f(\log x)\ (x > 0)$　　(5) $z = f(x^2)$

解　　定理 3.3 より
(1) $z'(x) = \cos(f(x))f'(x)$　　(2) $z'(x) = f'(\sin x)\cos x$
(3) $z'(x) = \dfrac{1}{f(x)}f'(x)$　　(4) $z'(x) = f'(\log x)\dfrac{1}{x}$　　(5) $z'(x) = f'(x^2)2x$　■

問 3.2.2. 次の関数を微分せよ．$a(\neq 0), b$ は定数とする．
(1)　$\sinh ax$　　(2)　$\left(x - \dfrac{1}{x}\right)^3$　　(3)　$\dfrac{6x+3}{x^2+x+1}$
(4)　$\cosh ax$　　(5)　$x^2 \sin ax$　　(6)　$x^2 \log_a x\ (a > 0, a \neq 1)$
(7)　$e^x \sin(ax+b)$　　(8)　$x^3 \tan \dfrac{1}{x}$　　(9)　$\sqrt[3]{(2x+3)^2}$
(10)　$\sin^{-1} \dfrac{x}{a}\ (a > 0)$　　(11)　$\sin^{-1} \dfrac{x}{1+x^2}$　　(12)　$\cos^{-1} \dfrac{x}{a}\ (a > 0)$
(13)　$\cos^{-1} \sqrt{1-x^2}$　　(14)　$\tan^{-1} \dfrac{x}{a}$　　(15)　$\tan^{-1} e^x$
(16)　$\sqrt{a+x^2}$　　(17)　$\sqrt{a^2-x^2}$　　(18)　$\log(x+\sqrt{x^2+1})$
(19)　$x^2 a^x\ (a > 0)$　　(20)　$e^x \sin^2 ax$　　(21)　$\exp(-x^2)$

解
(1)　$a \cosh ax$　　(2)　$3(x - \dfrac{1}{x})^2(1 + \dfrac{1}{x^2})$　　(3)　$\dfrac{-6x^2 - 6x + 3}{(x^2+x+1)^2}$
(4)　$a \sinh ax$　　(5)　$2x \sin ax + ax^2 \cos ax$
(6)　$(\log_a x)' = \dfrac{1}{x \log a}$ より，$2x \log_a x + \dfrac{x}{\log a}$
(7)　$e^x [\sin(ax+b) + a\cos(ax+b)]$　　(8)　$3x^2 \tan(\dfrac{1}{x}) - x\sec^2(\dfrac{1}{x})$
(9)　$\dfrac{4}{3\sqrt[3]{2x+3}}$　　(10)　$\dfrac{1}{\sqrt{a^2-x^2}}$　　(11)　$\dfrac{1}{\sqrt{x^4+x^2+1}}\dfrac{1-x^2}{1+x^2}$
(12)　$-\dfrac{1}{\sqrt{a^2-x^2}}$　　(13)　$\dfrac{x}{|x|}\dfrac{1}{\sqrt{1-x^2}}$　　(14)　$\dfrac{a}{x^2+a^2}$
(15)　$\dfrac{e^x}{1+e^{2x}}$　　(16)　$\dfrac{x}{\sqrt{a+x^2}}$　　(17)　$-\dfrac{x}{\sqrt{a^2-x^2}}$
(18)　$\dfrac{1}{\sqrt{x^2+1}}$　　(19)　$(2x + x^2 \log a)a^x$
(20)　$e^x \sin(ax)[\sin(ax) + 2a\cos(ax)]$　　(21)　$-2x \exp(-x^2)$　■

問 **3.2.3.** a を正の定数とする．次のパラメーター表示より $\dfrac{dy}{dx}$ を求めよ．
(1) $x = a\cos t, y = a\sin t\,(0 < t < \pi)$
(2) $x = a(t - \sin t), y = a(1 - \cos t)\,(0 < t < 2\pi)$ (サイクロイド)
(3) $x = 2\sinh t, y = 3\cosh t\,(0 < t)$
(4) $x = t\sin t, y = t\cos t\,(0 < t < \dfrac{\pi}{2})$

解
(1) $-\cot t$ (2) $\dfrac{\sin t}{(1 - \cos t)}$ (3) $\dfrac{3}{2}\tanh t$ (4) $\dfrac{\cos t - t\sin t}{\sin t + t\cos t}$ ∎

3.3 高次導関数 $f^{(n)}(x)$

関数 $y = f(x)$ が区間 I で導関数 $f'(x)$ をもつとする．この導関数 $f'(x)$ が区間 I で微分可能であるとき，導関数 $(f'(x))'$ を $f''(x)$ または $f^{(2)}(x)$ と書いて，$f''(x)$ を f の **2 次 (2 階) 導関数**という．$f(x)$ が導関数 $f'(x), f''(x)$ をもつとする．さらに，2 次導関数 $f''(x)$ が微分可能のとき，$(f''(x))'$ を $f^{(3)}(x)$ で表し，それを $f(x)$ の **3 次（3 階）導関数**という．このように $f(x)$ を順次に n 回微分して得られる関数を $f(x)$ の n 次（n 階）**導関数**といい，$f^{(n)}(x)$ で表し，$f(x)$ は I で n **回微分可能である**という．$f(x)$ の 2 次（2 階）以上の導関数を**高次導関数**という．$y = f(x)$ の n 階導関数を $\dfrac{d^n f(x)}{dx^n}, \dfrac{d^n}{dx^n}f(x), \dfrac{d^n y}{dx^n}, y^{(n)}, D^n f(x)$ 等で表す．ただし，$f^{(0)}(x) = f(x)$ と約束する．

関数 $y = f(x)$ が区間 I で n 回微分可能で，導関数 $f^{(n)}(x)$ が区間 I で連続であるとき，関数 $f(x)$ は I で C^n **級**であるという．さらに，区間 I で C^n 級である関数全体の集合を $C^n(I)$ で表す．関数 $y = f(x)$ が区間 I で無限回微分可能であるとき，関数 $f(x)$ は I で C^∞ **級**であるという．

$$f^{(2)}(x) = f''(x) = \lim_{h \to 0} \frac{f'(x+h) - f'(x)}{h}$$

$$f^{(n)}(x) = \frac{d(f^{(n-1)}(x))}{dx} = \lim_{h \to 0} \frac{f^{(n-1)}(x+h) - f^{(n-1)}(x)}{h} \quad (n = 2, 3, \cdots)$$

注 3.10. $D^2 f \neq (Df)^2$, $\dfrac{d^2 f}{dx^2} \neq (\dfrac{d^2 f}{dx})^2$ を注意しておく．

例 3.11.
1. $f(x) = \sqrt{1+x}$ のとき，$f''(x) = -\dfrac{1}{4}(1+x)^{-3/2}$.
2. $f(x) = \exp(ax)$ のとき，$f''(x) = a^2\exp(ax)$.
3. $f(x) = \sin(ax)$ のとき，$f''(x) = -a^2\sin(ax)$.

合成関数の 2 次導関数については，次の定理が成り立つ：

定理 3.11 (合成関数の微分の公式その 2 (連鎖律 2))**.** 関数 $y = f(x)$ が x について 2 回微分可能で，関数 $z = g(y)$ が y について 2 回微分可能であるとき，合成関数 $z = g(f(x))$ に対して次が成り立つ：

$$\frac{d^2z}{dx^2} = \underline{\frac{d^2g}{dy^2}}\Big(\underline{\frac{df}{dx}}\Big)^2 + \frac{dg}{dy}\frac{d^2f}{dx^2}$$

注 3.12. 上の定理で下線部の微分に注意してほしい．

定理 3.13 (逆関数の微分の公式その 2)**.** $y = f(x)$ はある区間 I で 2 回微分可能かつ単調関数とする．各点 $x \in I$ で $f'(x) \neq 0$ とする．このとき，逆関数 $x = f^{-1}(y)$ は区間 $J = f(I)$ で 2 回微分可能で次の公式が成り立つ：

$$\frac{d^2 f^{-1}(y)}{dy^2} = \frac{-f''(f^{-1}(y))}{(f'(f^{-1}(y)))^3}$$

定理 3.14. $x = f(t), y = g(t)$ $(\alpha \leq t \leq \beta)$ が開区間 (α, β) において 2 回微分可能でかつ $f'(t) \neq 0$ $(\alpha < t < \beta)$ を満たすとき，次式が成り立つ:

$$\frac{d^2y}{dx^2} = \frac{g''(t)f'(t) - g'(t)f''(t)}{\{f'(t)\}^3}$$

例 3.12. 関数 $f(x)$ は 2 回微分可能とすると，次が成り立つ．
1. $z = f(ax+b)$ (a, b は定数) のとき，$z''(x) = a^2 f''(ax+b)$
2. $z = e^{f(x)}$ のとき，$z''(x) = e^{f(x)}(f'(x))^2 + e^{f(x)}f''(x)$
3. $z = f(e^x)$ のとき，$z''(x) = f''(e^x)e^{2x} + f'(e^x)e^x$

問 3.3.1. 関数 $f(x)$ は x に関して 2 回微分可能とする．次の合成関数の第 2 次導関数を求めよ．
(1) $z = (f(x))^2$ (2) $z = f(x^2)$ (3) $z = \sin f(x)$
(4) $z = f(\sin x)$ (5) $z = \log f(x)$ ($f(x) > 0$) (6) $z = f(\log x)$ ($x > 0$)

3.3. 高次導関数 $f^{(n)}(x)$

解
(1) $z' = 2f(x)f'(x), \quad z'' = 2(f'(x))^2 + 2f(x)f''(x)$
(2) $z' = f'(x^2)2x, \quad z'' = f''(x^2)4x^2 + 2f'(x^2)$
(3) $z' = \cos(f(x))f'(x), \quad z'' = -\sin(f(x))(f'(x))^2 + \cos(f(x))f''(x)$
(4) $z' = \cos x f'(\sin x), \quad z'' = \cos^2 x f''(\sin x) - \sin x f'(\sin x)$
(5) $z' = \frac{1}{f(x)}f'(x), \quad z'' = \frac{-1}{f^2(x)}(f'(x))^2 + \frac{1}{f(x)}f''(x)$
(6) $z' = f'(\log x)\frac{1}{x}, \quad z'' = f''(\log x)\frac{1}{x^2} - \frac{1}{x^2}f'(\log x)$ ∎

例 3.13. 次の関係が成り立つ.

1. $(\exp x)^{(n)} = \exp x$
2. $(\sin x)^{(n)} = \sin(x + \frac{n\pi}{2})$
3. $\left(\frac{1}{x+a}\right)^{(n)} = \frac{(-1)^n n!}{(x+a)^{n+1}}$

定理 3.15. 関数 $f(x), g(x)$ は n 回微分可能とする．このとき 次が成り立つ：
(i) a, b を定数とすると $af(x) + bg(x)$ も n 回微分可能で
$(af(x) + bg(x))^{(n)} = af^{(n)}(x) + bg^{(n)}(x)$
(ii) $f(x)g(x)$ も n 回微分可能で
$(f(x)g(x))^{(n)} = \sum_{k=0}^{n} {}_nC_k f^{(k)}(x) g^{(n-k)}(x)$ （ライプニッツの公式）
ただし，$f^{(0)}(x) = f(x), g^{(0)}(x) = g(x)$ と約束する．

例 3.14. 次が成り立つ.
(i) $\left(\frac{1}{x(x+1)}\right)^{(n)} = \frac{(-1)^n n!}{x^{n+1}} - \frac{(-1)^n n!}{(x+1)^{n+1}}$
(ii) $(x^2 e^x)^{(n)} = \left[x^2 + 2nx + n(n-1)\right]e^x$

問 3.3.2. 次の関係を証明せよ.
(1) $(\cos x)^{(n)} = \cos(x + \frac{n\pi}{2})$
(2) $(x^m)^{(n)} = m(m-1)\cdots(m-n+1)x^{m-n}$ （ただし, $x > 0$ で, $m \in R$）
(3) $(\log(x+a))^{(n)} = (-1)^{n-1}\frac{(n-1)!}{(x+a)^n}$ （a は定数）
(4) $(a^x)^{(n)} = (\log a)^n a^x$ （a は正の定数, $a \neq 1$）

解
(1) $(\sin x)^{(n)} = \sin(x + \frac{n\pi}{2})$ と $\cos x = \sin(x + \frac{\pi}{2})$ より,
$(\cos x)^{(n)} = \left(\sin(x + \frac{\pi}{2})\right)^{(n)} = \sin(x + \frac{\pi}{2} + \frac{n\pi}{2}) = \cos(x + \frac{n\pi}{2})$
(2) 数学的帰納法で証明する. $(x^m)' = mx^{m-1}$.
いま, (2) が $n = k$ で成立していると仮定する. すなわち,
$(x^m)^{(k)} = m(m-1)\cdots(m-k+1)x^{m-k}$.
ここで, この両辺を微分すると $(x^m)^{(k+1)} = m(m-1)\cdots(m-k+1)(m-k)x^{m-k-1}$.
よって $n = k+1$ でも成り立つ. 故にすべての $n(\in N)$ に対して (2) が成り立つ.
(3) $(\log(x+a))' = \frac{1}{x+a}$, $\left(\frac{1}{x+a}\right)^{(k)} = (-1)^k \frac{k!}{(x+a)^{k+1}}$ ($k \in \mathbb{N}$) より
$(\log(x+a))^{(n)} = (-1)^{n-1} \frac{(n-1)!}{(x+a)^n}$
(4) $(a^x)' = (\log a)a^x$, さらに, $(a^x)^{(n)} = (\log a)^n a^x$ と仮定すると,
$(a^x)^{(n+1)} = (\log a)^{n+1} a^x$ である. ∎

問 3.3.3. 次の関数の n 次導関数を求めよ.
(1) $\sin 2x \cos 3x$　(2) $\frac{1}{x^2 - 1}$　(3) $\sin^2 x$　(4) $x^2 \sin x$　(5) $x^3 e^x$

解　(1),(2) と (3) は二つの関数の和で表す. (4) と (5) はライプニッツの公式を使用する.
(1) $\sin 2x \cos 3x = \frac{1}{2}(\sin 5x - \sin x)$ より,
$(\sin 2x \cos 3x)^{(n)} = \frac{1}{2}\left(5^n \sin(5x + \frac{n\pi}{2}) - \sin(x + \frac{n\pi}{2})\right)$
(2) $\frac{1}{x^2 - 1} = \frac{1}{2}\left(\frac{1}{x-1} - \frac{1}{x+1}\right)$ より,
$\left(\frac{1}{x^2-1}\right)^{(n)} = \frac{1}{2}\left((-1)^n \frac{n!}{(x-1)^{n+1}} - (-1)^n \frac{n!}{(x+1)^{n+1}}\right)$
(3) $\sin^2 x = \frac{1 - \cos 2x}{2}$ より,
$(\sin^2 x)^{(n)} = \left(\frac{1}{2} - \frac{\cos 2x}{2}\right)^{(n)} = -2^{n-1} \cos\left(2x + \frac{n\pi}{2}\right)$

(4) $(\sin x)^{(n)} = \sin(x + \frac{n\pi}{2})$ より, $\left(x^2 \sin(x)\right)^{(n)} = x^2 \sin(x + \frac{n\pi}{2}) +$
$n2x \sin\left(x + \frac{(n-1)\pi}{2}\right) + n(n-1) \sin\left(x + \frac{(n-2)\pi}{2}\right)$

(5) $(e^x)^{(n)} = e^x$ より,
$\left(x^3 e^x\right)^{(n)} = x^3 e^x + n3x^2 e^x + n(n-1)3xe^x + n(n-1)(n-2)e^x$ ∎

3.4 平均値の定理とその応用

定理 3.16 (ロルの定理). 関数 $f(x)$ は閉区間 $[a,b]$ で連続で, 開区間 (a,b) で微分可能で $f(b) = f(a)$ ならば, 「$f'(c) = 0, \quad a < c < b$」なる点 c が少なくとも一つ存在する.

定理 3.17 (平均値の定理). 関数 $f(x)$ が閉区間 $[a,b]$ で連続, 区間 (a,b) で微分可能のとき, 「$f(b) - f(a) = f'(c)(b-a), \quad a < c < b$」なる点 c が存在する.

定理 3.18. $f(x)$ は閉区間 $[a,b]$ で連続で, 開区間 (a,b) で微分可能のとき,

1. $f'(x) > 0 \quad (a < x < b)$ ならば, $f(x)$ は区間 $[a,b]$ で増加関数である.
2. $f'(x) < 0 \quad (a < x < b)$ ならば, $f(x)$ は区間 $[a,b]$ で減少関数である.
3. $f'(x) = 0 \quad (a < x < b)$ ならば, $f(x)$ は区間 $[a,b]$ で定数である.

例 3.15.
1. 関数 $f(x) = e^x$ は, $f'(x) = e^x > 0$ であるから, 常に増加する関数である.
2. 関数 $f(x) = x^4 - 8x^2 + 1$ は, $f'(x) = 4x^3 - 16x = 4x(x^2 - 4)$ より,
(i) $x < -2$ のとき, $f'(x) < 0$ で, $f(x)$ は減少関数,
(ii) $-2 < x < 0$ のとき, $f'(x) > 0$ で, $f(x)$ は増加関数,
(iii) $0 < x < 2$ のとき, $f'(x) < 0$ で $f(x)$ は減少関数,
(iv) $2 < x$ のとき, $f'(x) > 0$ で $f(x)$ は増加関数.

例 3.16. $\log(1+x) > x - \dfrac{x^2}{2} \quad (x > 0)$ が成り立つ.

定理 3.19 (コーシーの平均値の定理).　　関数 $f(x), g(x)$ が区間 $[a,b]$ で連続で，区間 (a,b) で微分可能で，$g'(x) \neq 0 \, (a < x < b)$ ならば，

$$\frac{f(b) - f(a)}{g(b) - g(a)} = \frac{f'(c)}{g'(c)}, \qquad a < c < b$$

なる点 c が存在する．

問 3.4.1. 次の不等式を証明せよ．
(1) $e^x > 1 + x \quad (x > 0)$　　(2) $\sin x < x \quad (x > 0)$　　(3) $\tan^{-1} x < x \quad (x > 0)$

証明

(1) $f(x) = e^x - 1 - x \, (x \geq 0)$ とおく．$f'(x) = e^x - 1, f''(x) = e^x \, (> 0)$，$f(0) = 0, f'(0) = 0$ より，$f'(x) > 0 \, (0 < x)$ であるから，$f(x) > f(0) = 0 \, (x > 0)$ である．

(2) $f(x) = x - \sin x \, (x \geq 0)$ とおく．$f'(x) = 1 - \cos x, \, f(0) = 0, \, f'(x) > 0 \, (0 < x < 2\pi)$ かつ $f'(x) \geq 0 \, (2\pi \leq x)$ より，$f(x) > f(0) = 0 \, (0 < x)$ である．

(3) $f(x) = x - \tan^{-1} x \, (x \geq 0)$ とおく．$f'(x) = 1 - \dfrac{1}{x^2 + 1} = \dfrac{x^2}{x^2 + 1} > 0 \, (x > 0), \, f(0) = 0$ より，$f(x) > f(0) = 0 \, (0 < x)$ であるから，$f(x) > 0 \, (x > 0)$ である． □

問 3.4.2. 次の命題が成り立つことを証明せよ．
$f(x)$ が区間 $I = [c,d]$ で定義されており，$f(x)$ は $C^2(I)$ 級とする．このとき，
(1) $f''(x) > 0 \quad (c < x < d)$ ならば，a を区間 (c,d) の点とすると
$$f(x) \geq f(a) + f'(a)(x - a) \quad (c < x < d)$$
が成り立つ．
(2) $f''(x) < 0 \quad (c < x < d)$ ならば，a を区間 (c,d) の点とすると
$$f(x) \leq f(a) + f'(a)(x - a) \quad (c < x < d)$$
が成り立つ．

証明

(1)　　$g(x) = f(x) - [f(a) + f'(a)(x - a)] \, (c < x < d)$ とおく．$g'(x) = f'(x) - f'(a)$，$g''(x) = f''(x) > 0 \, (c < x < d)$ より $g'(x)$ は区間 (c,d) で増加関数である．$g'(a) = 0$ より $c < x < a$ のとき $g'(x) < 0$ で，$a < x < d$

のとき $g'(x) > 0$ である．さらに，$g(a) = 0$ より，$c < x < a$ のとき $g'(x) < 0$ より $g(x) > g(a) = 0$, $a < x < d$ のとき，$g'(x) > 0$ でより $0 = g(a) < g(x)$ である．故に $0 \leq g(x)$ $(c < x < d)$ が成り立つ．

(2)　$g(x) = f(x) - [f(a) + f'(a)(x-a)]$ $(c < x < d)$ とおく．
$g'(x) = f'(x) - f'(a)$, $g''(x) = f''(x) < 0$ $(c < x < d)$ より $g'(x)$ は区間 (c, d) で減少関数である．$g'(a) = 0$ より $c < x < a$ のとき $g'(x) > 0$ で，$a < x < d$ のとき $g'(x) < 0$ である．さらに $g(a) = 0$ より，$c < x < a$ のとき，$g'(x) > 0$ より $g(x) < g(a) = 0$. $a < x < d$ のとき，$g'(x) < 0$ より $0 = g(a) > g(x)$ である．故に $g(x) \leq 0$ $(c < x < d)$ が成り立つ． □

3.5　テイラーの定理とテイラーの近似多項式

1)　テイラーの定理とマクローリンの定理

定理 3.20 (テイラーの定理)．関数 $f(x)$ は区間 I で C^{n-1} 級とする．さらに，a, b $(a < b)$ を区間 I の点とする．$f(x)$ は区間 (a, b) で n 回微分可能とする ($(n \geq 1)$)．このとき，

$$f(b) = f(a) + f'(a)(b-a) + \frac{f^{(2)}(a)}{2!}(b-a)^2 + \cdots$$

$$\cdots + \frac{f^{(n-1)}(a)}{(n-1)!}(b-a)^{n-1} + R_n,$$

$$R_n = \frac{f^{(n)}(c)}{n!}(b-a)^n \quad (a < c < b)$$

なる点 c が少なくとも一つ存在する．

上の定理 3.20. で $b = x$ とおくと次のように書き換えられる：

定理 3.21 (関数 $f(x)$ の点 a を中心とするテイラーの定理)．関数 $f(x)$ は点 a を含む区間 I で C^n 級とする．区間 I の任意の点 x に対して

$$f(x) = f(a) + \sum_{k=1}^{n-1} \frac{f^{(k)}(a)}{k!}(x-a)^k + R_n,$$

$$R_n = \frac{f^{(n)}(c)}{n!}(x-a)^n, \quad c = a + \theta(x-a) \quad (0 < \theta < 1)$$

なる点 θ が少なくとも一つ存在する．

注 3.22. 定理 3.20 の R_n を**ラグランジュの剰余項**と呼ばれる．定理 3.20 で $n=1$ の場合が平均値の定理である．

注 3.23.

1. 定理 3.21 で $n=2$ のとき

$$f(x) = f(a) + f'(a)(x-a) + R_2$$

(i) の右辺の $x-a$ に関する 1 次式 $f(a) + f'(a)(x-a)$ の項を $f(x)$ の点 a におけるテイラーの **1 次近似式**という．

2. 定理 3.21 で $n=3$ のとき

$$f(x) = f(a) + f'(a)(x-a) + \frac{f''(a)}{2}(x-a)^2 + R_3$$

(ii) の右辺の $x-a$ に関する 2 次式 $f(a) + f'(a)(x-a) + \frac{f''(a)}{2}(x-a)^2$ の項を $f(x)$ の点 a におけるテイラーの **2 次近似式**という．

例 3.17. 関数 $f(x) = e^x$ の点 $a=0$ と $a=1$ におけるテイラーの 1 次近似式と 2 次近似式は

(1) $a=0$ のとき，$e^x \fallingdotseq 1 + x,\ e^x \fallingdotseq 1 + x + \dfrac{x^2}{2}$．

(2) $a=1$ のとき，$e^x \fallingdotseq e + e(x-1),\ e^x \fallingdotseq e + e(x-1) + e\dfrac{(x-1)^2}{2}$．

例 3.18. $p(>0), a$ は定数とすると次の近似式が成り立つ：

$$(a+x)^p \fallingdotseq a^p + p\,a^{p-1}x \quad (-a < x)$$

上の定理 3.21 で，特に，$a=0$ の場合に次の公式を得る：

定理 3.24 (マクローリンの定理). 関数 $f(x)$ は点 0 を含む区間 I で C^n 級とする．区間 I の任意の点 x に対して

$$f(x) = f(0) + f'(0)x + \frac{f''(0)}{2}x^2 + \cdots + \frac{f^{(n-1)}(0)}{(n-1)!}x^{n-1} + R_n,$$

3.5. テイラーの定理とテイラーの近似多項式

$$R_n = \frac{f^{(n)}(c)}{n!}x^n \quad (c = \theta x, \quad 0 < \theta < 1)$$

なる点 θ が少なくとも一つ存在する．

2) テイラーの定理とマクローリンの定理の適用例

例 3.19. 関数 $f(x) = e^x$ に対して，点 $a=1$ でテイラーの定理，点 $a=0$ でマクローリンの定理を適用すると，

1. $e^x = \sum_{k=0}^{n-1} \dfrac{1}{k!}x^k + \dfrac{e^{\theta x}}{n!}x^n \quad (a=0)$

2. $e^x = e + \sum_{k=1}^{n-1} \dfrac{e}{(k!)}(x-1)^k + \dfrac{e^{(1+\theta(x-1))}}{n!}(x-1)^n \quad (a=1)$

注 3.25. 上の例 3.19.1 で，$x=1$, $n=7$ とおくと定数 e の近似値が得られる：
$\dfrac{1}{3!} = 0.16667$, $\dfrac{1}{4!} = 0.04167$, $\dfrac{1}{5!} = 0.00833$, $\dfrac{1}{6!} = 0.00139$, $\dfrac{1}{7!} = 0.00020$,
$\dfrac{1}{8!} = 0.00003$ より $e \fallingdotseq 1 + 1 + \dfrac{1}{2!} + \dfrac{1}{3!} + \cdots + \dfrac{1}{7!} = 2.718\cdots$

例 3.20. 関数 $f(x) = \sin x$ に対して点 $a = \dfrac{\pi}{2}$ でテイラーの定理を，点 $a=0$ でマクローリンの定理を適用すると，次が成り立つ．

1. $\sin x = \sum_{m=0}^{n-1} \dfrac{(-1)^m}{(2m+1)!} x^{2m+1} + R_{2n} \quad (a=0)$

2. $\sin x = 1 + \sum_{m=1}^{n} \dfrac{(-1)^m}{(2m)!} \left(x - \dfrac{\pi}{2}\right)^{2m} + R_{2n+1} \quad \left(a = \dfrac{\pi}{2}\right)$

問 3.5.1. 次の関数 $f(x)$ の点 $a=0$ と点 $a=1$ におけるテイラーの 1 次近似式と 2 次近似式を求めよ．

(1) $f(x) = \cos \pi x \ (|x| \leq 2)$ (2) $f(x) = \sin \pi x \ (|x| \leq 2)$

(3) $f(x) = \dfrac{1}{1+x} \ (-1 < x)$ (4) $f(x) = \log(1+x) \ (-1 < x)$

(5) $f(x) = \tan^{-1} x \ (|x| \leq 2)$ (6) $f(x) = \sqrt{1+x} \ (-1 < x)$

解 $a=0$, $a=1$ で，注意 3.23 の (i), (ii) を用いる．

(1) $f'(x)=-\pi\sin\pi x, f''(x)=-(\pi)^2\cos\pi x,\ f^{(3)}(x)=(\pi)^3\sin\pi x$
であるから，注 3.23 より
$a=0$ のとき，$\cos\pi x\fallingdotseq 1,\quad \cos\pi x\fallingdotseq 1-\dfrac{(\pi)^2}{2}x^2$
$a=1$ のとき，$\cos\pi x\fallingdotseq -1,\quad \cos\pi x\fallingdotseq -1+\dfrac{(\pi)^2}{2}(x-1)^2$

(2) $f'(x)=\pi\cos\pi x, f''(x)=-(\pi)^2\sin\pi x, f^{(3)}(x)=-(\pi)^3\cos\pi x$
であるから，注 3.23 より
$a=0$ のとき，$\sin\pi x\fallingdotseq \pi x,\quad \sin\pi x\fallingdotseq \pi x+0$
$a=1$ のとき，$\sin\pi x\fallingdotseq -\pi(x-1),\quad \sin\pi x\fallingdotseq -\pi(x-1)+0$

(3) $f'(x)=-\dfrac{1}{(1+x)^2}, f''(x)=\dfrac{2}{(1+x)^3},\ f^{(3)}(x)=-\dfrac{6}{(1+x)^4}$
であるから，注 3.23 より
$a=0$ のとき，$\dfrac{1}{1+x}\fallingdotseq 1-x,\quad \dfrac{1}{1+x}\fallingdotseq 1-x+x^2$
$a=1$ のとき，$\dfrac{1}{1+x}\fallingdotseq \dfrac{1}{2}-\dfrac{1}{4}(x-1),\quad \dfrac{1}{1+x}\fallingdotseq \dfrac{1}{2}-\dfrac{1}{4}(x-1)+\dfrac{1}{8}(x-1)^2$

(4) $f'(x)=\dfrac{1}{(1+x)}, f''(x)=-\dfrac{1}{(1+x)^2},\ f^{(3)}(x)=\dfrac{2}{(1+x)^3}$
であるから，注 3.23 より
$a=0$ のとき，$\log(1+x)\fallingdotseq x,\quad \log(x+1)\fallingdotseq x-\dfrac{1}{2}x^2$
$a=1$ のとき，$\log(1+x)\fallingdotseq \log 2+\dfrac{1}{2}(x-1)$,
$\log(1+x)\fallingdotseq \log 2+\dfrac{1}{2}(x-1)-\dfrac{1}{8}(x-1)^2$

(5) $f'(x)=\dfrac{1}{(1+x^2)}, f''(x)=-\dfrac{2x}{(1+x^2)^2},\ f^{(3)}(x)=\dfrac{-2x^2+8x-2}{(1+x^2)^3}$
であるから，注 3.23 より
$a=0$ のとき，$\tan^{-1}x\fallingdotseq x,\quad \tan^{-1}x\fallingdotseq x+0$
$a=1$ のとき，$\tan^{-1}x\fallingdotseq \tan^{-1}1+\dfrac{1}{2}(x-1)$,
$\tan^{-1}x\fallingdotseq \tan^{-1}1+\dfrac{1}{2}(x-1)-\dfrac{1}{4}(x-1)^2$

(6) $f'(x)=\dfrac{1}{2\sqrt{1+x}}, f''(x)=-\dfrac{1}{4}(1+x)^{-3/2},\ f^{(3)}(x)=\dfrac{3}{8}(1+x)^{-5/2}$
であるから，注 3.23 より

3.5. テイラーの定理とテイラーの近似多項式

$a = 0$ のとき，$\sqrt{1+x} \fallingdotseq 1 + \dfrac{x}{2}$，$\sqrt{1+x} \fallingdotseq 1 + \dfrac{x}{2} - \dfrac{1}{8}x^2$

$a = 1$ のとき，$\sqrt{1+x} \fallingdotseq \sqrt{2} + \dfrac{1}{2\sqrt{2}}(x-1)$,

$\sqrt{1+x} \fallingdotseq \sqrt{2} + \dfrac{1}{2\sqrt{2}}(x-1) - \dfrac{1}{8}2^{-3/2}(x-1)^2$ ∎

問 3.5.2. 次の近似値を求めよ．小数点以下 2 桁まで求めよ．
(1) $\sin 31°$ (2) $\sqrt{100.5}$ (3) $\sqrt[3]{1004}$ (4) $\log_{10} 10.3$

解 近似式 $f(a+h) \fallingdotseq f(a) + f'(a)h + \dfrac{f''(a)}{2}h^2$ を用いる．

(1) $f(x) = \sin x$, $a = 30°$, $h = 1° = \dfrac{\pi}{180}$, $\sin 30° = 0.5$, $\cos 30° \fallingdotseq 0.8660$,
$1° \fallingdotseq 0.0174$, $\sin 31° \fallingdotseq 0.515$ ∴ $\sin 31° \fallingdotseq 0.52$

(2) $f(x) = \sqrt{x}$, $a = 100$, $h = 0.5$, $\sqrt{100} = 10$, $\dfrac{1}{2\sqrt{100}} \times 0.5 = 0.025$,
$\sqrt{100.5} \fallingdotseq 10.025$ ∴ $\sqrt{100.5} \fallingdotseq 10.03$

(3) $f(x) = \sqrt[3]{x}$, $a = 1000$, $h = 4$, $\sqrt[3]{1000} = 10$, $\dfrac{1}{3 \times 100} \times 4 \fallingdotseq 0.01333$,
$\sqrt[3]{1004} \fallingdotseq 10.013$ ∴ $\sqrt[3]{1004} \fallingdotseq 10.01$

(4) $f(x) = \log_{10} x$, $a = 10$, $h = 0.3$, $\log_{10} 10 = 1$, $(\log_{10} x)' = \dfrac{1}{x \log 10}$,
$\log 10 \fallingdotseq 2.3025$, $\dfrac{1}{10 \times 2.3025} \times 0.3 \fallingdotseq 0.0130$, $\log_{10} 10.3 \fallingdotseq 1.013$
∴ $\log_{10} 10.3 \fallingdotseq 1.01$ ∎

問 3.5.3. 次の関数にマクローリンの定理を適用せよ．($a > 0, a \neq 1$)
(1) $\log(1+x)$ (2) $\cos x$ (3) a^x (4) $\sqrt{1+x}$

解

(1) $f^{(n)}(x) = (\log(1+x))^{(n)} = (-1)^{n-1}\dfrac{(n-1)!}{(x+1)^n}$ より，
$f^{(n)}(0) = (-1)^{n-1}(n-1)!$ $(n = 1, 2, \cdots)$, $f(0) = 0$.
∴ $\log(1+x) = \displaystyle\sum_{k=1}^{n}(-1)^{k-1}\dfrac{1}{k}x^k + (-1)^n \dfrac{1}{n+1}\dfrac{1}{(1+\theta x)^{n+1}}x^{n+1}$ $(0 < \theta < 1)$

(2) $f(x) = \cos x$, $f^{(n)}(x) = \cos(x + \dfrac{n\pi}{2})$ より，
$f^{(2n)}(0) = (-1)^n$ $(n = 1, 2, \cdots)$, $f^{(2n+1)}(0) = 0$ $(n = 1, 2, \cdots)$.

$$\therefore \cos x = 1 + \sum_{k=1}^{n}(-1)^k \frac{1}{(2k)!}x^{2k} + \frac{1}{(2n+1)!}\cos(\theta x + n\pi + \frac{\pi}{2})x^{2n+1}$$
$(0 < \theta < 1)$

(3) $f(x) = a^x$, $f^{(n)}(x) = (\log a)^n a^x$ より, $f^{(n)}(0) = (\log a)^n$ $(n = 1, 2, \cdot)$.
$$\therefore a^x = 1 + \sum_{k=1}^{n}(\log a)^k \frac{1}{k!}x^k + \frac{1}{(n+1)!}(\log a)^{n+1}a^{\theta x}x^{n+1} \quad (0 < \theta < 1)$$

(4) $f(x) = \sqrt{1+x}$, $f^{(n)}(x) = \frac{1}{2}(\frac{1}{2}-1)\cdots(\frac{1}{2}-n+1)(1+x)^{0.5-n}$ より,
$f^{(n)}(0) = \frac{1}{2}(\frac{1}{2}-1)\cdots(\frac{1}{2}-n+1)$ $(n = 1, 2, \cdots)$.
$$\therefore \sqrt{1+x} = 1 + \sum_{k=1}^{n}(-1)^{k-1}\frac{1\times 3\cdots\times(2k-3)}{2^k\,k!}x^k +$$
$$(-1)^n \frac{1\times 3\cdots\times(2n-1)}{2^{n+1}\,(n+1)!}(1+\theta x)^{-n-1/2}x^{n+1} \quad (0 < \theta < 1) \quad \blacksquare$$

3.6 テイラー級数展開とマクローリン級数展開

関数 $f(x)$ が区間 I で無限回微分可能（C^∞ 級）のとき，定理 3.21 または定理 3.24 で $\lim_{n\to\infty} R_n = 0$ $(x \in I)$ ならば，それぞれ次が成り立つ:

$$f(x) = \sum_{n=0}^{\infty}\frac{f^{(n)}(a)}{n!}(x-a)^n \quad (x \in I).$$

この右辺を $f(x)$ の点 a における**テイラー級数展開**という．

$$f(x) = \sum_{n=0}^{\infty}\frac{f^{(n)}(0)}{n!}x^n \quad (x \in I).$$

この右辺を $f(x)$ の**マクローリン級数展開**という．

定理 3.26. 関数 $f(x)$ は $x = a$ を含む区間 $(a-\rho, a+\rho)$ で C^∞ 級のとき，$|f^{(n)}(x)| \le M$ $(|x-a| < \rho)$ $(n = 1, 2, 3, \cdots)$ ならば，$f(x)$ は区間 $(a-\rho, a+\rho)$ で点 a においてテイラー級数展開可能である．

例 3.21. 次の関数のマクローリン級数展開が成り立つ． $(x \in \mathbb{R})$.

3.6. テイラー級数展開とマクローリン級数展開　　65

1. $e^x = \sum_{n=0}^{\infty} \dfrac{1}{n!} x^n$

2. $\sin x = \sum_{m=0}^{\infty} \dfrac{(-1)^m}{(2m+1)!} x^{2m+1}$

3. $\cos x = \sum_{m=0}^{\infty} \dfrac{(-1)^m}{(2m)!} x^{2m}$

注 3.27. (オイラーの関係式)
例 3.21 の e^x の展開式に形式的に $x = it$ ($i = \sqrt{-1}$) を代入し，例 3.21 の $\cos x$ と $\sin x$ の展開式を用いると $e^{it} = \cos t + i \sin t$ を得る．

問 3.6.1. 次の関数のマクローリン級数展開を求めよ．($a > 0, a \neq 1$)
(1) $\log(1+x)$　　(2) a^x　　(3) $\sqrt{1+x}$

解　問 3.5.3 より，
(1) $R_{n+1} = \dfrac{(-1)^n}{n+1} \dfrac{x^{n+1}}{(1+\theta x)^{n+1}}$．$0 < x < 1$ のとき，$0 < \dfrac{1}{1+\theta x} < 1$．
問 1.2.4. より，$\lim_{n \to \infty} R_{n+1} = 0$．$\therefore \log(1+x) = \sum_{n=1}^{\infty} \dfrac{(-1)^{n-1}}{n} x^n$ ($0 \leq x < 1$)

(2) $R_{n+1} = \dfrac{1}{(n+1)!} (\log a)^{n+1} a^{\theta x} x^{n+1}$ ($0 < \theta < 1$). 演習問題 1 の問 4 より，$\lim_{n \to \infty} R_{n+1} = 0$ であるから，$a^x = 1 + \sum_{k=1}^{\infty} (\log a)^k \dfrac{1}{k!} x^k$ ($0 \leq x$)

(3) $R_{n+1} = (-1)^n \dfrac{1 \times 3 \cdots \times (2n-1)}{2^{n+1} (n+1)!} (1+\theta x)^{-n-1/2} x^{n+1}$ ($0 < \theta < 1$).
$0 < x < 1$ のとき，$0 < \dfrac{1}{1+\theta x} < 1$．$\lim_{k \to \infty} \dfrac{2k-1}{2k} x = x$ より，十分大きい自然数 N を選ぶと m ($>N$) なるすべての m に対して $\dfrac{2m-1}{2m} x < \dfrac{1+x}{2} < 1$ が成り立つ．よって，$n+1 > N$ のとき，
$$0 \leq |R_{n+1}| \leq \left(\dfrac{x}{2} \dfrac{3}{4} x \cdots \dfrac{2N-1}{2N} x \right) \left(\dfrac{2N+1}{2N+2} x \cdots \dfrac{2n-1}{2n+2} x \right)$$
$$\leq \left(\dfrac{x}{2} \dfrac{3}{4} x \cdots \dfrac{2N-1}{2N} x \right) \left(\dfrac{1+x}{2} \right)^{n+1-N}.$$

$0 < x < 1$ のとき，$\displaystyle\lim_{n\to\infty}\left(\dfrac{1+x}{2}\right)^{n+1-N} = 0$ より，$\displaystyle\lim_{n\to\infty} R_n = 0$ となる．

$\therefore \sqrt{1+x} = 1 + \dfrac{x}{2} + \displaystyle\sum_{k=2}^{\infty}(-1)^{k-1}\dfrac{1\times 3\cdots\times(2k-1)}{k!}\left(\dfrac{x}{2}\right)^k \ \ (0 \le x < 1)$ ∎

3.7　微分の応用

3.7.1　不定形の極限値

$x \to a$ のとき，$f(x) \to 0, g(x) \to 0$ であるとき，$\dfrac{f(x)}{g(x)}$ は形式的に $\dfrac{0}{0}$ になる．一般に，形式的に

$$\dfrac{0}{0},\ \infty - \infty,\ 0\times\infty,\ \dfrac{\infty}{\infty},\ 1^{\infty},\ \infty^{0}$$

なる形の極限を**不定形**という．($x \to \pm a$, $x \to \pm\infty$ の場合も同様である．)

定理 3.28. 　(ロピタルの定理)　関数 $f(x), g(x)$ は $x = a$ を含む区間 I で連続で，点 a を除いて微分可能でかつ $g'(x) \ne 0$ $(x \in I, x \ne a)$，$f(a) = g(a) = 0$ とする．$\displaystyle\lim_{x\to a}\dfrac{f'(x)}{g'(x)} = L\,(-\infty \le L \le \infty)$ が存在するとき，$\displaystyle\lim_{x\to a}\dfrac{f(x)}{g(x)}$ が存在し，さらに，次の関係が成り立つ：

$$\lim_{x\to a}\dfrac{f(x)}{g(x)} = \lim_{x\to a}\dfrac{f'(x)}{g'(x)} = L.$$

不定形 $\dfrac{\infty}{\infty}$ の型についても次の定理が成り立つことが知られている：

定理 3.29. 　関数 $f(x), g(x)$ は $x = a$ を含む区間 I で連続で，点 a を除いて微分可能でかつ $g'(x) \ne 0$ $(x \in I, x \ne a)$，$\displaystyle\lim_{x\to a}f(x) = \pm\infty$，$\displaystyle\lim_{x\to a}g(x) = \pm\infty$ とする．$\displaystyle\lim_{x\to a}\dfrac{f'(x)}{g'(x)} = L\,(-\infty \le L \le \infty)$ が存在するとき，$\displaystyle\lim_{x\to a}\dfrac{f(x)}{g(x)}$ が存在し，さらに，次の関係が成り立つ：

$$\lim_{x\to a}\dfrac{f(x)}{g(x)} = \lim_{x\to a}\dfrac{f'(x)}{g'(x)} = L$$

3.7. 微分の応用

注 3.30. 定理 3.28，定理 3.29 で，$x \to a$ の代わりに $x \to a+0$, $x \to a-0$, $x \to \infty$ または $x \to -\infty$ としても同じ形の定理が成り立つ．

例 3.22.

1. $\displaystyle\lim_{x \to 0} \frac{e^x - 1}{x} = \lim_{x \to 0} e^x = 1$

2. $\displaystyle\lim_{x \to 0} \frac{\sin x - x}{x^3} = \lim_{x \to 0} \frac{\cos x - 1}{3x^2} = \lim_{x \to 0} \frac{-\sin x}{6x} = -\lim_{x \to 0} \frac{\cos x}{6} = -\frac{1}{6}$

3. $\displaystyle\lim_{x \to 1} \frac{x - x^{1/3}}{x - 1} = \lim_{x \to 1} \frac{1 - \frac{1}{3} x^{-2/3}}{1} = \frac{2}{3}$

4. $\displaystyle\lim_{x \to +0} x \log x = \lim_{x \to +0} \frac{\log x}{\frac{1}{x}} = \lim_{x \to +0} \frac{\frac{1}{x}}{\frac{-1}{x^2}} = \lim_{x \to +0}(-x) = 0$

5. $\displaystyle\lim_{x \to \infty} \frac{e^x}{x} = \lim_{x \to \infty} \frac{e^x}{1} = \infty$

6. $\displaystyle\lim_{x \to \infty} \frac{x^2}{e^x} = \lim_{x \to \infty} \frac{2x}{e^x} = \lim_{x \to \infty} \frac{2}{e^x} = 0$

問 3.7.1. 次の不定形の極限値を求めよ．

(1) $\displaystyle\lim_{x \to 0} \frac{e^x - x - 1}{x^2}$
(2) $\displaystyle\lim_{x \to 0} \frac{1 - \cos x}{x^2}$
(3) $\displaystyle\lim_{x \to 1} \frac{\log x}{1 - x}$

(4) $\displaystyle\lim_{x \to \frac{\pi}{2}} \frac{\cos x}{\sin 2x}$
(5) $\displaystyle\lim_{x \to 0} \frac{e^x - e^{-x}}{\sin x}$
(6) $\displaystyle\lim_{x \to \infty} \frac{\log x}{1 - x}$

(7) $\displaystyle\lim_{x \to \infty} x^{1/x}$
(8) $\displaystyle\lim_{x \to \infty} \frac{(\log x)^2}{x}$
(9) $\displaystyle\lim_{x \to \infty} \frac{\sqrt{1 + x} - 1}{x}$

(10) $\displaystyle\lim_{x \to \infty} \frac{\log(1 + x^2)}{\log x}$

解

(1) $\displaystyle\lim_{x \to 0} \frac{e^x - x - 1}{x^2} = \lim_{x \to 0} \frac{e^x - 1}{2x} = \lim_{x \to 0} \frac{e^x}{2} = \frac{1}{2}$

(2) $\displaystyle\lim_{x \to 0} \frac{1 - \cos x}{x^2} = \lim_{x \to 0} \frac{\sin x}{2x} = \frac{1}{2}$

(3) $\displaystyle\lim_{x \to 1} \frac{\log x}{1 - x} = \lim_{x \to 1} \frac{1}{-x} = -1$

(4) $\displaystyle\lim_{x\to\frac{\pi}{2}}\frac{\cos x}{\sin 2x}=\lim_{x\to\frac{\pi}{2}}\frac{-\sin x}{2\cos 2x}=\frac{1}{2}$

(5) $\displaystyle\lim_{x\to 0}\frac{e^x-e^{-x}}{\sin x}=\lim_{x\to 0}\frac{e^x+e^{-x}}{\cos x}=2$

(6) $\displaystyle\lim_{x\to\infty}\frac{\log x}{1-x}=\lim_{x\to\infty}\frac{1}{-x}=0$

(7) $\displaystyle\lim_{x\to\infty}\frac{\log x}{x}=0$ より, $\displaystyle\lim_{x\to\infty}x^{1/x}=\lim_{x\to\infty}\exp(\frac{1}{x}\log x)=1$

(8) $\displaystyle\lim_{x\to\infty}\frac{(\log x)^2}{x}=\lim_{x\to\infty}2\frac{\log x}{x}=\lim_{x\to\infty}2\frac{1}{x}=0$

(9) $\displaystyle\lim_{x\to\infty}\frac{\sqrt{1+x}-1}{x}=\lim_{x\to\infty}\frac{1}{2\sqrt{1+x}}=0$

(10) $\displaystyle\lim_{x\to\infty}\frac{\log(1+x^2)}{\log x}=\lim_{x\to\infty}\frac{2x^2}{1+x^2}=2$ ∎

問 3.7.2. 次のどこに誤りがあるか？

(1) $\displaystyle\lim_{x\to 0}\frac{e^x-1}{x^2}=\lim_{x\to 0}\frac{e^x}{2x}=\lim_{x\to 0}\frac{e^x}{2}=\frac{1}{2}$

(2) $\displaystyle\lim_{x\to 0}\frac{\sin x}{x^2}=\lim_{x\to 0}\frac{\cos x}{2x}=\lim_{x\to 0}\frac{-\sin x}{2}=0$

解
(1) $\displaystyle\lim_{x\to 0}\frac{e^x}{2x}$ は不定形でないので，この極限に対してはロピタルの定理が使えない．

(2) $\displaystyle\lim_{x\to 0}\frac{\cos x}{2x}$ は不定形でないので，この極限に対してはロピタルの定理が使えない． ∎

3.7.2 極値

関数 $f(x)$ が点 $x=a$ を含むある区間 $I=(a-r,a+r)$ $(r>0)$ で定義されていて，点 a と異なる任意の点 $x(\in(a-r,a+r))$ に対して
$$f(a)<f(x)\quad(\text{または } f(a)>f(x))$$
が成り立つとき，$f(x)$ は $x=a$ において**極小**(または**極大**)となるといい，$f(a)$ を $f(x)$ の**極小値**(または**極大値**)という．極小値，極大値を総称して**極値**という．

3.7. 微分の応用

定理 3.31.
1) (**極値をとるための必要条件**) 点 a のある近傍 $(a-r, a+r)$ $(r>0)$ で C^1 級の関数 $f(x)$ が $x=a$ で極値をとるならば，$f'(a)=0$ である．
2) (**極値をとるための十分条件**) 点 a のある近傍 $(a-r, a+r)$ $(r>0)$ で C^2 級の関数 $f(x)$ が，$f'(a)=0$ かつ $f''(a)>0$ $(f''(a)<0)$ ならば，$f(x)$ は $x=a$ で極小値（極大値）をとる．

例 3.23. 関数 $f(x)=|x|e^{-x}$ の極値を調べると
 (i) $x>0$ のとき，$f'(x)=(1-x)e^{-x}$ より，$0<x<1$ で $f'(x)>0$，$x=1$ で $f'(1)=0$，$x>1$ で $f'(x)<0$ であるから，f は $x=1$ で極大値をとる．
 (ii) $x<0$ のとき，$f'(x)=(-1+x)e^{-x}<0$．
 (iii) （例 3.8）で示したように，$f(x)$ は $x=0$ では微分不可能である．
しかし，$x<0$ で $f(x)$ は減少関数で，$0<x<1$ で f は増加関数である．$f(x)$ は連続関数であるから，$x=0$ で極小値 0 をとる．

注 3.32. 上の例 3.23 の解答で，点 $x=0$ で極小値をとることを言及しないことが多い．点 $x=0$ で $f(x)$ は微分不可能であるので，$x=0$ で極小値をとらないと間違った結論を出すことがある．このように微分不可能な点があっても，関数のグラフをも考察すべきである．

例 3.24. 1. $f(x)=x^2 e^{-x}$ に対しては，$f'(x)=(2x-x^2)e^{-x}, f''(x)=(2-4x+x^2)e^{-x}$ より $f'(x)=0$ となる x は $x=0$ または $x=2$ である．そして $f''(0)=2>0$，$f''(2)=-2e^{-2}<0$ であるから，$f(x)$ は $x=0$ で極小値 0 をとり，$x=2$ で極大値 $2^2 e^{-2}$ をとる．

2. $f(x)=x+\dfrac{1}{x}$ に対しては，$f'(x)=1-\dfrac{1}{x^2}$，$f''(x)=\dfrac{2}{x^3}$ より $f'(x)=0$ となる x は $x=1$ または $x=-1$ である．そして $f''(1)=2>0, f''(-1)=-2<0$ であるから，$f(x)$ は $x=1$ で極小値 2 をとり，$x=-1$ で極大値 -2 をとる．

問 3.7.3. 次の関数 $f(x)$ の極値とそのグラフの形状（概形）を調べよ．ただし，a は正の定数とする．
 (1) $f(x)=x^3 e^{-x}$ (2) $f(x)=x^3-2x^2$ (3) $f(x)=x^4 e^{-x}$
 (4) $f(x)=(\cos x)e^{-x}$ (5) $f(x)=x^4-2x^2$ (6) $f(x)=x^4-2ax^3+a^2 x^2$

解

(1) $f'(x) = x^2(3-x)e^{-x}$, $f''(x) = x(6-6x+x^2)e^{-x}$ より $f'(x) = 0$ となる x は $x=0$ または $x=3$ である. そして $f''(0) = 0$, $f''(3) = -9e^{-3} < 0$ であるから, $x=3$ で極大値 $27e^{-3}$ をとる. $x=0$ の近くで $f'(x) > 0$ であるから $f(x)$ は $x=0$ で極値をとらない.

(2) $f'(x) = 3x^2 - 4x$, $f''(x) = 6x - 4$ より $f'(x) = 0$ となる x は $x=0$ または $x=4/3$ である. そして $f''(0) = -4 < 0$, $f''(4/3) = 4 > 0$ であるから, $x=0$ で極大値 0 をとる. $x = \dfrac{4}{3}$ で極小値 $-\dfrac{32}{27}$ をとる.

(3) $f'(x) = 4x^3 e^{-x} - x^4 e^{-x} = x^3 e^{-x}(4-x)$, $f''(x) = x^2 e^{-x}(x^2 - 8x + 12)$ より, $f'(x) = 0$ となる x は $x=0$ または $x=4$ である. そして $f''(0) = 0$, $f''(4) = -64e^{-4} < 0$ であるから, $x=4$ で極大値 $4^4 e^{-4}$ をとる. $x=0$ の近くでは $f(x) > 0 = f(0)$ $(x \neq 0)$ より, $x=0$ で極小値 0 をとる.

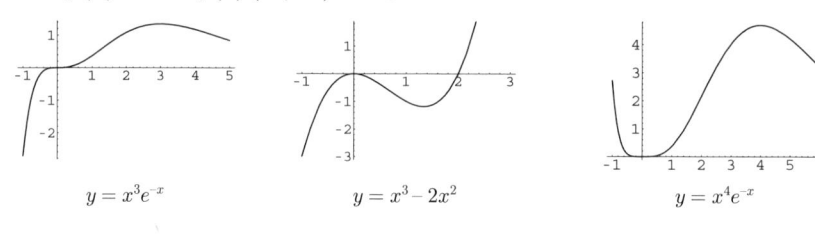

$y = x^3 e^{-x}$ $y = x^3 - 2x^2$ $y = x^4 e^{-x}$

図 3.1:

(4) $f'(x) = -(\cos x + \sin x)e^{-x}$, $f''(x) = 2\sin x e^{-x}$ より $f'(x) = 0$ となる x は $x = \dfrac{3\pi}{4} + 2n\pi (n=0, \pm 1, \pm 2, \cdots)$ または $x = \dfrac{7\pi}{4} + 2n\pi (n=0, \pm 1, \pm 2, \cdots)$ である. そして $f''(\dfrac{3\pi}{4} + 2n\pi) > 0$, $f''(\dfrac{7\pi}{4} + 2n\pi) < 0$ $(n=0, \pm 1, \pm 2, \cdots)$ であるから, $x = \dfrac{3\pi}{4} + 2n\pi$ $(n=0, \pm 1, \pm 2, \cdots)$ で極小値 $f(\dfrac{3\pi}{4} + 2n\pi)$ をとる. $x = \dfrac{7\pi}{4} + 2n\pi$ $(n=0, \pm 1, \pm 2, \cdots)$ $(n=0, \pm 1, \pm 2, \cdots)$ で極大値 $f(\dfrac{7\pi}{4} + 2n\pi)$ をとる.

(5) $f'(x) = 4x^3 - 4x$, $f''(x) = 12x^2 - 4$ より $f'(x) = 0$ となる x は $x=0$, $x=-1$, $x=1$ である. そして $f''(-1) = 8 > 0$, $f''(1) = 8 > 0$, $f''(0) = -4 < 0$ であるから, $x=0$ で極大値 0 をとる. $x = \pm 1$ で極小値 -1 をとる.

(6) $f'(x) = 4x^3 - 6ax^2 + 2a^2 x$, $f''(x) = 12x^2 - 12ax + 2a^2$ より $f'(x) = 0$

となる x は $x=0,\ x=a,\ x=\dfrac{a}{2}$ である．そして $f''(0)=2a^2>0, f''(\dfrac{a}{2})=-a^2<0,\ f''(a)=2a^2>0$ であるから，$x=0, x=a$ で極小値 0 をとる．$x=\dfrac{a}{2}$ で，極大値 $\dfrac{a^4}{16}$ をとる． ∎

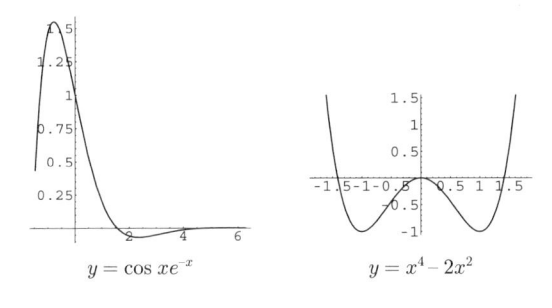

$y=\cos x e^{-x}$

$y=x^4-2x^2$

図 3.2:

3.8 方程式 $f(x)=0$ の数値解 x について

方程式 $f(x)=0$ の解 x の求め方について

1) 2 分法による方程式 $f(x)=0$ の数値解 x の求め方

例 3.25. $f(x)=x^3-3x-1$ に対して $f(x)=0$ の正の数値解 $x=\alpha$ を 2 分法で，小数点第 1 位まで求めると $\alpha=1.8$ である．

例 3.26. $f(x)=x-\sin x-\dfrac{1}{2}=0$ の近似解（数値解）$x=\alpha$ を 2 分法で，小数点以下 3 桁まで求めると $\alpha=1.497$ である．

注 3.33. 上の例をパソコンでのグラフ機能を用いて，そのグラフから，$f(x)=0$ の近似解 x を実感せよ．

2) ニュートン法による方程式 $f(x)=0$ の数値解の求め方

定理 3.34. 関数 $y=f(x)$ が区間 I で定義されている関数で $a,b\,(a<b)$ は区間 I の点とする．$f(x)$ の導関数 $f'(x),\ f''(x)$ は区間 I で連続とする．この時

(i) $f'(x) > 0, f''(x) > 0 (a \leq x \leq b), f(a) < 0, f(b) > 0$ ならば
$$a_1 = b - \frac{f(b)}{f'(b)}, \quad a_n = a_{n-1} - \frac{f(a_{n-1})}{f'(a_{n-1})} \quad (n = 2, 3, \cdots)$$
で定義される数列 $\{a_n\}$ は
$$a_1 > a_2 > \cdots > a_n$$
を満たし数列 $\{a_n\}$ は方程式 $f(x) = 0$ の一つの解 α に収束する.

(ii) $f'(x) < 0, f''(x) > 0 (a \leq x \leq b), f(a) > 0, f(b) < 0$ ならば
$$a_1 = a - \frac{f(a)}{f'(a)}, \quad a_n = a_{n-1} - \frac{f(a_{n-1})}{f'(a_{n-1})} \quad (n = 2, 3, \cdots)$$
で定義される数列 $\{a_n\}$ は
$$a_1 < a_2 < \cdots < a_n$$
を満たし数列 $\{a_n\}$ は方程式 $f(x) = 0$ の一つの解 α に収束する.

問 **3.8.1.** 定理 3.34 の (ii) の部分を証明せよ.

証明　α を方程式 $f(x) = 0$ の解とする. $f(a)f(b) < 0$ より $a < \alpha < b$ である.
$y = f(x)$ の点 $(a, f(a))$ における接線 $y = f'(a)(x-a) + f(a)$ と x 軸との交点の x 座標が a_1 である. 問 3.4.2. より $f(x) > f'(a)(x-a) + f(a)$ より, $f(a_1) > 0$ より $a < a_1 < \alpha$ である. 次に $y = f(x)$ の点 $(a_1, f(a_1))$ における接線
$$y = f'(a_1)(x - a_1) + f(a_1)$$
を考える. この接線と x 軸との交点 $(a_1 - \frac{f(a_1)}{f'(a_1)}, 0)$ が $(a_2, 0)$ である. 問 3.4.2 より $f(x) > f(a_1)(x-a_1) + f(a_1)$ を満たすから, $f(a_2) > 0$. ∴ $a < a_1 < a_2 < \alpha < b$. 故に同様にして
$$a < a_1 < a_2 < \cdots < a_n < \cdots < \alpha < b$$
なる点列 $\{a_n\}$ が存在する. $\lim_{n \to \infty} a_n = \beta$ とおき, $a_n = a_{n-1} - \frac{f(a_{n-1})}{f'(a_{n-1})}$ で $n \to \infty$ とすると, $\beta = \beta - \frac{f(\beta)}{f'(\beta)}$. ∴ $f(\beta) = 0$. すなわち, $\alpha = \beta$ □

例 3.27. ニュートン法による方程式 $f(x) = x \log x - 2 = 0$ の近似解（数値解）x を求めると $x = 2.34575$ である．

例 3.28. ニュートン法による方程式 $f(x) = x^3 - 3x - 1 = 0$ の数値解 $x = \alpha$ を小数点第 1 位まで求めると $\alpha = 1.8$ である．

演習問題 3

1. 次の関数を微分せよ．ただし，$a \,(\neq 0)$ は定数とする．
(1) $x^2 \tan^{-1} ax$ (2) $x^2 \cos^{-1} x$ (3) $\tan^{-1} \sqrt{3x+2}$
(4) $\log_{10}(1 + x + x^2)$ (5) $\log(1 + \cos x)$ (6) $\tan^{-1} \dfrac{a}{x}$
(7) $\log \tan \dfrac{x}{2}$ (8) $\tan^{-1} \dfrac{\sqrt{x}}{a}$ (9) $x \exp(-\dfrac{1}{x})$
(10) $\tanh x$ (11) x^{x^x} (12) $\log \dfrac{1 + \cos x}{1 - \cos x}$

解
(1) $2x \tan^{-1} ax + \dfrac{ax^2}{1 + a^2 x^2}$ (2) $2x \cos^{-1} x - \dfrac{x^2}{\sqrt{1 - x^2}}$
(3) $\dfrac{1}{3 + 3x} \dfrac{3}{2\sqrt{3x+2}}$ (4) $\dfrac{1}{\log 10} \dfrac{1 + 2x}{1 + x + x^2}$ (5) $-\dfrac{\sin x}{1 + \cos x}$
(6) $\dfrac{-a}{x^2 + a^2}$ (7) $(1/2) \cot(\dfrac{x}{2}) \sec^2(\dfrac{x}{2}) = \dfrac{1}{\sin x}$ (8) $\dfrac{a^2}{a^2 + x} \dfrac{1}{2a\sqrt{x}}$
(9) $(1 + \dfrac{1}{x}) \exp(-\dfrac{1}{x})$ (10) $\dfrac{1}{\cosh^2 x}$
(11) $x^{x^x} = \exp(x^x \log x)$，$x^x = \exp(x \log x)$，$(x^x)' = (x^x)(\log x + 1)$ より，
$(x^{x^x})' = (x^{x^x})(x^x \log x)' = (x^{x^x})(x^{x-1} + (x^x)(\log x + 1) \log x)$
(12) $\dfrac{(1 - \cos x)}{(1 + \cos x)} \left\{ \dfrac{-\sin x(1 - \cos x) - \sin x(1 + \cos x)}{(1 - \cos x)^2} \right\} = \dfrac{-2}{\sin x}$ ■

2. 次の関数の $x = 0$ における微分可能性を調べよ．

(1)　$f(x) = \sqrt[3]{x}$ 　　　　　　　　(2)　$f(x) = x^2 \sqrt[3]{x(x-1)}$

(3)　$f(x) = \begin{cases} x^2 \sin \dfrac{1}{x} & (x \neq 0) \\ 0 & (x = 0) \end{cases}$ 　(4)　$f(x) = \begin{cases} x^3 \sin \dfrac{1}{x} & (x \neq 0) \\ 0 & (x = 0) \end{cases}$

(5)　$f(x) = \begin{cases} x^2 \log |x| & (x \neq 0) \\ 0 & (x = 0) \end{cases}$ 　(6)　$f(x) = \begin{cases} \exp(-\dfrac{1}{x^2}) & (x \neq 0) \\ 0 & (x = 0) \end{cases}$

解

注意. 極限値 $\displaystyle\lim_{h \to 0} \dfrac{f(h) - f(0)}{h}$ が存在するとき，$f(x)$ は $x = 0$ で微分可能である．

(1)　$\dfrac{f(h) - f(0)}{h} = \dfrac{1}{h^{2/3}}$ より，$\displaystyle\lim_{h \to 0} \dfrac{f(h) - f(0)}{h}$ は存在しない．よって，$x = 0$ で微分不可能である．

(2)　$\dfrac{f(h) - f(0)}{h} = h\sqrt[3]{h(h-1)}$ より，$\displaystyle\lim_{h \to 0} \dfrac{f(h) - f(0)}{h} = 0$. よって $x = 0$ で微分可能で $f'(0) = 0$ である．

(3)　$\dfrac{f(h) - f(0)}{h} = h \sin \dfrac{1}{h}$，$|h \sin \dfrac{1}{h}| \leq |h|$ より，$\displaystyle\lim_{h \to 0} \dfrac{f(h) - f(0)}{h} = 0$ より，$x = 0$ で微分可能で $f'(0) = 0$ である．

(4)　$\dfrac{f(h) - f(0)}{h} = h^2 \sin \dfrac{1}{h}$，$|h^2 \sin \dfrac{1}{h}| \leq h^2$ より，$\displaystyle\lim_{h \to 0} \dfrac{f(h) - f(0)}{h} = 0$ より，$x = 0$ で微分可能で $f'(0) = 0$ である．

(5)　$\dfrac{f(h) - f(0)}{h} = h \log |h|$，ロピタルの定理より $\displaystyle\lim_{h \to 0} h \log |h| = 0$ より，$x = 0$ で微分可能で $f'(0) = 0$ である．

(6)　$\dfrac{f(h) - f(0)}{h} = \dfrac{\exp(-\dfrac{1}{h^2})}{h}$，ロピタルの定理より $\displaystyle\lim_{h \to 0} \dfrac{\exp(-\dfrac{1}{h^2})}{h} = 0$ より，$x = 0$ で微分可能で $f'(0) = 0$ である． ∎

3. $\mathbb{R}$ を定義域とする関数 $f(x)$ に対し次の事を証明せよ．

(1)　すべての実数 x に対して $f'(x) = 0$ を満たすならば，$f(x) = a$ (a は定数) である．

(2)　すべての実数 x に対して $f^{(2)}(x) = 0$ を満たすならば，$f(x) = ax + b$ (a, b は定数) となる．

(3) すべての実数 x に対して $f^{(3)}(x) = 0$ を満たすならば, $f(x) = ax^2 + bx + c$ (a, b, c は定数) となる.

証明

(1) 任意の x に対して, 平均値の定理より $f(x) - f(0) = f'(\theta x)x$ なる $\theta(\in (0,1))$ が存在する. 仮定から $f'(\theta x) = 0$. $\therefore f(x) = f(0) = a$ (a は定数).

(2) テイラーの定理から任意の x に対して, $f(x) - f(0) = f'(0)x + f''(\theta x)\dfrac{x^2}{2}$ なる $\theta(\in (0,1))$ が存在する. 仮定から $f''(\theta x) = 0$. $\therefore f(x) = f(0) + f'(0)x = ax + b$ (a, b は定数) と書ける.

(3) テイラーの定理から任意の x に対して, $f(x) - f(0) = f'(0)x + f''(0)\dfrac{x^2}{2} + f^{(3)}(\theta x)\dfrac{x^3}{6}$ なる $\theta(\in (0,1))$ が存在する. 仮定から $f^{(3)}(\theta x) = 0$.
$\therefore f(x) = f(0) + f'(0)x + f''(0)\dfrac{x^2}{2} = ax^2 + bx + c$ (a, b, c は定数) と書ける. □

4. 不定形の極限値の定理により, 次の極限値を求めよ.

(1) $\displaystyle\lim_{x \to 0} \dfrac{\sin x - x}{x^2}$ (2) $\displaystyle\lim_{x \to 0} \dfrac{\sin x - x}{x \sin x}$ (3) $\displaystyle\lim_{x \to 0} \dfrac{\tan x - x}{x \tan x}$

(4) $\displaystyle\lim_{x \to 1} \dfrac{x^{\frac{1}{3}} - \sqrt{x}}{x - 1}$ (5) $\displaystyle\lim_{x \to \infty} \dfrac{x^n}{e^x}$ $(n \in \mathbb{N})$ (6) $\displaystyle\lim_{x \to \infty} \dfrac{x^2 \tan^{-1} x}{e^x}$

解

(1) $\displaystyle\lim_{x \to 0} \dfrac{\sin x - x}{x^2} = \lim_{x \to 0} \dfrac{\cos x - 1}{2x} = \lim_{x \to 0} \dfrac{-\sin x}{2} = 0$

(2) $\displaystyle\lim_{x \to 0} \dfrac{\sin x - x}{x \sin x} = \lim_{x \to 0} \dfrac{\cos x - 1}{\sin x + x \cos x} = \lim_{x \to 0} \dfrac{-\sin x}{2 \cos x - x \sin x} = 0$

(3) $\displaystyle\lim_{x \to 0} \dfrac{\tan x - x}{x \tan x} = \lim_{x \to 0} \dfrac{\sec^2 x - 1}{\tan x + x \sec^2 x} = \lim_{x \to 0} \dfrac{1 - \cos^2 x}{\sin x \cos x + x}$
$= \displaystyle\lim_{x \to 0} \dfrac{2 \cos x \sin x}{1 + \cos^2 x - \sin^2 x} = 0$

(4) $\displaystyle\lim_{x \to 1} \dfrac{x^{\frac{1}{3}} - \sqrt{x}}{x - 1} = \lim_{x \to 1} \left(\dfrac{1}{3} x^{\frac{-2}{3}} - \dfrac{1}{2\sqrt{x}} \right) = \dfrac{1}{3} - \dfrac{1}{2} = -\dfrac{1}{6}$

(5) $\displaystyle\lim_{x \to \infty} \dfrac{x^n}{e^x} = \lim_{x \to \infty} \dfrac{n x^{n-1}}{e^x} = \lim_{x \to \infty} \dfrac{n(n-1) x^{n-2}}{e^x} = \lim_{x \to \infty} \dfrac{n!}{e^x} = 0$

(6) $\displaystyle\lim_{x \to \infty} \dfrac{x^2 \tan^{-1} x}{e^x} = \lim_{x \to \infty} \dfrac{2x \tan^{-1} x + \dfrac{x^2}{1 + x^2}}{e^x}$

$$=\lim_{x\to\infty}\frac{2x\tan^{-1}x}{e^x}+\lim_{x\to\infty}\frac{x^2}{e^x(1+x^2)}=0 \qquad \blacksquare$$

5.
$$C: x=a(t), \quad y=b(t) \quad (\alpha \leq t \leq \beta)$$

において，関数 $a(t), b(t)$ は区間 $[\alpha,\beta]$ で C^1 級とする．

$a'(t_0)^2+b'(t_0)^2 \neq 0$ のとき，点 $(a(t_0),b(t_0))$ における曲線 C の接線の方程式はパラメーター表示

$$x(t)=a(t_0)+a'(t_0)(t-t_0), y(t)=b(t_0)+b'(t_0)(t-t_0)$$

で与えられることを証明せよ．

証明 $(a(t_0),b(t_0))=(x_0,y_0)$ とおく．

(1) $a'(t_0) \neq 0$ のとき，定理 3.9 から $x=x_0$ での $\dfrac{dy}{dx}$ は $\dfrac{b'(t_0)}{a'(t_0)}$ で点 (x_0,y_0) での曲線 C の接線の方程式は $y-b(t_0)=\dfrac{b'(t_0)}{a'(t_0)}(x-a(t_0))$

(2) $b'(t_0) \neq 0$ のとき，定理 3.9 から $y=y_0$ での $\dfrac{dx}{dy}$ は $\dfrac{a'(t_0)}{b'(t_0)}$ で点 (x_0,y_0) での曲線 C の接線の方程式は $x-a(t_0)=\dfrac{a'(t_0)}{b'(t_0)}(y-b(t_0))$

(1),(2) から点 $(a(t_0),b(t_0))$ における曲線 C の接線の方程式はパラメーター表示は接線上の点を $(x(t),y(t))$ とすると $x(t)=a(t_0)+a'(t_0)(t-t_0), y(t)=b(t_0)+b'(t_0)(t-t_0)$ □

6. $f(x)=\sin^{-1}x$ に対して，次の各問に答えよ．

(1) $f(x)$ は $(1-x^2)f''(x)-xf'(x)=0$ を満たすことを証明せよ．

(2) (1) で得られた関係式を n 回微分して，ライプニッツの公式より

$$(1-x^2)f^{(n+2)}(x)-(2n+1)xf^{(n+1)}(x)-n^2f^{(n)}(x)=0$$

が成り立つことを証明せよ．

証明

(1) $f'(x)=\sqrt{\dfrac{1}{1-x^2}}$ より $\sqrt{1-x^2}f'(x)=1$

この両辺を微分すると $\sqrt{1-x^2}f''(x) - \dfrac{x}{\sqrt{1-x^2}}f'(x) = 0$

これより $(1-x^2)f''(x) - xf'(x) = 0$.

(2) 関数 $(1-x^2)f''(x)$ と関数 $xf'(x)$ にライプニッツの公式を適用する．関数 $g(x) = (1-x^2)$ とおくと $g^{(n)}(x) = 0 \ (3 \leq n)$. $h(x) = x$ とおくと $h^{(n)}(x) = 0 \ (2 \leq n)$ である．よって，

(i) $\left((1-x^2)f''(x)\right)^{(n)} = \displaystyle\sum_{k=0}^{n} {}_nC_k g^{(k)}(x) f^{(n-k+2)}(x) =$
$(1-x^2)f^{(n+2)}(x) - 2nxf^{(n+1)}(x) - n(n-1)f^{(n)}(x)$

(ii) $(xf'(x))^{(n)} = \displaystyle\sum_{k=0}^{n} {}_nC_k h^{(k)}(x) f^{(n-k+1)}(x) = xf^{(n+1)}(x) + nf^{(n)}(x)$

$\therefore (1-x^2)f^{(n+2)}(x) - (2n+1)xf^{(n+1)}(x) - n^2 f^{(n)}(x) = 0$ □

7. $f(x) = \tan^{-1} x$ に対して，次の各問に答えよ．

(1) $f(x)$ は $(1+x^2)f'(x) = 1$ を満たすことを証明せよ．

(2) (1) で得られた関係式を n 回微分して，ライプニッツの公式より

$$(1+x^2)f^{(n+1)}(x) + 2nxf^{(n)}(x) + n(n-1)f^{(n-1)}(x) = 0$$

が成り立つことを証明せよ．

証明

(1) $f'(x) = \dfrac{1}{1+x^2}$ より $(1+x^2)f'(x) = 1$.

(2) 関数 $(1+x^2)f'(x)$ にライプニッツの公式を適用する．関数 $g(x) = (1+x^2)$ とおくと $g^{(n)}(x) = 0 \ (3 \leq n)$, $\left((1+x^2)f'(x)\right)^{(n)} = \displaystyle\sum_{k=0}^{n} {}_nC_k g^{(k)}(x) f^{(n-k+1)}(x)$
$= (1+x^2)f^{(n+1)}(x) + 2nxf^{(n)}(x) + n(n-1)f^{(n-1)}(x)$
$\therefore (1+x^2)f^{(n+1)}(x) + 2nxf^{(n)}(x) + n(n-1)f^{(n-1)}(x) = 0$ □

8. 次の各問に答えよ．

(1) $f(x) = (x^2-1)^n$ は $(x^2-1)f'(x) - 2nxf(x) = 0$ を満たすことを証明せよ．

(2) (1) で得られた関係式を $(n+1)$ 回微分して，ライプニッツの公式より

$$P_n(x) = \dfrac{d^n}{dx^n}(x^2-1)^n \quad (\text{ルジャンドル多項式})$$

は
$$(x^2-1)P_n''(x) + 2xP_n'(x) - n(n+1)P_n(x) = 0$$
を満たすことを証明せよ．

証明

(1) $f'(x) = n(x^2-1)^{n-1}2x$
∴ $(x^2-1)f'(x) - 2nxf(x) = (x^2-1)^n 2nx - 2nx(x^2-1)^n = 0$

(2) (1) で (i) $(x^2-1)f'(x)$ と (ii) $2nxf(x)$ にライプニッツの公式を適用する．

(i) $((x^2-1)f'(x))^{(n+1)} = \sum_{k=0}^{n+1} {}_{n+1}C_k(x^2-1)^{(k)}f^{(n-k+2)}(x) =$
$(x^2-1)f^{(n+2)}(x) + 2(n+1)xf^{(n+1)}(x) + (n+1)nf^{(n)}(x)$

(ii) $(2nxf(x))^{(n+1)} = \sum_{k=0}^{n+1} {}_{n+1}C_k(2nx)^{(k)}f^{(n-k+1)}(x) = 2nxf^{(n+1)}(x) +$
$2n(n+1)f^{(n)}(x)$．ここで，$P_n(x) = f^{(n)}(x)$ であるから，
$(x^2-1)f^{(n+2)}(x) + 2(n+1)xf^{(n+1)}(x) + (n+1)nf^{(n)}(x)$
$=(x^2-1)P_n''(x) + 2(n+1)xP_n'(x) + n(n+1)P_n(x)$ で，
$2nxf^{(n+1)}(x) + 2n(n+1)f^{(n)}(x) = 2nxP_n'(x) + 2n(n+1)P_n(x)$ であるから，
ここで，$(x^2-1)P_n''(x) + 2(n+1)xP_n'(x) + n(n+1)P_n(x) - 2nxP_n'(x) - 2n(n+1)P_n(x) = 0$ を整理すると $(x^2-1)P_n''(x) + 2xP_n'(x) - n(n+1)P_n(x) = 0$ □

9. 次の各問に答えよ．$(n \in \mathbb{N})$

(1) $f(x) = x^n e^{-x}$ は $xf'(x) - (n-x)f(x) = 0$ を満たすことを証明せよ．

(2) (1) で得られた関係式を $(n+1)$ 回微分して，ライプニッツの公式より
$$L_n(x) = e^x \frac{d^n}{dx^n}(x^n e^{-x}) \quad (\text{ラゲール多項式})$$
は
$$xL_n''(x) - (x-1)L_n'(x) + nL_n(x) = 0$$
を満たすことを証明せよ．

証明

(1) $f'(x) = nx^{n-1}e^{-x} - x^n e^{-x} = x^{n-1}e^{-x}(n-x)$
∴ $xf'(x) - (n-x)f(x) = x(n-x)x^{n-1}e^{-x} - (n-x)x^n e^{-x} = 0$

(2) (1) の項 $xf'(x)$ と $-(n-x)f(x)$ にそれぞれライプニッツの公式を適用する．

(i) $(xf'(x))^{(n+1)} = \sum_{k=0}^{n+1} {}_{n+1}C_k \, (x)^{(k)} \, f^{(n+1-k)}(x)$
$= xf^{(n+2)}(x) + (n+1)f^{(n+1)}(x)$

(ii) $(-(n-x)f(x))^{(n+1)} = \sum_{k=0}^{(n+1)} {}_{n+1}C_k \, (-(n-x))^{(k)} \, f^{(n+1-k)}(x)$
$= -(n-x)f^{(n+1)}(x) + (n+1)f^{(n)}(x)$

(i) と (ii) から
$xf^{(n+2)}(x) + (n+1)f^{(n+1)}(x) - (n-x)f^{(n+1)}(x) + (n+1)f^{(n)}(x) = 0$
すなわち，$xf^{(n+2)}(x) + (1+x)f^{(n+1)}(x) + (n+1)f^{(n)}(x) = 0$
$L_n(x) = e^x f^{(n)}(x)$ であるから，$L_n'= e^x f^{(n)}(x) + e^x f^{(n+1)}(x)$,
$L_n'' = e^x f^{(n+2)}(x) + 2e^x f^{(n+1)}(x) + e^x f^{(n)}(x)$
$\therefore xL_n''(x) - (x-1)L_n'(x) + nL_n(x) = xe^x f^{(n+2)}(x) + 2xe^x f^{(n+1)}(x) + xe^x f^{(n)}(x)$
$-(x-1)(e^x f^{(n)}(x) + e^x f^{(n+1)}(x)) + ne^x f^{(n)}(x)$
$= xe^x f^{(n+2)}(x) + (x+1)e^x f^{(n+1)}(x) + (1+n)e^x f^{(n)}(x)$
$= e^x \left(xf^{(n+2)}(x) + (x+1)f^{(n+1)}(x) + (1+n)f^{(n)}(x) \right) = 0$ □

10. 次の不等式を証明せよ．n は自然数とする．

(1) $e^x > 1 + x + \dfrac{x^2}{2}$ $(x > 0)$ (2) $\sin x > x - \dfrac{x^3}{6}$ $(x > 0)$

(3) $e^x > \dfrac{x^n}{n!}$ $(x > 0)$ (4) $\cos x > 1 - \dfrac{x^2}{2}$ $(x \neq 0)$

(5) $\tan^{-1} x > x - \dfrac{x^3}{3}$ $(x > 0)$

解
(1) $f(x) = e^x - (1 + x + \dfrac{x^2}{2})$ とおく．$f'(x) = e^x - (1+x), f''(x) = e^x - 1$. $f''(x) > 0 \ (x > 0)$, $f'(0) = 0$ より，$f'(x) > 0 \ (x > 0)$ である．$f(0) = 0$ より $f(x) > 0 \ (0 < x)$.

(2) $f(x) = \sin x - (x - \dfrac{x^3}{6})$ とおく．$f'(x) = \cos x - (1 - \dfrac{x^2}{2}), f''(x) = -\sin x + x, f^{(3)}(x) = \cos x + 1$. ここで $0 < x < 2\pi$ のとき $f^{(3)}(x) > 0$, かつ，$2\pi \leq x$ のとき $f^{(3)}(x) \geq 0$ だから，$f''(0) = 0$ より，$f''(x) > 0 \ (x > 0)$, また $f'(0) = 0$ より，$f'(x) > 0 \ (x > 0)$ である．$f(0) = 0$ より $f(x) > 0 \ (0 < x)$.

(3) $g(x) = e^x - x$ とおくと，$g'(x) = e^x - 1 > 0 \ (x > 0), g(0) = 1 > 0$,

∴ $e^x - x > 0 \,(x > 0)$ である.

いま, $e^x - \dfrac{x^k}{k!} > 0 \,(x > 0)$ が成り立つとする. $h(x) = e^x - \dfrac{x^{k+1}}{(k+1)!}$ とおくと, $h'(x) = e^x - \dfrac{x^k}{k!}$ で, 仮定から $h'(x) > 0 \,(x > 0)$ である. $h(0) = 1 > 0$ より, $h(x) > 0 \,(x > 0)$ が成り立つ. すなわち, $e^x - \dfrac{x^{k+1}}{(k+1)!} > 0 \,(x > 0)$ である. 数学的帰納法によりすべての自然数 n に対して $e^x > \dfrac{x^n}{n!} \,(x > 0)$ が成り立つ.

(4) $f(x) = \cos x - 1 + \dfrac{x^2}{2}$ とおく.

$f'(x) = -\sin x + x$, $f''(x) = -\cos x + 1$. ここで $0 < |x| < 2\pi$ のとき $f''(x) > 0$, かつ, $|x| \geq 2\pi$ のとき $f''(x) \geq 0$ だから, $f'(0) = 0$ より $f'(x) > 0 \,(x > 0)$, また, $f'(x) < 0 \,(x < 0)$. $f(0) = 0$ より $f(x) > 0 \,(x \neq 0)$.

(5) $f(x) = \tan^{-1} x - x + \dfrac{x^3}{3}$ とおく. $f'(x) = \dfrac{1}{1 + x^2} - 1 + x^2 = \dfrac{x^4}{1 + x^2} > 0 \,(x > 0)$, $f(0) = 0$ より $f(x) > 0 \,(x > 0)$ である. ∎

11. 次の各事項を証明せよ.

(1) 関数 $g(x)$ が $[a, b]$ で 2 回微分可能, かつ $g(a) = g(b) = g'(a) = 0$ のとき,
$$g''(c) = 0 \quad (a < c < b)$$
となる c が存在することを示せ.

(2) (1) を用いて, 次が成り立つことを示せ. $f(x)$ が $[a, b]$ で 3 回微分可能のとき,
$$f(b) = f(a) + \dfrac{1}{2}(b - a)\left(f'(a) + f'(b)\right) - \dfrac{1}{12}(b - a)^3 f^{(3)}(c)$$
$a < c < b$ となる c が存在する.

(3) (1) を用いて, 次が成り立つことを示せ.

$f(x)$ が $[a, b]$ で 5 回微分可能のとき,
$$f(b) = f(a) + \dfrac{1}{6}(b - a)\left(f'(a) + f'(b) + 4f'(\dfrac{a + b}{2})\right)$$
$$- \dfrac{1}{2880}(b - a)^5 f^{(5)}(c) \quad (a < c < b)$$
となる c が存在する.

演習問題 3

証明

(1) $g(a)=g(b)=0$ より，ロルの定理から $g'(d)=0$ $(a<d<b)$ なる d が存在する．$g'(a)=g'(d)=0$ であるから，ロルの定理から $g''(c)=0$ $(a<c<d)$ なる c が存在する．

(2) $g(x)=f(x)-f(a)-\frac{1}{2}(f'(x)+f'(a))(x-a)-K(x-a)^3$ とおく．ただし，定数 K は $g(b)=0$ を満たすとする．
$g'(x)=f'(x)-\frac{1}{2}(f'(x)+f'(a))-\frac{1}{2}(x-a)f''(x)-3K(x-a)^2$
$g''(x)=-6(x-a)\left(\frac{1}{12}f^{(3)}(x)+K\right)$. $g'(a)=0$ であるから，関数 $g(x)$ に (1) が適用できて，$g''(c)=0$ $(a<c<b)$ なる c が存在する．$g''(c)=-6(c-a)\left(\frac{1}{12}f^{(3)}(c)+K\right)=0$ より，$K=-\frac{1}{12}f^{(3)}(c)$ となる．故に $g(b)=0$ より
$f(b)=f(a)+\frac{1}{2}(b-a)\left(f'(a)+f'(b)\right)-\frac{1}{12}(b-a)^3 f^{(3)}(c)$

(3) $h(x)=f(x)-f(a)-\frac{1}{6}(x-a)\left(f'(a)+f'(x)+4f'(\frac{a+x}{2})\right)-K(x-a)^5$ とおく．ただし，定数 K は $h(b)=0$ を満たすとする．
$h'(x)=f'(x)-\frac{1}{6}\left(f'(a)+f'(x)+4f'(\frac{a+x}{2})\right)-\frac{1}{6}(x-a)\left(f''(x)+2f''(\frac{a+x}{2})\right)-5K(x-a)^4$.

これより，$h(a)=h'(a)=0$ である．$h(b)=0$ より，$h(x)$ に (1) を適用すると $h''(c_1)=0\,(a<c_1<b)$ なる c_1 が存在する．$h'(x)$ をさらに微分すると，
$h''(x)=\frac{2}{3}\left\{f''(x)-f''(\frac{a+x}{2})-\frac{1}{2}\frac{x-a}{2}\left(f^{(3)}(x)+f^{(3)}(\frac{a+x}{2})\right)\right.$
$\left.-30K(x-a)^3\right\}$. $h''(c_1)=0$ と $-30K(c_1-a)^3=-240K\left(\frac{c_1-a}{2}\right)^3$ より，
$f''(c_1)-f''(\frac{a+c_1}{2})-\frac{1}{2}\frac{c_1-a}{2}\left(f^{(3)}(c_1)+f^{(3)}(\frac{a+c_1}{2})\right)-240K\left(\frac{c_1-a}{2}\right)^3=0$. この式で (2) の結果を，$f(x), a, b$ を $f''(x), \frac{a+c_1}{2}, c_1$ と置き換えると，
$f''(c_1)=f''(\frac{a+c_1}{2})+\frac{1}{2}\frac{c_1-a}{2}\left(f^{(3)}(c_1)+f^{(3)}(\frac{c_1+a}{2})\right)$
$-\frac{1}{12}\left(\frac{c_1-a}{2}\right)^3 f^{(5)}(c)$ $(a<c<c_1<b)$ となる c が存在する．故に $-240K=\frac{1}{12}f^{(5)}(c)\,(a<c<b)$，すなわち，$K=-\frac{1}{2880}f^{(5)}(c)$. $h(b)=0$ で，$K=-\frac{1}{2880}f^{(5)}(c)$ を代入すれば，結論を得る．

12. 次の関数 $f(x)$ の極値とそのグラフの形状（概形）を調べよ．ただし，$n(>1)$，$m(\geq 1)$ は自然数，a は正定数とする．

(1) $x^2 \log x \ (0 < x)$ (2) $x^{n-1}(1 + \dfrac{n}{m}x)^{-n-m}$ (3) $x^n e^{-x} \ (0 < x)$

(4) $(\sin x)e^{-x} \ (0 \leq x \leq 2\pi)$ (5) $x\sqrt[3]{1+x} \ (-1 \leq x)$

(6) $(x+2)|x^2 - x - 2|$ (7) $x + \sqrt{1-x^2} \ (-1 \leq x \leq 1)$

解

(1) $f(x) = x^2 \log x \ (0 < x)$ とおく．

$f'(x) = 2x \log x + x = x(1 + 2\log x)$ より，$f'(e^{-\frac{1}{2}}) = 0$

$f''(x) = 1 + 2\log x + 2, \ f''(e^{-\frac{1}{2}}) = 2 > 0$ より $f(x)$ は $x = e^{-\frac{1}{2}}$ で極小値 $-\dfrac{1}{2e}$ をとる．

(2) $f(x) = x^{n-1}(1 + \dfrac{n}{m}x)^{-n-m}$ とおく．

$f'(x) = (n-1)x^{n-2}(1+\dfrac{n}{m}x)^{-n-m} + (-n-m)\dfrac{n}{m}x^{n-1}(1+\dfrac{n}{m}x)^{-n-m-1}$

$= x^{n-2}(1+\dfrac{n}{m}x)^{-n-m-1}\left((n-1)(1+\dfrac{n}{m}x) + (-n-m)\dfrac{n}{m}x\right)$

$= x^{n-2}(1+\dfrac{n}{m}x)^{-n-m-1}\left((n-1) - \dfrac{n(1+m)}{m}x\right)$

$x < \dfrac{m(n-1)}{n(1+m)}$ のとき，$f'(x) > 0$, $x = \dfrac{m(n-1)}{n(1+m)}$ のとき，$f'(x) = 0$,

$x > \dfrac{m(n-1)}{n(1+m)}$ のとき，$f'(x) < 0$

$\therefore x = \dfrac{m(n-1)}{n(1+m)}$ のとき，$f(x)$ は極大値 $f(\dfrac{m(n-1)}{n(1+m)})$ をとる．

(3) $f(x) = x^n e^{-x}$ とおく．

$f'(x) = (nx^{n-1} - x^n)e^{-x} = x^{n-1}(n-x)e^{-x}$．$f''(x) = (n-1)x^{n-2}(n-x)e^{-x} - x^{n-1}e^{-x} + x^{n-1}(x-n)e^{-x} = e^{-x}(n^2 - n - 2nx + x^2)x^{n-2}$．

$f'(n) = 0, f''(n) = e^{-n}(-n^{n-1}) < 0, \therefore f(x)$ は $x = n$ で極大値 $n^n e^{-n}$ をとる．

(4) $f(x) = \sin x e^{-x}$ とおく．

$f'(x) = \cos x e^{-x} - \sin x e^{-x} = e^{-x}(\cos x - \sin x)$,

$f''(x) = -2\cos x e^{-x}$,

$0 \leq x \leq 2\pi$ で $f'(x) = 0$ なる x は $x = \dfrac{\pi}{4}, \dfrac{5\pi}{4}$ である．$f''(\dfrac{\pi}{4}) < 0, f''(\dfrac{5\pi}{4}) > 0$

(1) $y = x^2 \log x$

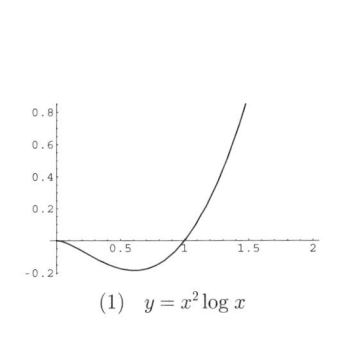

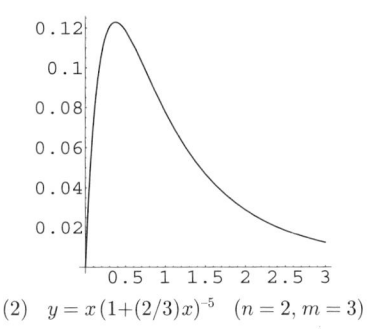

(2) $y = x(1+(2/3)x)^{-5}$ $(n=2, m=3)$

図 3.3:

であるから $f(x)$ は $x = \dfrac{\pi}{4}$ で極大値 $f(\dfrac{\pi}{4})$ をとり, $x = \dfrac{5\pi}{4}$ で極小値 $f(\dfrac{5\pi}{4})$ をとる.

(5) $f(x) = x\sqrt[3]{1+x}$ とおく.
$f'(x) = \sqrt[3]{1+x} + x\dfrac{1}{3}(1+x)^{-\frac{2}{3}} = (1+x)^{-\frac{2}{3}}(\dfrac{4}{3}x+1)$.
$x = -\dfrac{3}{4}$ で $f'(x) = 0$, $-1 < x < -\dfrac{3}{4}$ で $f'(x) < 0$, $-\dfrac{3}{4} < x$ で $f'(x) > 0$. よって $f(x)$ は $x = -\dfrac{3}{4}$ で極小値 $-\dfrac{3}{4}\sqrt[3]{\dfrac{1}{4}}$ をとる.

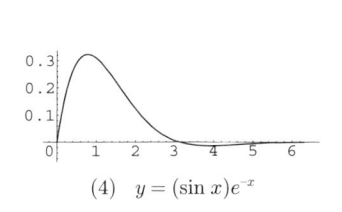

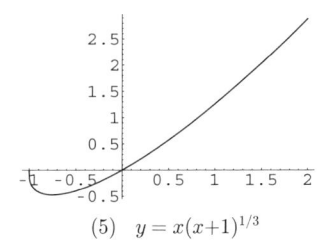

(4) $y = (\sin x)e^{-x}$

(5) $y = x(x+1)^{1/3}$

図 3.4:

(6) $f(x) = (x+2)|x^2 - x - 2|$ とおく.
$x^2 - x - 2 = (x-2)(x+1)$ より, (i) $x \leq -1$ または $2 \leq x$ のとき, $f(x) = (x+2)(x-2)(x+1)$ (ii) $-1 < x < 2$ のとき, $f(x) = -(x+2)(x-2)(x+1)$ である. $g(x) = (x+2)(x-2)(x+1)$ とおくと $g'(x) = 3x^2 + 2x - 4$ より $g'(x) = 0$ となる x は $x = \dfrac{-1 \pm \sqrt{13}}{3}$ である. 点 $x = \dfrac{-1 - \sqrt{13}}{3}$ で極大値 $f(\dfrac{-1-\sqrt{13}}{3})$,

$x = \dfrac{-1+\sqrt{13}}{3}$ で極大値 $f(\dfrac{-1+\sqrt{13}}{3})$ をとる．点 $x=-1$ と $x=2$ で極小値 0 をとる．

(7) $f(x) = x + \sqrt{1-x^2}$ とおく．$f'(x) = 1 - \dfrac{x}{\sqrt{1-x^2}}$，$-1 < x < \sqrt{\dfrac{1}{2}}$ で $f'(x) > 0$，$\sqrt{\dfrac{1}{2}} < x < 1$ で $f'(x) < 0$，$f'(\sqrt{\dfrac{1}{2}}) = 0$ より $f(x)$ は $x = \sqrt{\dfrac{1}{2}}$ で極大値 $\sqrt{2}$ をとる．

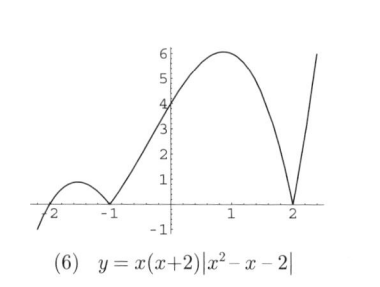

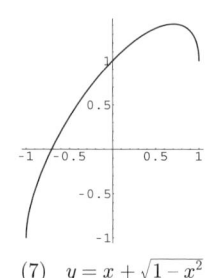

(6) $y = x(x+2)|x^2 - x - 2|$

(7) $y = x + \sqrt{1-x^2}$

図 3.5:

13. $f(x)$ が C^n 級関数で，$f'(a) = f''(a) = \cdots = f^{(n-1)}(a) = 0$，$f^{(n)}(a) \neq 0$ のとき，次を証明せよ．

(1) n が偶数のとき，$f^{(n)}(a) > 0$ ならば，$f(a)$ は極小値で，$f^{(n)}(a) < 0$ のとき，$f(a)$ は極大値である．

(2) n が奇数のとき，$f(a)$ は極値ではない．

証明

テーラーの定理 3.19 より $x = a$ の近くで $h \neq 0$ のとき，
$f(a+h) - f(a) = \sum_{k=1}^{n-1} \dfrac{f^{(k)}(a)}{k!}(x-a)^k + \dfrac{f^{(n)}(a+\theta h)}{n!}h^n$ が成り立つ．

ここで $\theta\ (\in (0,1))$ はある定数である．

$f'(a) = f''(a) = \cdots = f^{(n-1)}(a) = 0$，$f^{(n)}(a) \neq 0$ より

$$f(a+h) - f(a) = \dfrac{f^{(n)}(a+\theta h)}{n!}h^n.$$

関数 $f(x)$ は C^n 級であるから，$x = a$ の近くで，$f^{(n)}(a) > 0$ のとき，$f^{(n)}(x) > 0$ で $f^{(n)}(a) < 0$ のとき，$f^{(n)}(x) < 0$ である．

(1) n が偶数のとき，$h^n > 0 \ (h \neq 0)$ である．$f^{(n)}(a) > 0$ のとき，$f(a+h) - f(a) > 0$ で $x = a$ で関数 $f(x)$ は極小となり $f^{(n)}(a) < 0$ のとき，$f(a+h) - f(a) < 0$ で $x = a$ で極大となる．

(2) n が奇数のとき，$h > 0$ のとき，$h^n > 0$ で $h < 0$ のとき $h^n < 0$ である．$f(a+h) - f(a)$ は一定符号にならないので $x = a$ で $f(x)$ は極値をとらない． □

14. 次の真偽を確かめよ．

(1) 関数 $f(x)$ は開区間 I で C^1 級で I のある点 a で $f(a) = 0$ ならば，$f'(a) = 0$ である．

(2) 関数 $f(x)$ は開区間 I で C^1 級で I のある点 a で $f'(a) = 0$ ならば，$f(a) = 0$ である．

(3) 関数 $f(x)$ は区間 $I = (a,b)$ で C^2 級で I の点 c で $f'(c) = f''(c) = 0$ ならば，$x = c$ で $f(x)$ は極値をとらない．

(4) 関数 $f(x)$ は区間 $I \equiv (-\infty, +\infty)$ で C^1 級で I で $f'(x) > 0$ ならば，$\lim_{x \to +\infty} f(x) = +\infty$ である．

(5) 関数 $f(x)$ が微分可能ならば，その導関数 $f'(x)$ は連続である．

(6) 関数 $f(x)$ は閉区間 $[-1, 1]$ で定義されている．$f'(x) = 0 \ (-1 < x < 0, 0 < x < 1)$ であるとき，$f(x) = $ 定数である．

(7) 関数 $f(x) = x \sin \dfrac{1}{x} \ (x \neq 0), \quad f(0) = 0$ は，$x = 0$ で微分不可能だから，$f(x)$ は $x = 0$ で不連続である．

解

(1) 偽である．反例は $f(x) = x - a$．

(2) 偽である．反例は $f(x) = \sin x$，$a = \dfrac{\pi}{2}$ のとき，$\cos \dfrac{\pi}{2} = 0, \sin \dfrac{\pi}{2} = 1$．

(3) 偽である．反例は $f(x) = x^4$ は $f'(0) = f''(0) = 0$ で $x = 0$ で極小値 0 をとる．

(4) 偽である．$f(x) = \tan^{-1} x, f'(x) = \dfrac{1}{1 + x^2} > 0, \ \lim_{x \to +\infty} f(x) = \dfrac{\pi}{2}$．

(5) 偽である．反例は

$$f(x) = \begin{cases} x^2 \sin \dfrac{1}{x} & (x \neq 0) \\ 0 & (x = 0) \end{cases}$$

に対して, $f'(0) = 0$, $x \neq 0$ で $f'(x) = 2x\sin\dfrac{1}{x} - \cos\dfrac{1}{x}$ で $\lim_{x \to 0} f'(x)$ は存在しない.

(6) 偽である. 反例は

$$f(x) = \begin{cases} 1 & (0 < x < 1) \\ 0 & (x = 0) \\ -1 & (-1 < x < 0) \end{cases}$$

は $f'(x) = 0$ $(-1 < x < 0, 0 < x < 1)$ であるが, 定数ではない.

(7) 偽である. $\lim_{x \to 0} f(x) = 0$ である. $\lim_{x \to 0} f(x) = 0 = f(0)$ が成り立ち, $x = 0$ で $f(x)$ は連続である. ∎

第4章　不定積分

4.1　不定積分の定義

関数 $f(x)$ に対し，$F'(x) = f(x)$ を満たすような関数 $F(x)$ を $f(x)$ の**原始関数**という．

定理 4.1. $F_1(x), F_2(x)$ を共に $f(x)$ の原始関数とすると，$F_2(x) = F_1(x) + C$ となる定数 C が存在する．逆に，$F_1(x)$ を $f(x)$ の原始関数とするとき，$F_2(x) = F_1(x) + C$（C は任意の定数）とすると，$F_2(x)$ も $f(x)$ の原始関数となる．

$F(x) + C$（C は任意定数：積分定数という）を $f(x)$ の**不定積分**といい，$\int f(x)\,dx$ と表す．

例 4.1. 普通，特に必要としない限り，積分定数 C を省略することが多いが，積分定数の存在を意識しないと大きなミスをすることもあるので注意を要する．

公式

1. $\displaystyle \int x^m\,dx = \frac{x^{m+1}}{m+1}\ (m \neq -1, m \in \mathbb{R}),\quad \int \frac{1}{x}\,dx = \int x^{-1}\,dx = \log|x|$

2. $\displaystyle \int \sin ax\,dx = \frac{-1}{a}\cos ax\ (a \neq 0),\quad \int \cos ax\,dx = \frac{1}{a}\sin ax\ (a \neq 0)$

3. $\displaystyle \int e^{ax}\,dx = \frac{1}{a}e^{ax}\ (a \neq 0),\quad \int a^x\,dx = \frac{a^x}{\log a}\ (a > 0, a \neq 1)$

4. $\displaystyle \int \frac{1}{\cos^2 x}\,dx = \int \sec^2 x\,dx = \tan x$

5. $\displaystyle\int \frac{1}{\sqrt{a^2-x^2}}\,dx = \sin^{-1}\frac{x}{a}\ (a>0),\quad \int \frac{1}{x^2+a^2}\,dx = \frac{1}{a}\tan^{-1}\frac{x}{a}\ (a\neq 0)$

6. $\displaystyle\int \frac{1}{x^2-a^2}\,dx = \frac{1}{2a}\log\left|\frac{x-a}{x+a}\right|\ (a\neq 0)$

7. $\displaystyle\int \{f(x)\}^m f'(x)\,dx = \frac{1}{m+1}\{f(x)\}^{m+1}\ (m\neq -1, m\in\mathbb{R})$

8. $\displaystyle\int \frac{f'(x)}{f(x)}\,dx = \log|f(x)|$

9. $\displaystyle\int \{\alpha f(x)+\beta g(x)\}\,dx = \alpha\int f(x)\,dx + \beta\int g(x)\,dx\ (\alpha,\beta\text{ は定数})$

問 4.1.1. 次の関数を積分せよ．

(1) $\dfrac{x^2+3}{\sqrt{x}}$ (2) $\dfrac{x-1}{x+2}$ (3) $\tan x$

(4) $\cos x\sqrt{\sin x}$ (5) $\dfrac{1}{\sqrt{1-2x^2}}$ (6) $\dfrac{x+1}{\sqrt{x^2+2x+2}}$

解

(1) $\displaystyle\int \frac{x^2+3}{\sqrt{x}}\,dx = \int x^{\frac{3}{2}}+3x^{\frac{-1}{2}}\,dx = \frac{2}{5}x^{\frac{5}{2}}+6x^{\frac{1}{2}} = \frac{2}{5}x^2\sqrt{x}+6\sqrt{x}.$

(2) $\displaystyle\int \frac{x-1}{x+2}\,dx = \int 1-3\frac{1}{x+2}\,dx = x-3\int \frac{1}{x+2}\,dx.$ ここで, $f(x)=x+2$ とすると, $f'(x)=1$ だから, $\displaystyle\int \frac{1}{x+2}\,dx = \int \frac{f'(x)}{f(x)}\,dx = \log|f(x)| = \log|x+2|.$ よって, $\displaystyle\int \frac{x-1}{x+2}\,dx = x-3\log|x+2|.$

(3) $f(x)=\cos x$ とすると, $f'(x)=-\sin x$ だから, $\displaystyle\int \tan x\,dx = \int \frac{\sin x}{\cos x}\,dx = -\int \frac{f'(x)}{f(x)}\,dx = -\log|\cos x|.$

(4) $f(x)=\sin x$ とすると, $f'(x)=\cos x$ だから, $\displaystyle\int \cos x\sqrt{\sin x}\,dx = \int f'(x)\sqrt{f(x)}\,dx = \int f'(x)\{f(x)\}^{\frac{1}{2}}\,dx = \frac{1}{\frac{1}{2}+1}\{f(x)\}^{\frac{1}{2}+1} = \frac{2}{3}\sin x\sqrt{\sin x}.$

(5) $\displaystyle\int \frac{1}{\sqrt{1-2x^2}}\,dx = \int \frac{1}{\sqrt{2}}\frac{1}{\sqrt{(\frac{1}{\sqrt{2}})^2-x^2}}\,dx = \frac{1}{\sqrt{2}}\sin^{-1}\left(\frac{x}{\frac{1}{\sqrt{2}}}\right).$

(6) $f(x) = x^2+2x+2$ とすると, $f'(x) = 2x+2$ だから, $\displaystyle\int \frac{x+1}{\sqrt{x^2+2x+2}}\,dx$
$= \displaystyle\frac{1}{2}\int f'(x)\{f(x)\}^{-\frac{1}{2}}\,dx = \frac{1}{2}\frac{1}{-\frac{1}{2}+1}\{f(x)\}^{\frac{1}{2}} = \sqrt{x^2+2x+2}$. ■

4.2 置換積分・部分積分

定理 4.2 (置換積分). 関数 $y = f(x)$ において, x が t の C^1 級関数 $\varphi(t)$ によって $x = \varphi(t)$ と表されるとき,

$$\int f(x)\,dx = \int f(\varphi(t))\,\varphi'(t)\,dt.$$

注 4.3. 上式を簡略化して, $\displaystyle\int y\,dx = \int y\,\frac{dx}{dt}\,dt$ のように書く場合もある.

注 4.4. $x = \varphi(t)$ のとき, $\dfrac{dx}{dt} = \varphi'(t)$ ということを表すのに, $dx = \varphi'(t)\,dt$ のような表記を用いる場合もある. この表記は, $x = \varphi(t)$ という式の全微分という意味から正当化される表記ではあるが, $\dfrac{dx}{dt}$ が「$dx \div dt$」という割り算であるということを意味するものではない.

例 4.2.

1. $\displaystyle\int x\sqrt{1+x}\,dx = \frac{2}{5}(x+1)^2\sqrt{x+1} - \frac{2}{3}(x+1)\sqrt{x+1}$.

2. $\displaystyle\int (t^2+1)^{100}t\,dt = \frac{1}{202}(t^2+1)^{101}$.

3. $\displaystyle\int \tan x\,dx = -\log|\cos x|$.

例 4.3. $F(x) = \displaystyle\int f(x)\,dx$ ($a \neq 0$ は定数) とするとき, $\displaystyle\int f(ax)\,dx = \frac{1}{a}F(ax)$.

例 4.4. $\displaystyle\int \cos x \sin x\,dx = \frac{-1}{4}\cos 2x$. あるいは, $\displaystyle\int \cos x \sin x\,dx = \frac{1-\cos 2x}{4}$.

注 4.5. 上の例のように，解が何通りにも書ける場合がある．このことは，問や演習問題を解く場合に，自分で計算した結果と解答とが一致しないことが起こりえることを意味している．しかし，たとえそれらが一致しなくても，自分で計算した結果を微分して元の関数に戻れば，その計算は正しいといえる．

定理 4.6 (部分積分)．C^1 級の関数 $f(x)$, $g(x)$ に対して，
$$\int f'(x)g(x)\,dx = f(x)g(x) - \int f(x)g'(x)dx.$$

例 4.5.

1. $\displaystyle\int \log x\,dx = x\log x - x.$

2. $\displaystyle\int x\sin x\,dx = -x\cos x + \sin x.$

3. $a \neq 0$, $b \neq 0$ のとき，
$$\int e^{ax}\sin bx\,dx = \frac{e^{ax}}{a^2+b^2}(a\sin bx - b\cos bx),$$
$$\int e^{ax}\cos bx\,dx = \frac{e^{ax}}{a^2+b^2}(a\cos bx + b\sin bx).$$

例 4.6. $I_n = \int \sin^n x\,dx$ $(n=0,1,2,\cdots)$ とおくと，$n=2,3,\cdots$ に対して，漸化式
$$I_n = \frac{n-1}{n}I_{n-2} - \frac{1}{n}\sin^{n-1}x\cos x$$
が成立する．

例 4.7. $\displaystyle\int x\tan^{-1}x\,dx = \frac{1}{2}\{(1+x^2)\tan^{-1}x - x\}.$

問 4.2.1. 次の関数を積分せよ．

(1) $x\log x$ (2) $\dfrac{x}{\cos^2 x}$ (3) $\dfrac{\log x}{x}$

(4) $\tanh x$ (5) $\sin^{-1}x$ (6) $x^2 e^{-x}$

解

(1) $\displaystyle\int x\log x\,dx = \int \left(\frac{x^2}{2}\right)'\log x\,dx = \frac{x^2}{2}\log x - \int \frac{x^2}{2}\cdot\frac{1}{x}\,dx = \frac{x^2}{2}\log x - \frac{1}{2}\int x\,dx = \frac{x^2}{2}\log x - \frac{1}{4}x^2.$

(2) $\displaystyle\int \frac{x}{\cos^2 x}\,dx = \int x(\tan x)'\,dx = x\tan x - \int \tan x\,dx = x\tan x + \log|\cos x|.$

(3) $t = \log x$ とおくと，$dt = \dfrac{1}{x}dx$. よって，$\displaystyle\int \frac{\log x}{x}\,dx = \int \log x \cdot \frac{1}{x}\,dx = \int t\,dt = \frac{t^2}{2} = \frac{(\log x)^2}{2}.$

(4) $\displaystyle\int \tanh x\,dx = \int \frac{e^x - e^{-x}}{e^x + e^{-x}}\,dx = \int \frac{(e^x + e^{-x})'}{e^x + e^{-x}}\,dx = \log|e^x + e^{-x}|.$

(5) $t = \sin^{-1} x$ とおくと，$x = \sin t$. よって，$dx = \cos t\,dt$. 故に，
$\displaystyle\int \sin^{-1} x\,dx = \int t\cos t\,dt = \int t(\sin t)'\,dt = t\sin t - \int \sin t\,dt = t\sin t + \cos t = x\sin^{-1} x + \cos(\sin^{-1} x) = x\sin^{-1} x + \sqrt{1-x^2}.$

(6) $\displaystyle\int x^2 e^{-x}\,dx = \int x^2(-e^{-x})'\,dx = -x^2 e^{-x} + 2\int xe^{-x}\,dx = -x^2 e^{-x} + 2\left(\int x(-e^{-x})'\,dx\right) = -x^2 e^{-x} + 2\left(-xe^{-x} + \int e^{-x}\,dx\right) = -x^2 e^{-x} + 2\left(-xe^{-x} - e^{-x}\right) = (-x^2 - 2x - 2)e^{-x}.$ ■

4.3　有理関数の不定積分

有理関数，すなわち，分子・分母が共に多項式であるような分数関数は，次のようなステップに従って積分することができる．

ステップ1：有理関数を，いくつかの「部分品」の和の形に分解する．(**部分分数分解**)

定理 4.7 (部分分数分解)．$f(x)$, $g(x)$ を多項式とする．このとき，有理関数 $\dfrac{f(x)}{g(x)}$ は，

- 多項式 $p(x)$

- 分母 $g(x)$ の素因数分解に $(x-\alpha)^n$ があらわれるとき，$\dfrac{A_k}{(x-\alpha)^k}$
  ($k = 1, 2, \cdots, n$; A_k は定数)

- 分母 $g(x)$ の素因数分解に $\{(x-\beta)^2+\gamma^2\}^m$ があらわれるとき,

$$\frac{B_k x + C_k}{\{(x-\beta)^2+\gamma^2\}^k} \ (k=1,2,\cdots,m;\ B_k, C_k \text{ は定数})$$

のような「部分品」の和に分解できる.

例 4.8. 部分分数分解の例

1. $\dfrac{2x^3 - 7x^2 + 8x - 2}{(x-2)(x-1)} = (2x-1) + \dfrac{2}{x-2} - \dfrac{1}{x-1}$

2. $\dfrac{1}{x^3+1} = \dfrac{1}{3} \cdot \dfrac{1}{x+1} + \dfrac{1}{3} \cdot \dfrac{-x+2}{(x-\frac{1}{2})^2 + \frac{3}{4}}$

3. $\dfrac{x^3 + 2x + 1}{(x^2+1)^2} = \dfrac{x}{x^2+1} + \dfrac{x+1}{(x^2+1)^2}$

ステップ 2: 各「部分品」を実際に積分する.

特に,$\displaystyle\int \frac{1}{\{t^2+\gamma^2\}^k} dt$ については,次の定理が成立する.

定理 4.8. $I_k = \displaystyle\int \frac{1}{\{t^2+\gamma^2\}^k} dt$ とおくと,

1. $k=1$ のとき,$I_1 = \dfrac{1}{\gamma} \tan^{-1} \dfrac{t}{\gamma}$.

2. $k \geq 2$ のとき,次のような漸化式が成立する.

$$I_k = \frac{1}{\gamma^2} \left(\frac{1}{2k-2} \frac{t}{\{t^2+\gamma^2\}^{k-1}} + \frac{2k-3}{2k-2} I_{k-1} \right).$$

注 4.9. 上の漸化式を覚えておくのは容易ではないし,あまり意味のある行為とはいえない.実際の計算においては高々 $n=2,3$ の場合が多いので,部分積分を用いたり,あるいは,直接 $t=\gamma\tan\theta$ とおくことによって計算したほうがよい.

問 4.3.1. 次の関数を積分せよ.

(1) $\dfrac{2x^3 - 7x^2 + 8x - 2}{(x-2)(x-1)}$ (2) $\dfrac{1}{x^3+1}$ (3) $\dfrac{x^3 + 2x + 1}{(x^2+1)^2}$

解 例 4.8 で部分分数分解をしてあるので，その結果を用いる．

(1) $\displaystyle\int \frac{2x^3 - 7x^2 + 8x - 2}{(x-2)(x-1)}\,dx = \int (2x-1) + \frac{2}{x-2} - \frac{1}{x-1}\,dx = x^2 - x + 2\log|x-2| - \log|x-1|$.

(2) $\displaystyle\int \frac{1}{x^3+1}\,dx = \int \frac{1}{3}\cdot\frac{1}{x+1} + \frac{1}{3}\cdot\frac{-x+2}{(x-\frac{1}{2})^2 + \frac{3}{4}}\,dx = \frac{1}{3}\log|x+1| + \frac{1}{3}\int \frac{-x+2}{(x-\frac{1}{2})^2 + \frac{3}{4}}\,dx$. ここで，$t = x - \frac{1}{2}$ とおくと，$dx = dt$ だから，

$\displaystyle\int \frac{-x+2}{(x-\frac{1}{2})^2 + \frac{3}{4}}\,dx = \int \frac{-t + \frac{3}{2}}{t^2 + \frac{3}{4}}\,dt = -\frac{1}{2}\int \frac{2t}{t^2 + \frac{3}{4}}\,dt + \frac{3}{2}\int \frac{1}{t^2 + (\frac{\sqrt{3}}{2})^2}\,dt = -\frac{1}{2}\log\left|t^2 + \frac{3}{4}\right| + \frac{3}{2}\cdot\frac{2}{\sqrt{3}}\tan^{-1}\frac{2t}{\sqrt{3}} = -\frac{1}{2}\log|x^2 - x + 1| + \sqrt{3}\tan^{-1}\frac{2x-1}{\sqrt{3}}$. よって，$\displaystyle\int \frac{1}{x^3+1}\,dx = \frac{1}{3}\log|x+1| + \frac{1}{3}\left(-\frac{1}{2}\log|x^2 - x + 1| + \sqrt{3}\tan^{-1}\frac{2x-1}{\sqrt{3}}\right) = \frac{1}{3}\log|x+1| - \frac{1}{6}\log|x^2 - x + 1| + \frac{1}{\sqrt{3}}\tan^{-1}\frac{2x-1}{\sqrt{3}}$.

(3) $\displaystyle\int \frac{x^3 + 2x + 1}{(x^2+1)^2}\,dx = \int \frac{x}{x^2+1} + \frac{x+1}{(x^2+1)^2}\,dx = \int \frac{1}{2}\cdot\frac{2x}{x^2+1}\,dx + \int \frac{1}{2}\cdot\frac{2x}{(x^2+1)^2}\,dx + \int \frac{1}{(x^2+1)^2}\,dx = \frac{1}{2}\log|x^2+1| - \frac{1}{2}\cdot\frac{1}{x^2+1} + \frac{1}{2}\left(\tan^{-1}x + \frac{x}{x^2+1}\right) = \frac{1}{2}\log|x^2+1| + \frac{1}{2}\cdot\frac{x-1}{x^2+1} + \frac{1}{2}\tan^{-1}x$. ∎

4.4　いろいろな関数の不定積分

有理関数の積分を用いて，いろいろな関数の不定積分が計算できる．

$\boxed{\cos x \ \text{と}\ \sin x\ \text{の有理関数}}$

$t = \tan\dfrac{x}{2}$ とおけば，$\cos x = \dfrac{1-t^2}{1+t^2},\quad \sin x = \dfrac{2t}{1+t^2},\quad \dfrac{dx}{dt} = \dfrac{2}{1+t^2}$.

例 4.9. $\displaystyle\int \frac{1}{1+\cos x}\,dx = \tan\frac{x}{2}$

例 **4.10.** $\int \dfrac{\sin x}{1+\cos x}\,dx = -2\log|\cos\dfrac{x}{2}|$

注 **4.10.** この方法は「このようにすれば必ず計算できる」という方法であり，必ずしも「最も簡単な方法」，「最も適切な方法」であるとは限らない．以下に述べる方法についても同様である．よって，まず「どうすれば簡単に積分できるか？」を考え，それが思いつかない場合にここに述べるような方法で計算するようにしたほうが得策であろう．

$\boxed{\cos^2 x \text{ と } \sin^2 x \text{ の有理関数}}$

$t = \tan x$ とおけば，$\cos^2 x = \dfrac{1}{1+t^2}$, $\sin^2 x = \dfrac{t^2}{1+t^2}$, $\dfrac{dx}{dt} = \dfrac{1}{1+t^2}$.

例 **4.11.** $\int \dfrac{1}{1+\cos^2 x}\,dx = \dfrac{1}{\sqrt{2}}\tan^{-1}\left(\dfrac{\tan x}{\sqrt{2}}\right)$

$\boxed{x \text{ と } \sqrt[n]{\dfrac{ax+b}{cx+d}} \text{ の有理関数}}$

$t = \sqrt[n]{\dfrac{ax+b}{cx+d}}$ とおけば，$x = \dfrac{dt^n - b}{-ct^n + a}$, $\dfrac{dx}{dt} = \dfrac{(ad-bc)nt^{n-1}}{(-ct^n+a)^2}$.

例 **4.12.** $\int \dfrac{1}{x}\sqrt{\dfrac{x}{2-x}}\,dx = 2\tan^{-1}\sqrt{\dfrac{x}{2-x}}$

$\boxed{x \text{ と } \sqrt{ax^2+bx+c}\ (a \neq 0) \text{ の有理関数}}$

$\boxed{a > 0 \text{ の場合}}$: $t = \sqrt{a}x + \sqrt{ax^2+bx+c}$ とおけば，$x = \dfrac{t^2 - c}{2\sqrt{a}t + b}$, $\dfrac{dx}{dt} = \dfrac{2(\sqrt{a}t^2 + bt + \sqrt{a}c)}{(2\sqrt{a}t+b)^2}$, $\sqrt{ax^2+bx+c} = \dfrac{\sqrt{a}t^2 + bt + \sqrt{a}c}{2\sqrt{a}t+b}$.

$\boxed{a < 0 \text{ の場合}}$: 方程式 $ax^2+bx+c = 0$ の 2 つの実数解を $\alpha, \beta\ (\alpha < \beta)$ とし，$t = \sqrt{\dfrac{x-\alpha}{\beta-x}}$ とおけば，$x = \dfrac{\beta t^2 + \alpha}{t^2+1}$, $\dfrac{dx}{dt} = 2(\beta-\alpha)\dfrac{t}{(t^2+1)^2}$, $\sqrt{ax^2+bx+c} = \sqrt{-a}\,(\beta-\alpha)\dfrac{t}{t^2+1}$.

4.4. いろいろな関数の不定積分

例 4.13.

1. $\int \dfrac{1}{\sqrt{1+4x^2}}\,dx = \dfrac{1}{2}\log\left|2x+\sqrt{4x^2+1}\right|$

2. $\int \dfrac{1}{\sqrt{1-4x^2}}\,dx = \tan^{-1}\sqrt{\dfrac{x+\frac{1}{2}}{\frac{1}{2}-x}}$

問 4.4.1. 次の関数を積分せよ．

(1) $\dfrac{\cos x}{1+\cos x}$ (2) $\dfrac{\cos^2 x}{1+\cos^2 x}$ (3) $\dfrac{\cos^2 x}{1+\sin^2 x}$

(4) $x\sqrt{2-x}$ (5) $\dfrac{x}{\sqrt[3]{2-x}}$ (6) $\sqrt{1-\dfrac{1}{x}}$

(7) $\sqrt{x^2+a}$ $(a\neq 0)$ (8) $\sqrt{1-x^2}$ (9) $x\sqrt{x^2-2x+2}$

解

(1) $t=\tan\dfrac{x}{2}$ とおくと，$\cos x = \dfrac{1-t^2}{1+t^2}, \dfrac{dx}{dt}=\dfrac{2}{1+t^2}$ だから，

$\int \dfrac{\cos x}{1+\cos x}\,dx = \int \dfrac{\frac{1-t^2}{1+t^2}}{1+\frac{1-t^2}{1+t^2}}\cdot\dfrac{2}{1+t^2}\,dt = \int \dfrac{1-t^2}{1+t^2}\,dt = \int\left(\dfrac{2}{1+t^2}-1\right)dt =$

$2\tan^{-1}t - t = x - \tan\dfrac{x}{2}$．

(2) $t=\tan x$ とおくと，$\cos^2 x = \dfrac{1}{1+t^2}, \dfrac{dx}{dt}=\dfrac{1}{1+t^2}$ だから，

$\int \dfrac{\cos^2 x}{1+\cos^2 x}\,dx = \int \dfrac{\frac{1}{1+t^2}}{1+\frac{1}{1+t^2}}\cdot\dfrac{1}{1+t^2}\,dt = \int \dfrac{1}{(1+t^2)(2+t^2)}\,dt$

$= \int\left(\dfrac{1}{t^2+1}-\dfrac{1}{t^2+2}\right)dt = \tan^{-1}t - \dfrac{1}{\sqrt{2}}\tan^{-1}\dfrac{t}{\sqrt{2}} = x - \dfrac{1}{\sqrt{2}}\tan^{-1}\left(\dfrac{\tan x}{\sqrt{2}}\right)$．

(3) $t=\tan x$ とおくと，$\cos^2 x = \dfrac{1}{1+t^2}, \sin^2 x = \dfrac{t^2}{1+t^2}, \dfrac{dx}{dt}=\dfrac{1}{1+t^2}$

だから，$\int \dfrac{\cos^2 x}{1+\sin^2 x}\,dx = \int \dfrac{\frac{1}{1+t^2}}{1+\frac{t^2}{1+t^2}}\cdot\dfrac{1}{1+t^2}\,dt = \int \dfrac{1}{(1+t^2)(1+2t^2)}\,dt =$

$\int\left(-\dfrac{1}{t^2+1}+\dfrac{1}{t^2+\frac{1}{2}}\right)dt = -\tan^{-1}t + \sqrt{2}\tan^{-1}(\sqrt{2}t)$

$= -x + \sqrt{2}\tan^{-1}\left(\sqrt{2}\tan x\right)$．

(4) $t = \sqrt{2-x}$ とおくと,$x = 2-t^2$, $\dfrac{dx}{dt} = -2t$ だから,$\displaystyle\int x\sqrt{2-x}\,dx =$
$\displaystyle\int (2-t^2)t\cdot(-2t)\,dt = -\dfrac{4}{3}t^3 + \dfrac{2}{5}t^5 = -\dfrac{4}{3}(2-x)^{\frac{3}{2}} + \dfrac{2}{5}(2-x)^{\frac{5}{2}}$.

(5) $t = \sqrt[3]{2-x}$ とおくと,$x = 2-t^3$, $\dfrac{dx}{dt} = -3t^2$ だから,$\displaystyle\int \dfrac{x}{\sqrt[3]{2-x}}\,dx =$
$\displaystyle\int \dfrac{2-t^3}{t}\cdot(-3t^2)\,dt = -3t^2 + \dfrac{3}{5}t^5 = -3(2-x)^{\frac{2}{3}} + \dfrac{3}{5}(2-x)^{\frac{5}{3}}$.

(6) $t = \sqrt{1-\dfrac{1}{x}} = \sqrt{\dfrac{x-1}{x}}$ とおくと,$x = \dfrac{1}{1-t^2}$, $\dfrac{dx}{dt} = \dfrac{2t}{(1-t^2)^2}$ だから,

$\displaystyle\int \sqrt{1-\dfrac{1}{x}}\,dx = \int t\cdot\dfrac{2t}{(1-t^2)^2}\,dt$

$= \dfrac{1}{2}\displaystyle\int \left(\dfrac{1}{(t-1)^2} + \dfrac{1}{t-1} + \dfrac{1}{(t+1)^2} - \dfrac{1}{t+1}\right)\,dt$

$= \dfrac{1}{2}\left(-\dfrac{1}{t-1} + \log|t-1| - \dfrac{1}{t+1} - \log|t+1|\right)$

$= \dfrac{1}{2}\left(-\dfrac{1}{\sqrt{\frac{x-1}{x}}-1} + \log\left|\sqrt{\dfrac{x-1}{x}}-1\right| - \dfrac{1}{\sqrt{\frac{x-1}{x}}+1} - \log\left|\sqrt{\dfrac{x-1}{x}}+1\right|\right)$

$= x\sqrt{\dfrac{x-1}{x}} + \dfrac{1}{2}\left(\log\left|\sqrt{\dfrac{x-1}{x}}-1\right| - \log\left|\sqrt{\dfrac{x-1}{x}}+1\right|\right)$.

(7) $t = x + \sqrt{x^2+a}$ とおくと,$x = \dfrac{t^2-a}{2t}$, $\dfrac{dx}{dt} = \dfrac{t^2+a}{2t^2}$, $\sqrt{x^2+a} = \dfrac{t^2+a}{2t}$ だから,

$\displaystyle\int \sqrt{x^2+a}\,dx = \int \dfrac{t^2+a}{2t}\cdot\dfrac{t^2+a}{2t^2}\,dt = \dfrac{1}{4}\int\left(t + \dfrac{2a}{t} + \dfrac{a^2}{t^3}\right)\,dt$

$= \dfrac{1}{4}\left(\dfrac{t^2}{2} + 2a\log|t| - \dfrac{a^2}{2t^2}\right)$

$= \dfrac{1}{4}\left(\dfrac{(x+\sqrt{x^2+a})^2}{2} + 2a\log\left|x+\sqrt{x^2+a}\right| - \dfrac{a^2}{2(x+\sqrt{x^2+a})^2}\right)$

$= \dfrac{1}{2}\left(x\sqrt{x^2+a} + a\log\left|x+\sqrt{x^2+a}\right|\right)$.

4.4. いろいろな関数の不定積分

(8) $1-x^2=0$ の解は $x=-1,1$. 故に, $t=\sqrt{\dfrac{x+1}{1-x}}$ とおくと, $x=\dfrac{t^2-1}{t^2+1}$, $\dfrac{dx}{dt}=\dfrac{4t}{(t^2+1)^2}$, $\sqrt{1-x^2}=\dfrac{2t}{t^2+1}$ だから, $\displaystyle\int\sqrt{1-x^2}\,dx=\int\dfrac{2t}{t^2+1}\cdot\dfrac{4t}{(t^2+1)^2}\,dt=\int\dfrac{8t^2}{(t^2+1)^3}\,dt=2\int\dfrac{4t}{(t^2+1)^3}\cdot t\,dt=2\int\left(-\dfrac{1}{(t^2+1)^2}\right)'\cdot t\,dt=2\left(-\dfrac{t}{(t^2+1)^2}+\int\dfrac{1}{(t^2+1)^2}\,dt\right)$. ここで, $\displaystyle\int\dfrac{1}{(t^2+1)^2}\,dt=\int\dfrac{1}{t^2+1}\,dt-\int\dfrac{t^2}{(t^2+1)^2}\,dt=\tan^{-1}t-\dfrac{1}{2}\int\dfrac{2t}{(t^2+1)^2}\cdot t\,dt=\tan^{-1}t-\dfrac{1}{2}\int\left(-\dfrac{1}{t^2+1}\right)'\cdot t\,dt=\tan^{-1}t-\dfrac{1}{2}\left(-\dfrac{t}{t^2+1}+\int\dfrac{1}{t^2+1}\,dt\right)=\tan^{-1}t+\dfrac{t}{2(t^2+1)}-\dfrac{1}{2}\tan^{-1}t=\dfrac{1}{2}\tan^{-1}t+\dfrac{t}{2(t^2+1)}$ であるから, $\displaystyle\int\sqrt{1-x^2}\,dx=-\dfrac{2t}{(t^2+1)^2}+\dfrac{t}{t^2+1}+\tan^{-1}t=\dfrac{x}{2}\sqrt{1-x^2}+\tan^{-1}\sqrt{\dfrac{x+1}{1-x}}$.

[別解] $\displaystyle\int\sqrt{1-x^2}\,dx=x\sqrt{1-x^2}+\int\dfrac{x^2}{\sqrt{1-x^2}}\,dx=x\sqrt{1-x^2}+\int\dfrac{1-(\sqrt{1-x^2})^2}{\sqrt{1-x^2}}\,dx=x\sqrt{1-x^2}+\int\dfrac{1}{\sqrt{1-x^2}}\,dx-\int\sqrt{1-x^2}\,dx=x\sqrt{1-x^2}+\sin^{-1}x-\int\sqrt{1-x^2}\,dx$. よって, $\displaystyle\int\sqrt{1-x^2}\,dx=\dfrac{1}{2}\left(x\sqrt{1-x^2}+\sin^{-1}x\right)$.

(9) $t=x+\sqrt{x^2-2x+2}$ とおけば, $x=\dfrac{t^2-2}{2(t-1)}$, $\dfrac{dx}{dt}=\dfrac{t^2-2t+2}{2(t-1)^2}$, $\sqrt{x^2-2x+2}=\dfrac{t^2-2t+2}{2(t-1)}$ だから,

$$\int x\sqrt{x^2-2x+2}\,dx=\int\dfrac{t^2-2}{2(t-1)}\dfrac{t^2-2t+2}{2(t-1)}\cdot\dfrac{t^2-2t+2}{2(t-1)^2}\,dt$$
$$=\int\dfrac{(t^2-2)(t^2-2t+2)^2}{8(t-1)^4}\,dt$$

$$= \int \frac{1}{8}\left(\frac{-1}{(t-1)^4} + \frac{2}{(t-1)^3} - \frac{1}{(t-1)^2} + \frac{4}{t-1} + t^2\right) dt$$
$$= \frac{1}{24}\left(\frac{1}{(t-1)^3} - \frac{3}{(t-1)^2} + \frac{3}{t-1} + t^3 + 12\log|t-1|\right)$$
$$= \frac{1}{6}(2x^2 - x + 1)\sqrt{x^2-2x+2} + \frac{1}{24} + \frac{1}{2}\log\left|x-1+\sqrt{x^2-2x+2}\right|. \qquad\blacksquare$$

演習問題 4

1. 次の関数を積分せよ.

   (1) $(x+1)^{50}$ (2) $4\sqrt[3]{x^4} + \dfrac{5}{\sqrt[4]{x^3}}$ (3) $\dfrac{1}{(2x+5)^3}$

   (4) $\sqrt{x}(1-x)^2$ (5) $\dfrac{6}{\sqrt{(2x-1)^3}}$ (6) $\tan ax \;(a \neq 0)$

   (7) $x\sin x^2$ (8) $x\log ax \;(a \neq 0)$ (9) $x^2\sin x$

   (10) $x^2\log x$ (11) $\dfrac{(\log x)^2}{x}$ (12) $\dfrac{\log x}{x^2}$

   (13) $\dfrac{(\log x)^2}{x^3}$ (14) $x\sin^{-1}x$ (15) $x(\sin^{-1}x)^2$

解

(1) $t = x+1$ とおくと, $dt = dx$ だから, $\displaystyle\int(x+1)^{50}dx = \int t^{50}dt = \frac{1}{51}t^{51} = \frac{1}{51}(x+1)^{51}$.

(2) $\displaystyle\int 4\sqrt[3]{x^4} + \frac{5}{\sqrt[4]{x^3}}dx = \int 4x^{\frac{4}{3}} + 5x^{\frac{-3}{4}}dx = 4\cdot\frac{3}{7}x^{\frac{7}{3}} + 5\cdot 4x^{\frac{1}{4}}$
$= \dfrac{12}{7}x^{\frac{7}{3}} + 20x^{\frac{1}{4}}$.

(3) $t = 2x+5$ とおくと, $dt = 2dx$ だから, $\displaystyle\int\frac{1}{(2x+5)^3}dx = \int\frac{1}{t^3}\cdot\frac{1}{2}dt = -\frac{1}{4t^2} = -\frac{1}{4(2x+5)^2}$.

(4) $\displaystyle\int\sqrt{x}(1-x)^2 dx = \int x^{\frac{1}{2}} - 2x^{\frac{3}{2}} + x^{\frac{5}{2}}dx = \frac{2}{3}x^{\frac{3}{2}} - \frac{4}{5}x^{\frac{5}{2}} + \frac{2}{7}x^{\frac{7}{2}}$.

演習問題 4

(5) $t = 2x-1$ とおくと, $dt = 2dx$ だから, $\displaystyle\int \frac{6}{\sqrt{(2x-1)^3}} \, dx = \int \frac{3}{\sqrt{t^3}} \, dt = \dfrac{-6}{\sqrt{t}} = \dfrac{-6}{\sqrt{2x-1}}$.

(6) $\displaystyle\int \tan x \, dx = -\log|\cos x|$ だから, $\displaystyle\int \tan ax \, dx = -\frac{1}{a}\log|\cos ax|$.

(7) $t = x^2$ とおくと, $dt = 2x dx$ だから, $\displaystyle\int x \sin x^2 \, dx = \int \frac{1}{2}\sin t \, dt = -\frac{1}{2}\cos t = -\frac{1}{2}\cos x^2$.

(8) $t = ax$ とおくと, $dt = a dx$ だから, $\displaystyle\int x \log ax \, dx = \frac{1}{a^2}\int t \log t \, dt = \frac{1}{a^2}\left(\frac{t^2}{2}\log t - \frac{1}{4}t^2\right) = \frac{x^2}{2}\log ax - \frac{1}{4}x^2$.

(9) $\displaystyle\int x^2 \sin x \, dx = \int x^2 (-\cos x)' \, dx = -x^2 \cos x + \int 2x \cos x \, dx$
$= -x^2 \cos x + \displaystyle\int 2x(\sin x)' \, dx = -x^2 \cos x + 2x \sin x - \int 2\sin x \, dx$
$= -x^2 \cos x + 2x \sin x + 2\cos x$.

(10) $\displaystyle\int x^2 \log x \, dx = \int \frac{1}{3}(x^3)' \log x \, dx = \frac{1}{3}\left(x^3 \log x - \int x^3 \cdot \frac{1}{x} \, dx\right)$
$= \dfrac{1}{3}\left(x^3 \log x - \dfrac{1}{3}x^3\right) = \dfrac{1}{9}x^3(3\log x - 1)$.

(11) $t = \log x$ とおくと, $dt = \dfrac{1}{x}dx$ だから, $\displaystyle\int \frac{(\log x)^2}{x} \, dx = \int t^2 \, dt = \dfrac{t^3}{3} = \dfrac{(\log x)^3}{3}$.

(12) $\displaystyle\int \frac{\log x}{x^2} \, dx = \int \log x \left(-\frac{1}{x}\right)' \, dx = -\frac{1}{x}\log x + \int \frac{1}{x^2} \, dx = -\frac{1}{x}\log x - \frac{1}{x} = -\frac{1}{x}(1+\log x)$.

(13) $\displaystyle\int \frac{(\log x)^2}{x^3} \, dx = \int (\log x)^2 \left(-\frac{1}{2x^2}\right)' \, dx = -\frac{(\log x)^2}{2x^2} + \int \frac{\log x}{x^3} \, dx$
$= -\dfrac{(\log x)^2}{2x^2} + \displaystyle\int \log x \left(-\frac{1}{2x^2}\right)' \, dx = -\dfrac{(\log x)^2}{2x^2} - \dfrac{\log x}{2x^2} + \int \frac{1}{2x^3} \, dx$

$$= -\frac{(\log x)^2}{2x^2} - \frac{\log x}{2x^2} - \frac{1}{4x^2}.$$

(14) $t = \sin^{-1} x$ とおくと, $x = \sin t, dx = \cos t\, dt$ だから,

$$\int x \sin^{-1} x\, dx = \int (\sin t) t \cdot \cos t\, dt = \int t \frac{\sin 2t}{2} dt = \int t \left(-\frac{\cos 2t}{4}\right)' dt =$$
$$-t\frac{\cos 2t}{4} + \int \frac{\cos 2t}{4} dt = -t(\frac{1}{4} - \frac{1}{2}\sin^2 t) + \frac{1}{8}\sin 2t = -\frac{1}{4}\sin^{-1} x + \frac{1}{2}x^2 \sin^{-1} x + \frac{1}{4}x\sqrt{1-x^2}.$$

(注: ここで, $-\frac{\pi}{2} \leq t = \sin^{-1} x \leq \frac{\pi}{2}$ より, $\cos t = \sqrt{1-\sin^2 t} = \sqrt{1-x^2}$ であることを使った.)

(15) $t = \sin^{-1} x$ とおくと, $x = \sin t, dx = \cos t\, dt$ だから,

$$\int x(\sin^{-1} x)^2\, dx = \int (\sin t) t^2 \cdot \cos t\, dt = \int t^2 \frac{\sin 2t}{2} dt$$
$$= \int t^2 \left(-\frac{\cos 2t}{4}\right)' dt = -t^2 \frac{\cos 2t}{4} + \int t\frac{\cos 2t}{2} dt$$
$$= -t^2 \frac{\cos 2t}{4} + \int t \left(\frac{\sin 2t}{4}\right)' dx = -t^2 \frac{\cos 2t}{4} + \frac{t \sin 2t}{4} - \int \frac{\sin 2t}{4} dx$$
$$= -t^2 \frac{\cos 2t}{4} + \frac{t \sin 2t}{4} + \frac{\cos 2t}{8}$$
$$= \frac{1}{8}(-2t^2 + 1)(1 - 2\sin^2 t) + \frac{1}{2} t \sin t \cos t$$
$$= \frac{1}{4}(2t^2 - 1)\sin^2 t + \frac{1}{8}(1 - 2t^2) + \frac{1}{2} t \sin t \cos t$$
$$= \frac{1}{4}(2(\sin^{-1} x)^2 - 1)x^2 + \frac{1}{8}(1 - 2(\sin^{-1} x)^2) + \frac{1}{2} x\sqrt{1-x^2} \sin^{-1} x$$
$$= \frac{1}{4}(2x^2 - 1)(\sin^{-1} x)^2 + \frac{1}{2} x\sqrt{1-x^2} \sin^{-1} x - \frac{1}{4} x^2 + \frac{1}{8}.$$

∎

2. 次の関数を積分せよ.

(1) $\dfrac{x}{(2x+1)(3x^2+1)}$ (2) $\dfrac{x^4}{x^2-1}$ (3) $\dfrac{1}{x^4-1}$

(4) $\dfrac{1}{x^4+1}$ (5) $\dfrac{x}{x^4+1}$ (6) $\dfrac{x^2}{x^4-1}$

(7) $\dfrac{1}{x^6-1}$ (8) $\dfrac{1}{(x^2+1)^3}$ (9) $\dfrac{x^2}{(x^2+1)^3}$

解

(1) $\dfrac{x}{(2x+1)(3x^2+1)} = \dfrac{A}{2x+1} + \dfrac{Bx+C}{3x^2+1}$ とおく．右辺を通分して分子を比較すると，$A+C=0$, $B+2C=1$, $3A+2B=0$. これを解くと，$A=-\dfrac{2}{7}$, $B=\dfrac{3}{7}$, $C=\dfrac{2}{7}$. よって，

$$\int \dfrac{A}{2x+1}\, dx = -\dfrac{2}{7}\int \dfrac{1}{2x+1}\, dx = -\dfrac{1}{7}\log|2x+1|.$$

$$\int \dfrac{Bx+C}{3x^2+1}\, dx = \dfrac{1}{7}\int \dfrac{3x+2}{3x^2+1}\, dx$$

$$= \dfrac{1}{7}\int \left(\dfrac{1}{2}\cdot\dfrac{6x}{3x^2+1} + \dfrac{2}{3}\cdot\dfrac{1}{x^2+\left(\frac{1}{\sqrt{3}}\right)^2}\right) dx$$

$$= \dfrac{1}{7}\left(\dfrac{1}{2}\int \dfrac{6x}{3x^2+1}\, dx + \dfrac{2}{3}\int \dfrac{1}{x^2+\left(\frac{1}{\sqrt{3}}\right)^2}\, dx\right)$$

$$= \dfrac{1}{14}\log|3x^2+1| + \dfrac{2\sqrt{3}}{21}\tan^{-1}(\sqrt{3}x).$$

よって，$\int \dfrac{x}{(2x+1)(3x^2+1)}\, dx = -\dfrac{1}{7}\log|2x+1| + \dfrac{1}{14}\log|3x^2+1| + \dfrac{2\sqrt{3}}{21}\tan^{-1}(\sqrt{3}x).$

(2) $\displaystyle\int \dfrac{x^4}{x^2-1}\, dx = \int x^2+1 + \dfrac{1}{2}\left(\dfrac{1}{x-1}-\dfrac{1}{x+1}\right) dx$

$= \dfrac{x^3}{3} + x + \dfrac{1}{2}\left(\log|x-1|-\log|x+1|\right).$

(3) $\displaystyle\int \dfrac{1}{x^4-1}\, dx = \int \dfrac{1}{4}\left(\dfrac{1}{x-1}-\dfrac{1}{x+1}-\dfrac{2}{x^2+1}\right) dx$

$= \dfrac{1}{4}\left(\log|x-1|-\log|x+1|-2\tan^{-1}x\right).$

(4) $x^4 + 1 = (x^2 + 1)^2 - 2x^2 = (x^2 - \sqrt{2}x + 1)(x^2 + \sqrt{2}x + 1)$ だから, $\dfrac{1}{x^4+1} = \dfrac{Ax+B}{x^2-\sqrt{2}x+1} + \dfrac{Cx+D}{x^2+\sqrt{2}x+1}$ とおいて, 係数を比較すると, $B+D=1$, $A+\sqrt{2}B+C-\sqrt{2}D=0$, $\sqrt{2}A+B-\sqrt{2}C+D=0$, $A+C=0$. これを解くと, $A=-\dfrac{1}{2\sqrt{2}}$, $B=\dfrac{1}{2}$, $C=\dfrac{1}{2\sqrt{2}}$, $D=\dfrac{1}{2}$ となる. よって, $\dfrac{1}{x^4+1} = \dfrac{1}{4}\dfrac{1}{(x-\frac{1}{\sqrt{2}})^2+(\frac{1}{\sqrt{2}})^2} - \dfrac{1}{4\sqrt{2}}\dfrac{2x-\sqrt{2}}{x^2-\sqrt{2}x+1} + \dfrac{1}{4}\dfrac{1}{(x+\frac{1}{\sqrt{2}})^2+(\frac{1}{\sqrt{2}})^2} + \dfrac{1}{4\sqrt{2}}\dfrac{2x+\sqrt{2}}{x^2+\sqrt{2}x+1}$. 故に, $\displaystyle\int \dfrac{1}{x^4+1}dx = \dfrac{\sqrt{2}}{4}\tan^{-1}(\sqrt{2}x-1) - \dfrac{1}{4\sqrt{2}}\log|x^2-\sqrt{2}x+1| + \dfrac{\sqrt{2}}{4}\tan^{-1}(\sqrt{2}x+1) + \dfrac{1}{4\sqrt{2}}\log|x^2+\sqrt{2}x+1|$.

(5) [(4) と同様に部分分数分解を用いて解くこともできるが, ここでは別な方法を示す.] $t=x^2$ とおくと, $dt=2xdx$ だから, $\displaystyle\int\dfrac{x}{x^4+1}dx = \int\dfrac{1}{2(t^2+1)}dt = \dfrac{1}{2}\tan^{-1}t = \dfrac{1}{2}\tan^{-1}(x^2)$.

(6) $\displaystyle\int\dfrac{x^2}{x^4-1}dx = \int\dfrac{1}{4}\left(\dfrac{1}{x-1} - \dfrac{1}{x+1} + \dfrac{2}{x^2+1}\right)dx$
$= \dfrac{1}{4}\left(\log|x-1| - \log|x+1| + 2\tan^{-1}x\right)$.

(7) $\displaystyle\int\dfrac{1}{x^6-1}dx = \dfrac{1}{6}\int\left(\dfrac{1}{x-1} - \dfrac{1}{x+1} + \dfrac{x-2}{x^2-x+1} - \dfrac{x+2}{x^2+x+1}\right)dx$
$= \dfrac{1}{6}\log|x-1| - \dfrac{1}{6}\log|x+1| - \dfrac{\sqrt{3}}{6}\tan^{-1}\left(\dfrac{2x-1}{\sqrt{3}}\right) + \dfrac{1}{12}\log|x^2-x+1| - \dfrac{\sqrt{3}}{6}\tan^{-1}\left(\dfrac{2x+1}{\sqrt{3}}\right) - \dfrac{1}{12}\log|x^2+x+1|$.

(8) $\displaystyle\int\dfrac{dx}{(x^2+1)^n}$ の漸化式の求め方と同様な方法で計算すればよい. つまり, $\displaystyle\int\dfrac{dx}{(x^2+1)^3} = \int\left(\dfrac{1}{(x^2+1)^2} + \dfrac{1}{4}\dfrac{-4x}{(x^2+1)^3}\cdot x\right)dx = \int\dfrac{dx}{(x^2+1)^2} + $

$$\frac{1}{4}\left(\frac{x}{(x^2+1)^2} - \int \frac{dx}{(x^2+1)^2}\right) = \frac{3}{4}\int \frac{dx}{(x^2+1)^2} + \frac{1}{4}\frac{x}{(x^2+1)^2} =$$
$$\frac{3}{4}\left(\frac{x}{2(x^2+1)} + \frac{1}{2}\tan^{-1} x\right) + \frac{1}{4}\frac{x}{(x^2+1)^2}.$$

(9) $\displaystyle\int \frac{x^2}{(x^2+1)^3}\,dx = \int \left(\frac{1}{(x^2+1)^2} - \frac{1}{(x^2+1)^3}\right)dx$
$= \left(\dfrac{x}{2(x^2+1)} + \dfrac{1}{2}\tan^{-1} x\right) - \left\{\dfrac{3}{4}\left(\dfrac{x}{2(x^2+1)} + \dfrac{1}{2}\tan^{-1} x\right) + \right.$
$\left. \dfrac{1}{4}\dfrac{x}{(x^2+1)^2}\right\} = \dfrac{1}{8}\dfrac{x}{x^2+1} - \dfrac{1}{4}\dfrac{x}{(x^2+1)^2} + \dfrac{1}{8}\tan^{-1} x.$ ■

3. 次の関数を積分せよ．

(1) $\dfrac{1}{\sin x}$ 　　(2) $\dfrac{\cos^2 x}{\sin x}$

(3) $\dfrac{1}{a + b\tan x}$ $(a \neq 0,\, b \neq 0)$ 　　(4) $\dfrac{1}{1 + \sin x}$

(5) $\dfrac{1}{a + \sin x}$ $(|a| > 1)$ 　　(6) $\dfrac{1}{a + \sin^2 x}$ $(a > 0)$

(7) $\tan^2 x$ 　　(8) $\dfrac{2 + \tan^2 x}{\sin^2 x}$

(9) $\dfrac{1}{a + \tan^2 x}$ $(a > 0,\, a \neq 1)$ 　　(10) $\dfrac{1}{x}\sqrt{\dfrac{x+1}{x-1}}$

(11) $\dfrac{1}{x}\left(\sqrt{\dfrac{2-x}{2+x}} + 1\right)$ 　　(12) $\dfrac{\sqrt{x-4}}{x^2}$

(13) $\sqrt{4x^2 + 4x + 5}$ 　　(14) $\sqrt{-x^2 - 2x + 3}$

(15) $\dfrac{1}{\sqrt{(x-a)(b-x)}}$ $(a < b)$ 　　(16) $\dfrac{\sqrt{4-x^2}}{x^2}$

解

(1) $t = \tan\dfrac{x}{2}$ とおくと，$\sin x = \dfrac{2t}{1+t^2}$, $\dfrac{dx}{dt} = \dfrac{2}{1+t^2}$ だから，
$\displaystyle\int \dfrac{1}{\sin x}\,dx = \int \dfrac{1+t^2}{2t} \cdot \dfrac{2}{1+t^2}\,dt = \int \dfrac{dt}{t} = \log|t| = \log\left|\tan\dfrac{x}{2}\right|.$

［別解］ $\dfrac{1}{\sin x} = \dfrac{\sin x}{\sin^2 x} = \dfrac{\sin x}{1 - \cos^2 x}$ だから，$t = \cos x$ とおいて置換積

分すると，$\displaystyle\int \frac{1}{\sin x}\,dx = -\int \frac{dt}{1-t^2} = \frac{-1}{2}\left(\log|1+t| - \log|1-t|\right)$
$= \dfrac{-1}{2}\left(\log|1+\cos x| - \log|1-\cos x|\right).$

(2) $t = \tan\dfrac{x}{2}$ とおくと，$\cos x = \dfrac{1-t^2}{1+t^2}$, $\sin x = \dfrac{2t}{1+t^2}$, $\dfrac{dx}{dt} = \dfrac{2}{1+t^2}$ だから，$\displaystyle\int \frac{\cos^2 x}{\sin x}\,dx = \int \frac{(1-t^2)^2}{(1+t^2)^2}\cdot\frac{1+t^2}{2t}\cdot\frac{2}{1+t^2}\,dt = \int \frac{(1-t^2)^2}{t(1+t^2)^2}\,dt =$
$\displaystyle\int\left(\frac{1}{t} - \frac{4t}{(1+t^2)^2}\right)dt = \log|t| + \frac{2}{1+t^2} = \log\left|\tan\frac{x}{2}\right| + 2\cos^2\frac{x}{2}.$

(3) $t = \tan\dfrac{x}{2}$ とおくと，$\tan x = \dfrac{\sin x}{\cos x} = \dfrac{2t}{1-t^2}$, $\dfrac{dx}{dt} = \dfrac{2}{1+t^2}$ だから，
$\displaystyle\int \frac{1}{a+b\tan x}\,dx = \int \frac{t^2-1}{at^2-2bt-a}\cdot\frac{2}{1+t^2}\,dt =$
$\displaystyle\int \frac{1}{a^2+b^2}\left(\frac{2(a-bt)}{t^2+1} + \frac{2b(at-b)}{at^2-2bt-a}\right)dt =$
$\dfrac{1}{a^2+b^2}\left(2a\tan^{-1} t - b\log|t^2+1| + b\log|at^2-2bt-a|\right) =$
$\dfrac{1}{a^2+b^2}\left(2a\tan^{-1}\left(\tan\dfrac{x}{2}\right) + b\log|a\cos x + b\sin x|\right).$

(4) $t = \tan\dfrac{x}{2}$ とおくと，$\sin x = \dfrac{2t}{1+t^2}$, $\dfrac{dx}{dt} = \dfrac{2}{1+t^2}$ だから，
$\displaystyle\int \frac{1}{1+\sin x}\,dx = \int \frac{t^2+1}{(1+t)^2}\cdot\frac{2}{1+t^2}\,dt = \int \frac{2}{(1+t)^2}\,dt = \frac{-2}{1+t}$
$= \dfrac{-2}{1+\tan\frac{x}{2}}.$

(5) $t = \tan\dfrac{x}{2}$ とおくと，$\sin x = \dfrac{2t}{1+t^2}$, $\dfrac{dx}{dt} = \dfrac{2}{1+t^2}$ だから，
$\displaystyle\int \frac{1}{a+\sin x}\,dx = \int \frac{t^2+1}{at^2+2t+a}\cdot\frac{2}{1+t^2}\,dt = \int \frac{2}{at^2+2t+a}\,dt$
$= \dfrac{2}{\sqrt{a^2-1}}\tan^{-1}\left(\dfrac{at+1}{\sqrt{a^2-1}}\right) = \dfrac{2}{\sqrt{a^2-1}}\tan^{-1}\left(\dfrac{a\tan\frac{x}{2}+1}{\sqrt{a^2-1}}\right).$

(6) $t = \tan x$ とおくと，$\sin^2 x = \dfrac{t^2}{1+t^2}$, $dx = \dfrac{1}{t^2+1}\,dt$ だから，

演習問題 4

$$\int \frac{1}{a+\sin^2 x}\,dx = \int \frac{1}{a+\frac{t^2}{1+t^2}}\cdot\frac{1}{t^2+1}\,dt = \int \frac{1}{(a+1)t^2+a}\,dt$$
$$= \frac{1}{\sqrt{a(a+1)}}\tan^{-1}\left(\frac{\sqrt{a+1}\,t}{\sqrt{a}}\right) = \frac{1}{\sqrt{a(a+1)}}\tan^{-1}\left(\frac{\sqrt{a+1}\tan x}{\sqrt{a}}\right).$$

(7) $t=\tan x$ とおくと, $\tan x = t$, $dx = \dfrac{1}{t^2+1}dt$ だから, $\displaystyle\int \tan^2 x\,dx = \int t^2\cdot\dfrac{1}{t^2+1}\,dt = \int\left(1-\dfrac{1}{t^2+1}\right)dt = t-\tan^{-1}t = \tan x - x.$

(8) $t=\tan x$ とおくと, $\tan x=t$, $\sin^2 x = \dfrac{t^2}{1+t^2}$, $dx = \dfrac{1}{t^2+1}dt$ だから, $\displaystyle\int\dfrac{2+\tan^2 x}{\sin^2 x}\,dx = \int\dfrac{(t^2+1)(2+t^2)}{t^2}\cdot\dfrac{1}{t^2+1}\,dt = \int\dfrac{2+t^2}{t^2}\,dt = \dfrac{-2}{t}+t = \dfrac{-2}{\tan x}+\tan x.$

(9) $t=\tan x$ とおくと, $\tan x=t$, $dx=\dfrac{1}{t^2+1}dt$ だから,
$$\int \frac{1}{a+\tan^2 x}\,dx = \int \frac{1}{a+t^2}\cdot\frac{1}{t^2+1}\,dt$$
$$= \int \frac{1}{a-1}\left(\frac{1}{t^2+1}-\frac{1}{t^2+a}\right)dt = \frac{1}{a-1}\left(\tan^{-1}t - \frac{1}{\sqrt{a}}\tan^{-1}\frac{t}{\sqrt{a}}\right)$$
$$= \frac{1}{a-1}\left(\tan^{-1}(\tan x) - \frac{1}{\sqrt{a}}\tan^{-1}\left(\frac{\tan x}{\sqrt{a}}\right)\right).$$

(10) $t = \sqrt{\dfrac{x+1}{x-1}}$ とおくと, $x = \dfrac{t^2+1}{t^2-1}$, $dx = \dfrac{-4t}{(t^2-1)^2}dt$ だから,
$$\int \frac{1}{x}\sqrt{\frac{x+1}{x-1}}\,dx = \int \frac{t(t^2-1)}{t^2+1}\cdot\frac{-4t}{(t^2-1)^2}\,dt = \int \frac{-4t^2}{(t^2-1)(t^2+1)}\,dt$$
$$= \int\left(\frac{-1}{t-1}+\frac{1}{t+1}-\frac{2}{t^2+1}\right)dt = -\log|t-1|+\log|t+1|-2\tan^{-1}t$$
$$= -\log\left|\sqrt{\frac{x+1}{x-1}}-1\right|+\log\left|\sqrt{\frac{x+1}{x-1}}+1\right|-2\tan^{-1}\sqrt{\frac{x+1}{x-1}}.$$

(11) $t=\sqrt{\dfrac{2-x}{2+x}}$ とおくと, $x=\dfrac{2(1-t^2)}{1+t^2}$, $dx=\dfrac{-8t}{(t^2+1)^2}dt$ だから,
$$\int \frac{1}{x}\left(\sqrt{\frac{2-x}{2+x}}+1\right)dx = \int \frac{1+t^2}{2(1-t)}\cdot\frac{-8t}{(t^2+1)^2}\,dt = \int \frac{4t}{(t-1)(t^2+1)}\,dt$$

$$= \int \left(\frac{2}{t-1} - \frac{2(t-1)}{t^2+1} \right) dt = 2\log|t-1| - \log|t^2+1| + 2\tan^{-1} t$$
$$= 2\log\left|\sqrt{\frac{2-x}{2+x}} - 1\right| - \log\left|\frac{4}{x+2}\right| + 2\tan^{-1}\sqrt{\frac{2-x}{2+x}}.$$

(12) $t = \sqrt{x-4}$ とおくと, $x = t^2+4$, $dx = 2t dt$ だから, $\displaystyle\int \frac{\sqrt{x-4}}{x^2} dx =$
$\displaystyle\int \frac{t}{(t^2+4)^2} \cdot 2t\, dt = \int \frac{2t^2}{(t^2+4)^2} dt = \int \frac{2}{t^2+4} - \frac{8}{(t^2+4)^2} dt =$
$\displaystyle\frac{1}{2}\tan^{-1}\frac{t}{2} - \frac{t}{t^2+4} = \frac{1}{2}\tan^{-1}\left(\frac{\sqrt{x-4}}{2}\right) - \frac{\sqrt{x-4}}{x}.$

(13) $t = 2x + \sqrt{4x^2+4x+5}$ とおくと, $x = \dfrac{t^2-5}{4(t+1)}$,
$\sqrt{4x^2+4x+5} = t - 2x = \dfrac{t^2+2t+5}{2(t+1)}$, $dx = \dfrac{t^2+2t+5}{4(t+1)^2} dt$ だから,
$\displaystyle\int \sqrt{4x^2+4x+5}\, dx = \int \frac{t^2+2t+5}{2(t+1)} \cdot \frac{t^2+2t+5}{4(t+1)^2} dt = \int \frac{(t^2+2t+5)^2}{8(t+1)^3} dt$
$\displaystyle= \int \left(\frac{t}{8} + \frac{1}{8} + \frac{1}{t+1} + \frac{2}{(t+1)^3} \right) dt = \frac{t^2}{16} + \frac{t}{8} + \log|t+1| - \frac{1}{(t+1)^2} =$
$\displaystyle\frac{1}{16} + \frac{1}{4}(2x+1)\sqrt{4x^2+4x+5} + \log\left|1 + 2x + \sqrt{4x^2+4x+5}\right|.$

(14) $-x^2-2x+3 = -(x+3)(x-1)$ だから, $t = \sqrt{\dfrac{x+3}{1-x}}$ とおくと, $x = \dfrac{t^2-3}{t^2+1}$, $\sqrt{-x^2-2x+3} = (1-x)\sqrt{\dfrac{x+3}{1-x}} = \dfrac{4t}{t^2+1}$, $dx = \dfrac{8t}{(t^2+1)^2} dt$. よって, $\displaystyle\int \sqrt{-x^2-2x+3}\, dx = \int \frac{4t}{t^2+1} \cdot \frac{8t}{(t^2+1)^2} dt =$
$\displaystyle\int \frac{32t^2}{(t^2+1)^3} dt = \int 32\left(\frac{1}{(t^2+1)^2} - \frac{1}{(t^2+1)^3} \right) dt = \frac{-8t}{(t^2+1)^2} + \frac{4t}{t^2+1} +$
$4\tan^{-1} t = \dfrac{(x+1)\sqrt{-x^2-2x+3}}{2} + 4\tan^{-1}\sqrt{\dfrac{x+3}{1-x}}.$

(15) $t = \sqrt{\dfrac{x-a}{b-x}}$ とおくと, $x = \dfrac{bt^2+a}{t^2+1}$, $\sqrt{(x-a)(b-x)} = \dfrac{(b-a)t}{t^2+1}$,

$dx = \dfrac{2(b-a)t}{(t^2+1)^2}dt.$ よって, $\displaystyle\int \dfrac{1}{\sqrt{(x-a)(b-x)}}dx = \int \dfrac{t^2+1}{(b-a)t}\cdot\dfrac{2(b-a)t}{(t^2+1)^2}dt$
$= \displaystyle\int \dfrac{2}{t^2+1}dt = 2\tan^{-1}t = 2\tan^{-1}\sqrt{\dfrac{x-a}{b-x}}.$

(16) $t = \sqrt{\dfrac{x+2}{2-x}}$ とおくと, $x = \dfrac{2(t^2-1)}{t^2+1},\ \sqrt{4-x^2} = \dfrac{4t}{t^2+1},\ dx = \dfrac{8t}{(t^2+1)^2}dt.$ よって, $\displaystyle\int \dfrac{\sqrt{4-x^2}}{x^2}dx = \int \dfrac{4t}{t^2+1}\left(\dfrac{t^2+1}{2(t^2-1)}\right)^2\cdot\dfrac{8t}{(t^2+1)^2}dt = \int\dfrac{8t^2}{(t^2-1)^2(t^2+1)}dt = \int\left(\dfrac{1}{(t-1)^2}+\dfrac{1}{(t+1)^2}-\dfrac{2}{t^2+1}\right)dt = -\dfrac{1}{t-1}-\dfrac{1}{t+1}-2\tan^{-1}t = -\dfrac{\sqrt{4-x^2}}{x}-2\tan^{-1}\sqrt{\dfrac{x+2}{2-x}}.$ ∎

4. 次の I_n $(n=1,2,3,\cdots)$ が満たす漸化式をそれぞれ求めよ.

(1) $I_n = \displaystyle\int \cos^n x\, dx$ (2) $I_n = \displaystyle\int \tan^n x\, dx$

解

(1) $I_n = \displaystyle\int \cos^{n-2}x\,(1-\sin^2 x)\,dx = \int \cos^{n-2}x\,dx - \int \cos^{n-2}x\,\sin^2 x\,dx = I_{n-2} - \int(\cos^{n-2}x\,\sin x)\sin x\,dx = I_{n-2} - \int\left(-\dfrac{1}{n-1}\cos^{n-1}x\right)'\sin x\,dx = I_{n-2} - \left\{-\dfrac{1}{n-1}\cos^{n-1}x\,\sin x + \int\dfrac{1}{n-1}\cos^{n-1}x\,\cos x\,dx\right\} = I_{n-2} + \dfrac{1}{n-1}\cos^{n-1}x\,\sin x - \dfrac{1}{n-1}I_n.$
この式を整理すれば, $I_n = \dfrac{n-1}{n}I_{n-2} + \dfrac{1}{n}\cos^{n-1}x\,\sin x.$

(2) $\tan^2 x = \dfrac{1}{\cos^2 x}-1$ だから, $I_n = \displaystyle\int \tan^{n-2}x\left(\dfrac{1}{\cos^2 x}-1\right)dx = \int \tan^{n-2}x\,\dfrac{1}{\cos^2 x}dx - \int \tan^{n-2}x\,dx = \int \tan^{n-2}x\,(\tan x)'\,dx - I_{n-2} = \dfrac{1}{n-1}\tan^{n-1}x - I_{n-2}.$ ∎

第5章 定積分

5.1 定積分の定義

定積分の定義は，教科書を参照されたい．

注 5.1. 定積分 $\displaystyle\int_a^b f(x)\,dx$ において，変数として x を使わなくてはならない必然性はない．x は，単に積分変数を表すために便宜的に付けた名前である．よって，積分に使用する f の変数名と d の後の変数名とが同じであれば，どのような変数名を用いてもよい．

定理 5.2. 関数 $f(x)$ が閉区間 $[a,b]$ で連続であれば，$f(x)$ は $[a,b]$ で積分可能である．

定理 5.3. $f(x)$, $g(x)$ が積分可能であるとする．

1. $\displaystyle\int_a^b \{f(x) \pm g(x)\}\,dx = \int_a^b f(x)\,dx \pm \int_a^b g(x)\,dx$ 　（複号同順）

2. $\displaystyle\int_a^b c\,f(x)\,dx = c\int_a^b f(x)\,dx$ 　（c は定数）

3. $\displaystyle\int_a^b f(x)\,dx = \int_a^c f(x)\,dx + \int_c^b f(x)\,dx$

4. $a \leq b$ かつ常に $f(x) \leq g(x)$ ならば，$\displaystyle\int_a^b f(x)\,dx \leq \int_a^b g(x)\,dx$．さらに，$f(x)$, $g(x)$ がともに連続で $a < b$ のとき，等号が成立するのは，常に $f(x) = g(x)$ が成立するときに限る．

5. $a \leq b$ ならば，$\left|\displaystyle\int_a^b f(x)\,dx\right| \leq \int_a^b |f(x)|\,dx$

5.1. 定積分の定義

定理 5.4 (積分の平均値の定理). $f(x)$ が区間 $[a,b]$ で連続ならば,
$$\int_a^b f(x)\,dx = f(c)(b-a) \qquad (a < c < b)$$
を満たす c が存在する.

問 5.1.1. 閉区間 $[0,1]$ を, $x_k = \dfrac{k}{n}$ $(k=0,1,2,\cdots,n)$ によって分割し, $\xi_k = x_k$ とおくことにより, 次の関数の $[0,1]$ での定積分を定義に従って求めよ.

1. $f(x) = x$
2. $f(x) = x^2$
3. $f(x) = \exp x$

解
いずれの場合も, $I_k = \left[\dfrac{k-1}{n}, \dfrac{k}{n}\right]$, $\mu(I_k) = \dfrac{1}{n}$ である.

1. $\displaystyle\int_0^1 x\,dx = \lim_{n\to\infty} \sum_{k=1}^n \frac{k}{n}\frac{1}{n} = \lim_{n\to\infty} \frac{1}{n^2}\sum_{k=1}^n k = \lim_{n\to\infty} \frac{1}{n^2}\frac{(n+1)n}{2} = \frac{1}{2}.$

2. $\displaystyle\int_0^1 x^2\,dx = \lim_{n\to\infty} \sum_{k=1}^n \frac{k^2}{n^2}\frac{1}{n} = \lim_{n\to\infty} \frac{1}{n^3}\sum_{k=1}^n k^2 = \lim_{n\to\infty} \frac{1}{n^3}\frac{(2n+1)(n+1)n}{6}$
 $= \dfrac{1}{3}.$

3. $\displaystyle\int_0^1 \exp x\,dx = \lim_{n\to\infty} \frac{1}{n}\sum_{k=1}^n \exp\frac{k}{n} = \lim_{n\to\infty} \frac{1}{n}\sum_{k=1}^n \left(\exp\frac{1}{n}\right)^k$
 $= \displaystyle\lim_{n\to\infty} \frac{1}{n}\left(\exp\frac{1}{n}\right)\frac{(\exp\frac{1}{n})^n - 1}{\exp\frac{1}{n} - 1} = \lim_{n\to\infty}\left(\exp\frac{1}{n}\right)\frac{e-1}{\frac{\exp\frac{1}{n}-1}{\frac{1}{n}}}$
 $= \displaystyle\lim_{n\to\infty}\left(\exp\frac{1}{n}\right)\cdot\frac{e-1}{\lim_{n\to\infty}\frac{\exp\frac{1}{n}-1}{\frac{1}{n}}} = 1\cdot\frac{e-1}{1} = e-1.$ ■

5.2 微分積分の基本定理：不定積分との関係

定理 5.5 (微分積分の基本定理：微分形). $f(x)$ が $[a,b]$ で連続のとき，
$$S(x) = \int_a^x f(t)\,dt$$
とおくと，$S(x)$ は微分可能であり，
$$S'(x) = f(x) \quad (x \in [a,b])$$
が成立する．すなわち，$S(x)$ は $f(x)$ の原始関数である．

定理 5.6 (微分積分の基本定理：積分形). $f(x)$ を $[a,b]$ で連続な関数とし，$F(x)$ を $f(x)$ の不定積分のひとつとすると，
$$\int_a^b f(t)\,dt = [F(x)]_a^b = F(b) - F(a).$$

注 5.7. 普通，"微分積分の基本定理" といえば，定理 5.6 を指すが，内容的には同値な定理であるので，定理 5.5 と定理 5.6 の双方を "微分積分の基本定理" と呼んでおくことにする．

例 5.1.
1. $\int_1^2 \frac{1}{x}\,dx = [\log x]_1^2 = \log 2.$
2. $\int_0^{\frac{1}{\sqrt{2}}} \frac{1}{\sqrt{1-x^2}}\,dx = [\sin^{-1} x]_0^{\frac{1}{\sqrt{2}}} = \frac{\pi}{4}.$

例 5.2. $m, n = 1, 2, \cdots$ とするとき，

$\int_{-\pi}^{\pi} dx = 2\pi,$ $\quad \int_{-\pi}^{\pi} \cos nx\,dx = 0,$ $\quad \int_{-\pi}^{\pi} \sin nx\,dx = 0$

$\int_{-\pi}^{\pi} \cos mx \cos nx\,dx = \begin{cases} \pi & (m = n) \\ 0 & (m \neq n) \end{cases},\ \int_{-\pi}^{\pi} \sin mx \sin nx\,dx = \begin{cases} \pi & (m = n) \\ 0 & (m \neq n) \end{cases}$

$\int_{-\pi}^{\pi} \cos mx \sin nx\,dx = 0$

例 5.3. $g(x) = \int_{\frac{1}{x}}^{x^2} f(x)\,dx$ とするとき，$g'(x) = 2xf(x^2) + \frac{1}{x^2}f(\frac{1}{x}).$

5.2. 微分積分の基本定理：不定積分との関係

問 5.2.1. 次の定積分を求めよ．

(1) $\displaystyle\int_{-1}^{1} \frac{x-1}{x+2}\,dx$ (2) $\displaystyle\int_{0}^{\frac{\pi}{4}} \tan x\,dx$

(3) $\displaystyle\int_{0}^{\frac{1}{2}} \frac{1}{\sqrt{1-2x^2}}\,dx$ (4) $\displaystyle\int_{-1}^{1} \frac{x+1}{\sqrt{x^2+2x+2}}\,dx$

解

(1) $\displaystyle\int_{-1}^{1} \frac{x-1}{x+2}\,dx = [x - 3\log|x+2|]_{-1}^{1} = 2 - 3\log 3$.

(2) $\displaystyle\int_{0}^{\frac{\pi}{4}} \tan x\,dx = [-\log|\cos x|]_{0}^{\frac{\pi}{4}} = -\log\frac{1}{\sqrt{2}} = \frac{1}{2}\log 2$.

(3) $\displaystyle\int_{0}^{\frac{1}{2}} \frac{1}{\sqrt{1-2x^2}}\,dx = \left[\frac{1}{\sqrt{2}}\sin^{-1}\left(\sqrt{2}x\right)\right]_{0}^{\frac{1}{2}} = \frac{1}{\sqrt{2}}\sin^{-1}\frac{1}{\sqrt{2}} = \frac{\pi}{4\sqrt{2}}$.

(4) $\displaystyle\int_{-1}^{1} \frac{x+1}{\sqrt{x^2+2x+2}}\,dx = \left[\sqrt{x^2+2x+2}\right]_{-1}^{1} = \sqrt{5} - 1$. ∎

問 5.2.2. $g(x) = \displaystyle\int_{-x}^{e^x} f(x)\,dx$ とおくとき，$g'(x)$, $g''(x)$ を求めよ．

解 $F(x) = \displaystyle\int f(x)\,dx$ とおくと，$g(x) = F(e^x) - F(-x)$ であり，また，$F'(x) = f(x)$. よって，

$$g'(x) = e^x F'(e^x) - (-1)F'(-x) = e^x f(e^x) + f(-x).$$

さらに，

$$g''(x) = \{e^x f(e^x) + e^x e^x f'(e^x)\} - f'(-x) = e^x f(e^x) + e^{2x} f'(e^x) - f'(-x).$$

∎

問 5.2.3. $g(x) = \displaystyle\int_{x+1}^{e^x} f(\log x)\,dx$ とおくとき，$g'(x)$, $g''(x)$ を求めよ．

解 $F(x) = \displaystyle\int f(\log x)\,dx$ とおくと，$g(x) = F(e^x) - F(x+1)$ であり，ま

た，$F'(x) = f(\log x)$. よって，

$$g'(x) = e^x F'(e^x) - F'(x+1) = e^x f(\log e^x) - f(\log(x+1))$$
$$= e^x f(x) - f(\log(x+1)).$$

さらに，

$$g''(x) = \{e^x f(x) + e^x f'(x)\} - \frac{1}{x+1} f'(\log(x+1))$$
$$= e^x \{f(x) + f'(x)\} - \frac{1}{x+1} f'(\log(x+1)).$$

注：この問題は，最初に $F(x) = \int f(x)\,dx$ とおいてしまうと，解けなくなってしまう．$F(x) = \int f(x)\,dx$ とおいたとしても，$\int f(\log x)\,dx = F(\log x)$ とはならないからである．この問題を解くには，上の解答にあるように，$F(x) = \int f(\log x)\,dx$ とおくのがミソである．この問題でわかるように，何も考えずに機械的に "f の積分を F" としてしまう人は直ちにそれを改めること！　■

5.3　置換積分・部分積分

定理 5.8.

1. $x = \varphi(t)$, $a = \varphi(\alpha)$, $b = \varphi(\beta)$ のとき，
$$\int_a^b f(x)\,dx = \int_\alpha^\beta f(\varphi(t))\varphi'(t)\,dt \qquad \text{［置換積分］}$$

2. $\int_a^b f'(x)g(x)\,dx = [f(x)g(x)]_a^b - \int_a^b f(x)g'(x)\,dx \qquad \text{［部分積分］}$

例 5.4.

1. $\int_0^a \sqrt{a^2 - x^2}\,dx = \frac{\pi a^2}{4} \ (a > 0)$ 　　2. $\int_0^1 \frac{1}{\sqrt{x^2 + 1}}\,dx = \log(\sqrt{2} + 1)$

3. $\int_0^\pi x \cos x\,dx = -2$ 　　4. $\int_1^e x \log x\,dx = \frac{1}{4}(e^2 + 1)$

5.3. 置換積分・部分積分

問 5.3.1. 次の定積分を求めよ．

(1) $\displaystyle\int_0^\pi \sin^3 x\,dx$

(2) $\displaystyle\int_0^4 \frac{\sqrt{x}}{1+\sqrt{x}}\,dx$

(3) $\displaystyle\int_0^a x\sqrt{a^2-x^2}\,dx \quad (a>0)$

(4) $\displaystyle\int_0^{\frac{1}{\sqrt{2}}} \sin^{-1}x\,dx$

(5) $\displaystyle\int_1^e x\log x\,dx$

(6) $\displaystyle\int_0^{\frac{\pi}{2}} \frac{x}{1+\cos x}\,dx$

解

(1) $\sin^3 x = (1-\cos^2 x)\sin x$ だから，$t=-\cos x$ とおくと，$dt=\sin x dx$, $(x:0\leadsto \pi)\equiv(t:-1\leadsto 1)$ だから，
$$\int_0^\pi \sin^3 x\,dx = \int_{-1}^1 (1-t^2)\,dt = \left[t-\frac{t^3}{3}\right]_{-1}^1 = \frac{4}{3}.$$

(2) $t=\sqrt{x}$ とおくと，$x=t^2, dx=2tdt, (x:0\leadsto 4)\equiv(t:0\leadsto 2)$ だから，
$$\int_0^4 \frac{\sqrt{x}}{1+\sqrt{x}}\,dx = \int_0^2 \frac{t}{1+t}\cdot 2t\,dt = \int_0^2 2(t-1)+\frac{2}{t+1}\,dt$$
$$= \left[t^2-2t+2\log|t+1|\right]_0^2 = 2\log 3.$$

(3) $x=a\sin t$ とおくと，$dx=a\cos t dt, (x:0\leadsto a)\equiv(t:0\leadsto \frac{\pi}{2})$ である．ここで，$0\leq t\leq \frac{\pi}{2}$ だから，$\sqrt{a^2-x^2}=a\cos t$．よって，
$$\int_0^a x\sqrt{a^2-x^2}\,dx = \int_0^{\frac{\pi}{2}} (a\sin t\cdot a\cos t)a\cos t\,dt = \int_0^{\frac{\pi}{2}} a^3\cos^2 t\sin t\,dt$$
$$= -\int_0^{\frac{\pi}{2}} a^3\cos^2 t(\cos t)'\,dt = -\left[\frac{a^3}{3}\cos^3 x\right]_0^{\frac{\pi}{2}} = \frac{a^3}{3}.$$

(4) $t=\sin^{-1}x$ とおくと，$x=\sin t, dx=\cos t dt, (x:0\leadsto \frac{1}{\sqrt{2}})$
$\equiv(t:0\leadsto \frac{\pi}{4})$ だから，$\displaystyle\int_0^{\frac{1}{\sqrt{2}}} \sin^{-1}x\,dx = \int_0^{\frac{\pi}{4}} t\cdot \cos t\,dt = [t\sin t]_0^{\frac{\pi}{4}} - \int_0^{\frac{\pi}{4}} \sin t\,dt$
$$= \frac{\pi}{4\sqrt{2}} + [\cos t]_0^{\frac{\pi}{4}} = \frac{\pi}{4\sqrt{2}} + \frac{1}{\sqrt{2}} - 1.$$

(5) $\displaystyle\int_1^e x\log x\,dx = \left[\frac{x^2}{2}\log x\right]_1^e - \int_1^e \frac{x^2}{2}\cdot\frac{1}{x}\,dx = \frac{e^2}{2} - \left[\frac{x^2}{4}\right]_1^e = \frac{1}{4}(e^2+1).$

(6) 半角公式を使うと，$\displaystyle\int_0^{\frac{\pi}{2}} \frac{x}{1+\cos x}\,dx = \int_0^{\frac{\pi}{2}} \frac{x}{2\cos^2 \frac{x}{2}}\,dx =$

$$\int_0^{\frac{\pi}{2}} x(\tan\frac{x}{2})' dx = \left[x\tan\frac{x}{2}\right]_0^{\frac{\pi}{2}} - \int_0^{\frac{\pi}{2}} \tan\frac{x}{2} dx = \frac{\pi}{2} - \left[-2\log\left|\cos\frac{x}{2}\right|\right]_0^{\frac{\pi}{2}}$$
$$= \frac{\pi}{2} - \log 2.$$
∎

5.4 広義積分

$\boxed{\text{区間 } (a,b), \ (a,b], \ [a,b) \text{ で連続な関数 } f(x) \text{ の定積分}}$

$f(x)$ が区間 (a,b) で連続なとき，
$$\int_a^b f(x)\,dx = \lim_{\substack{\varepsilon\to+0 \\ \delta\to+0}} \int_{a+\varepsilon}^{b-\delta} f(x)\,dx$$
と定義する．その他の場合も同様．

$\boxed{\text{不連続な関数 } f(x) \text{ の定積分}}$

$f(x)$ が積分区間内の有限個の点で不連続なときは，積分区間を不連続な点で切って得られるすべての小区間において積分可能な場合に，$f(x)$ はその積分区間で積分可能であるといい，各小区間における定積分の和をその区間での定積分と定義する．

注 5.9. ここで，「不連続な点で切って得られるすべての小区間において積分可能」という条件が重要である．

$\boxed{\text{無限区間での定積分}}$

$$\int_{-\infty}^b f(x)\,dx = \lim_{a\to-\infty} \int_a^b f(x)\,dx.$$
$$\int_a^\infty f(x)\,dx = \lim_{b\to\infty} \int_a^b f(x)\,dx.$$
$$\int_{-\infty}^\infty f(x)\,dx = \lim_{\substack{a\to-\infty \\ b\to\infty}} \int_a^b f(x)\,dx.$$

5.4. 広義積分

例 5.5.

1. $\displaystyle\int_0^1 \frac{dx}{\sqrt{1-x}} = \lim_{\varepsilon \to +0} \int_0^{1-\varepsilon} \frac{dx}{\sqrt{1-x}} = \lim_{\varepsilon \to +0} \left[-2\sqrt{1-x}\right]_0^{1-\varepsilon}$
   $= \lim_{\varepsilon \to +0} (-2)\left(\sqrt{1-(1-\varepsilon)}-1\right) = 2.$

2. $\displaystyle\int_0^\infty \frac{dx}{1+x^2} = \lim_{b \to \infty} \int_0^b \frac{dx}{1+x^2} = \lim_{b \to \infty} [\tan^{-1} x]_0^b = \lim_{b \to \infty} \tan^{-1} b = \frac{\pi}{2}.$

注 5.10. このように，定義どおりに広義積分の計算を行うのは非常に面倒である．よって，実際の計算では，**定義どおりに** $\lim$ **の計算をしていることを意識**しつつ，$\lim$ を省いた簡便な表記を用いてもよいことにする．例えば，

1. $\displaystyle\int_0^1 \frac{dx}{\sqrt{1-x}} = \left[-2\sqrt{1-x}\right]_0^1 = (-2)(0-1) = 2.$

2. $\displaystyle\int_0^\infty \frac{dx}{1+x^2} = [\tan^{-1} x]_0^\infty = \frac{\pi}{2} - 0 = \frac{\pi}{2}.$

例 5.6. ［広義積分の部分積分・置換積分］

1. $\displaystyle\int_1^\infty \frac{\log x}{x^2}\, dx = 1.$

2. $a < b$ のとき，$\displaystyle\int_a^b \frac{dx}{\sqrt{(x-a)(b-x)}} = \pi.$

3. $\displaystyle\int_1^\infty x^a\, dx = \begin{cases} \infty & (a \geq -1) \\ \dfrac{-1}{a+1} & (a < -1) \end{cases}.$

問 5.4.1. 次の広義積分を求めよ．

(1) $\displaystyle\int_0^1 x^a\, dx$

(2) $\displaystyle\int_0^\infty x e^{-x^2}\, dx$

(3) $\displaystyle\int_1^\infty \frac{1}{x+x^3}\, dx$

(4) $\displaystyle\int_0^a \frac{1}{\sqrt{a^2-x^2}}\, dx\ (a>0)$

(5) $\displaystyle\int_1^\infty \frac{dx}{x\sqrt{x^2-1}}$

(6) $\displaystyle\int_a^b \sqrt{\frac{x-a}{b-x}}\, dx\ (a<b)$

解

(1) $a = -1$ のとき, $\int_0^1 x^{-1}\,dx = [\log x]_0^1 = \infty.$

$a \neq -1$ のとき, $\int_0^1 x^a\,dx = \left[\dfrac{x^{a+1}}{a+1}\right]_0^1 = \begin{cases} \dfrac{1}{a+1} & (a+1 > 0) \\ \infty & (a+1 < 0) \end{cases}.$

以上まとめると,

$$\int_0^1 x^a\,dx = \begin{cases} \dfrac{1}{a+1} & (a > -1) \\ \infty & (a \leq -1) \end{cases}.$$

(2) $\displaystyle\int_0^\infty xe^{-x^2}\,dx = \left[\dfrac{-1}{2}e^{-x^2}\right]_0^\infty = \dfrac{1}{2}.$

(3) $\displaystyle\int_1^\infty \dfrac{1}{x+x^3}\,dx = \int_1^\infty \left\{\dfrac{1}{x} - \dfrac{x}{1+x^2}\right\}dx = \left[\log|x| - \dfrac{1}{2}\log\left|1+x^2\right|\right]_1^\infty$

$= \left[\dfrac{1}{2}\log\dfrac{x^2}{1+x^2}\right]_1^\infty = \dfrac{1}{2}\log 2.$

(4) $x = a\sin t$ とおくと, $dx = a\cos t\,dt$, $(x : 0 \rightsquigarrow a) \equiv (t : 0 \rightsquigarrow \dfrac{\pi}{2})$ である. さらに, $0 \leq t \leq \dfrac{\pi}{2}$ だから, $\sqrt{a^2-x^2} = a\cos t$ である. 故に,

$\displaystyle\int_0^a \dfrac{1}{\sqrt{a^2-x^2}}\,dx = \int_0^{\frac{\pi}{2}} \dfrac{1}{a\cos t}\cdot a\cos t\,dt = \int_0^{\frac{\pi}{2}} dt = \dfrac{\pi}{2}.$

(5) $t = x + \sqrt{x^2-1}$ とおけば, $x = \dfrac{t^2+1}{2t}$, $dx = \dfrac{t^2-1}{2t^2}\,dt$ であり,

$(x : 1 \rightsquigarrow \infty) \equiv (t : 1 \rightsquigarrow \infty)$ だから, $\displaystyle\int_1^\infty \dfrac{dx}{x\sqrt{x^2-1}} = \int_1^\infty \dfrac{2}{t^2+1}\,dt$

$= \left[2\tan^{-1} t\right]_1^\infty = \pi - \dfrac{\pi}{2} = \dfrac{\pi}{2}.$

(6) $t = \sqrt{\dfrac{x-a}{b-x}}$ とおくと, $x = \dfrac{a+bt^2}{1+t^2}$, $dx = \dfrac{2(b-a)t}{(1+t^2)^2}$ であり, さらに $(x : a \rightsquigarrow b) \equiv (t : 0 \rightsquigarrow \infty)$ であるから,

$$\int_a^b \sqrt{\dfrac{x-a}{b-x}}\,dx = \int_0^\infty t\cdot\dfrac{2(b-a)t}{(1+t^2)^2}\,dt = 2(b-a)\int_0^\infty \dfrac{t^2}{(1+t^2)^2}\,dt.$$

ここで，$t = \tan\theta$ とおくと，$dt = (1+\tan^2\theta)d\theta$, $(t: 0 \rightsquigarrow \infty) \equiv (\theta: 0 \rightsquigarrow \frac{\pi}{2})$ であるから，上式は，

$$= 2(b-a)\int_0^{\frac{\pi}{2}} \frac{\tan^2\theta}{1+\tan^2\theta}\,d\theta = 2(b-a)\int_0^{\frac{\pi}{2}} \sin^2\theta\,d\theta$$

$$= 2(b-a)\left[\frac{\theta}{2} - \frac{\sin 2\theta}{4}\right]_0^{\frac{\pi}{2}} = \frac{(b-a)\pi}{2}$$

となる． ∎

5.5 定積分の応用

5.5.1 区分求積法

$$\lim_{n\to\infty} \frac{b-a}{n}\sum_{k=1}^n f\left(a + \frac{b-a}{n}k\right) = \int_a^b f(x)\,dx.$$

注 5.11. 上記のように a から b までの積分に変形しようとすると，計算の途中で混乱してしまうことが多い．うまく変数を置き換えて，

$$\lim_{n\to\infty} \frac{1}{n}\sum_{k=1}^n f\left(\frac{k}{n}\right) = \int_0^1 f(x)\,dx$$

の形に変形するほうが間違いが少なくなる．

例 5.7. ［区分求積法の例］

1. $\displaystyle\lim_{n\to\infty}\left\{\frac{1}{n+1} + \frac{1}{n+2} + \cdots + \frac{1}{2n}\right\} = \int_0^1 \frac{1}{1+x}\,dx = \log 2$

2. $\ell = 1, 2, \cdots$ とするとき，
$$\lim_{n\to\infty}\sum_{k=1}^n \frac{\pi}{n}\sin\frac{\ell k\pi}{n} = \pi\int_0^1 \sin\ell\pi x\,dx$$
$$= \begin{cases} \dfrac{2}{\ell} & (\ell \text{ が奇数のとき}) \\ 0 & (\ell \text{ が偶数のとき}) \end{cases}$$

5.5.2 面積・体積・長さ

平面図形の面積　平面上に領域 F が与えられたとき，その面積は次のように考えられる：平面上に適当に x 軸をとる．領域 F は，$a \le x \le b$ の範囲に含まれているとし，また，x 軸に垂直な直線による領域 F の切り口の長さが $\ell(x)$ で与えられているとする．このとき，領域 F の面積は，

$$\int_a^b \ell(x)\,dx.$$

注 **5.12**. x 軸に垂直な直線ではなく，x 軸と常に一定の角度 θ をなす直線による切り口を考えたとき，$\int_a^b \ell(x)\,dx$ と図形の面積 S の間の関係について考えてみよう．

垂直な直線で切る場合と同様にして，その図形が $x = a$ を通る直線と $x = b$ を通る直線の間に含まれているとする．このとき，区間 $[a, b]$ を $a = x_0 < x_1 < \cdots < x_{n-1} < x_n = b$ のように分割して，$x = x_{k-1}$ を通る直線と，$x = x_k$ を通る直線を考える．この2直線の間の距離が $(x_k - x_{k-1})\sin\theta$ であることに注意すると，この2直線で挟まれる図形の一部分の面積 S_k は，$x = \xi_k$ $(x_{k-1} \le \xi_k \le x_k)$

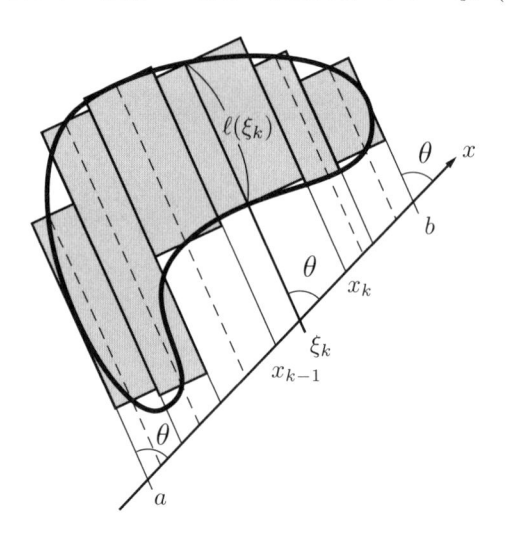

図 5.1: 垂直ではない直線による切り口（注 5.12）

5.5. 定積分の応用

を通る直線と図形との切り口の長さ $\ell(\xi_k)$ を用いて，$\ell(\xi_k) \cdot (x_k - x_{k-1}) \cdot \sin\theta$ で近似される．よって，これらを足し合わせると，

$$\sum_{k=1}^{n} S_k \fallingdotseq \sum_{k=1}^{n} \ell(\xi_k)(x_k - x_{k-1}) \cdot \sin\theta$$

という式が得られる．ここで分割を細かくしていけば，左辺は図形の面積 S に収束し，また，右辺は $\left(\int_a^b \ell(x)\,dx\right)\sin\theta$ に収束していく．よって，

$$S = \left(\int_a^b \ell(x)\,dx\right)\sin\theta$$

という関係があることがわかる．

例 5.8. サイクロイド $x = a(t - \sin t)$，$y = a(1 - \cos t)$ $(a > 0,\ 0 \leq t \leq 2\pi)$ と x 軸で囲まれる図形の面積は，

$$\int_0^{2a\pi} y\,dx = \int_0^{2\pi} y\frac{dx}{dt}\,dt = \int_0^{2\pi} a^2(1-\cos t)^2\,dt = 3a^2\pi.$$

空間図形の体積　　空間内に領域 Ω が与えられたとき，その体積は次のように考えられる：空間内に適当に x 軸をとる．領域 Ω は，$a \leq x \leq b$ の範囲に含まれているとし，また，x 軸に垂直な平面による領域 Ω の切り口の面積が $S(x)$ で与えられているとする．このとき，Ω の体積は，

$$\int_a^b S(x)\,dx.$$

特に，関数 $y = f(x)$ $(a \leq x \leq b)$ を x 軸のまわりに回転させてできる回転体の体積は，

$$\int_a^b \pi\{f(x)\}^2\,dx.$$

例 5.9. 半径 a の球は，$y = \sqrt{a^2 - x^2}$ $(-a \leq x \leq a)$ を x 軸のまわりに回転させてできる回転体だから，その体積は，

$$\int_{-a}^{a} \pi\left(\sqrt{a^2-x^2}\right)^2 dx = \int_{-a}^{a} \pi(a^2 - x^2)\,dx = \frac{4\pi a^3}{3}.$$

例 5.10. 空間内の 4 点 $(0,0,0), (1,0,0), (0,1,0), (0,0,1)$ を頂点とする三角錐の体積は, $\int_0^1 \dfrac{(1-t)^2}{2}\, dt = \dfrac{1}{6}$.

曲線の長さ　平面上に $x = x(t),\ y = y(t)\ (a \leq t \leq b)$ によって曲線 C が与えられているとき, その長さは,

$$\int_a^b \sqrt{\{x'(t)\}^2 + \{y'(t)\}^2}\, dt.$$

特に, 関数 $y = f(x)\ (a \leq x \leq b)$ のグラフの長さは,

$$\int_a^b \sqrt{1 + \{f'(x)\}^2}\, dx.$$

同様に, $x = x(t), y = y(t), z = z(t)\ (a \leq t \leq b)$ で与えられる空間内の曲線の長さは,

$$\int_a^b \sqrt{\{x'(t)\}^2 + \{y'(t)\}^2 + \{z'(t)\}^2}\, dt.$$

例 5.11.

1. サイクロイド $x = a(t - \sin t), y = a(1 - \cos t)\ (a > 0,\ 0 \leq t \leq 2\pi)$ の長さは, $8a$.

2. カテナリー $y = \cosh x = \dfrac{1}{2}\{\exp(x) + \exp(-x)\}\ (-1 \leq x \leq 1)$ の長さは, $e - \dfrac{1}{e}$.

例 5.12. 平面上の曲線 C が極座標を用いて $r = r(\theta)\ (\alpha \leq \theta \leq \beta)$ によって与えられているとき, その長さは,

$$\int_\alpha^\beta \sqrt{\{r'(\theta)\}^2 + \{r(\theta)\}^2}\, d\theta.$$

問 5.5.1. 次の極限を求めよ.

(1) $\displaystyle\lim_{n\to\infty} \sum_{k=1}^n \dfrac{\sqrt{n^2 - k^2}}{n^2}$

(2) $\displaystyle\lim_{n\to\infty} \sum_{k=1}^n \dfrac{n}{n^2 + k^2}$

5.5. 定積分の応用

解

(1) $\displaystyle\lim_{n\to\infty}\sum_{k=1}^{n}\frac{\sqrt{n^2-k^2}}{n^2}=\lim_{n\to\infty}\frac{1}{n}\sum_{k=1}^{n}\sqrt{1-\left(\frac{k}{n}\right)^2}=\int_0^1\sqrt{1-x^2}\,dx=\frac{\pi}{4}$.

(2) $\displaystyle\lim_{n\to\infty}\sum_{k=1}^{n}\frac{n}{n^2+k^2}=\lim_{n\to\infty}\frac{1}{n}\sum_{k=1}^{n}\frac{1}{1+\left(\frac{k}{n}\right)^2}=\int_0^1\frac{1}{1+x^2}\,dx=\frac{\pi}{4}$. ∎

問 5.5.2. 次の図形の面積を求めよ．
  (1) 曲線 $\sqrt{x}+\sqrt{y}=\sqrt{a}$ $(a>0)$ と x 軸，y 軸で囲まれる図形
  (2) 曲線 $y=x^2$ と曲線 $x=y^2$ で囲まれる図形

解

(1) 曲線 $\sqrt{x}+\sqrt{y}=\sqrt{a}$ は，$x\geq 0, y\geq 0$ の範囲でのみ定義される．また，この曲線と x 軸との交点は $(a,0)$，y 軸との交点は $(0,a)$ である．よって求める面積は，
$$\int_0^a y\,dx=\int_0^a \left(\sqrt{a}-\sqrt{x}\right)^2 dx=\int_0^a a-2\sqrt{ax}+x\,dx=\frac{a^2}{6}.$$

(2) この2曲線の交点は，$(0,0)$ と $(1,1)$ であり，$0\leq x\leq 1$ のとき $\sqrt{x}\geq x^2$ であるから，求める面積は，
$$\int_0^1 \sqrt{x}-x^2\,dx=\frac{1}{3}.$$
∎

問 5.5.3. 次の図形の体積を求めよ．

(1) 楕円の周および内部 $\dfrac{x^2}{a^2}+\dfrac{y^2}{b^2}\leq 1$ $(a>0, b>0)$ を x 軸のまわりに回転させてできる回転体

(2) 曲線 $y=x^2$ と曲線 $x=y^2$ で囲まれる図形を，直線 $y=x$ のまわりに回転させてできる回転体

解

(1) 楕円は x 軸に関して対称だから $y\geq 0$ の部分のみを考えればよい．このとき $y=b\sqrt{1-\dfrac{x^2}{a^2}}$ $(-a\leq x\leq a)$ であるから，求める体積は，
$$\int_{-a}^{a}\pi b^2\left(1-\frac{x^2}{a^2}\right)dx=\frac{4}{3}ab^2\pi.$$

(2) この2曲線は直線 $y = x$ に関して対称であり，交点は，$(0,0)$ と $(1,1)$ である．直線 $y = x$ 上の点 (t,t) を通り，直線 $y = x$ に垂直な直線 L を考えると，L と $y = x^2$ との交点と点 (t,t) との距離 ℓ は，

$$\ell = \sqrt{1 + 6t + 2t^2 - \sqrt{8t+1} - 2t\sqrt{8t+1}}$$

で与えられる．よって，求める回転体を，点 (t,t) を通り直線 $y = x$ に垂直な平面で切って得られる切り口の面積 S は，

$$S = \pi\ell^2 = \pi\left(1 + 6t + 2t^2 - \sqrt{8t+1} - 2t\sqrt{8t+1}\right)$$

となる．また，$(0,0)$ から (t,t) までの距離を r とおくと，$r = \sqrt{2}t$ である．以上により，求める回転体の体積は，

$$\int_0^{\sqrt{2}} S\,dr = \int_0^1 S\frac{dr}{dt}\,dt = \int_0^1 \pi\left(1 + 6t + 2t^2 - \sqrt{8t+1} - 2t\sqrt{8t+1}\right)\sqrt{2}\,dt$$
$$= \frac{\sqrt{2}}{60}\pi.$$

(注：切り口の面積 S を r で積分しなくてはいけない点がミソである．S を t で積分してはいけない．) ∎

問 5.5.4. 次の曲線の長さを求めよ．

 (1) アステロイド　$x^{\frac{2}{3}} + y^{\frac{2}{3}} = a^{\frac{2}{3}}$　$(a > 0)$
 (2) 極座標で表された曲線 $r = \theta$　$(0 \leq \theta \leq 2\pi)$

解

(1) この曲線は x 軸に関しても，また，y 軸に関しても対称であるから，第1象限にある部分の長さを求めてそれを4倍すれば全体の長さが求められる．第1象限においては，$y = \left(a^{\frac{2}{3}} - x^{\frac{2}{3}}\right)^{\frac{3}{2}}$ と表される．このとき，

$$\sqrt{1 + (y')^2} = \frac{a^{\frac{1}{3}}}{x^{\frac{1}{3}}}$$

であるから，第1象限にある部分の長さは，

$$\int_0^a \frac{a^{\frac{1}{3}}}{x^{\frac{1}{3}}}\,dx = \frac{3}{2}a.$$

よって，求める曲線の長さは，$6a$．

[別解] この曲線上の点は，$x = a\cos^3\theta, y = a\sin^3\theta \ (0 \leq \theta \leq 2\pi)$ と表される．よって，求める長さは，

$$\int_0^{2\pi} \sqrt{\left(\frac{dx}{d\theta}\right)^2 + \left(\frac{dy}{d\theta}\right)^2}\, d\theta = \int_0^{2\pi} 3a|\cos t \sin t|\, dt = 6a.$$

(2) $\dfrac{dr}{d\theta} = 1$ であるから，例 5.12 により，求める長さは

$$\int_0^{2\pi} \sqrt{1+\theta^2}\, d\theta = \pi\sqrt{1+4\pi^2} + \frac{1}{2}\log\left(2\pi + \sqrt{1+4\pi^2}\right).$$

∎

5.6　発展：定積分 $\int_a^b f(x)dx$ の数値積分について

中点公式

関数 $f(x)$ は閉区間 $[a,b]$ で C^2 級で，$|f''(x)| \leq M \ (a \leq x \leq b,\ M$ は定数) とする．このとき，$[a,b]$ を n 等分しその各小区間を $I_k = [a_k, b_k]$ とし，区間 $I_k = [a_k, b_k]$ の中点を x_k として，$y_k = f(x_k) \ (k=1,2,\cdots,n)$ とおく．このとき，

$$\int_a^b f(x)dx = \frac{(b-a)}{n}(y_1 + y_2 + \cdots + y_n) + \Delta \tag{1}$$

が成り立つ．ここで，近似誤差 Δ は次を満たす：

$$|\Delta| \leq \frac{(b-a)^3}{24n^2}M. \tag{2}$$

台形公式

関数 $f(x)$ は閉区間 $[a,b]$ で C^2 級で，$|f''(x)| \leq M \ (a \leq x \leq b,\ M$ は定数) とする．このとき，$[a,b]$ を n 等分しその各分点を $a_k = a + \dfrac{k(b-a)}{n}$ $(k=$

$0,1,2,\cdots,n$) とし, $y_k = f(a_k)$ ($k=0,1,2,\cdots,n$) とおく. このとき,

$$\int_a^b f(x)dx = \frac{b-a}{2n}\{y_0 + 2(y_1 + \cdots + y_{n-1}) + y_n\} + \Delta \tag{3}$$

が成り立つ. ここで, 近似誤差 Δ は次を満たす:

$$|\Delta| \le \frac{(b-a)^3}{12n^2}M. \tag{4}$$

シンプソン公式

関数 $f(x)$ は閉区間 $[a,b]$ で C^4 級で $|f^{(4)}(x)| \le M$ ($a \le x \le b$, M は定数) を満たしているとする. このとき, $[a,b]$ を $2n$ 等分しその各分点を $x_k = a + (k-1)h$ ($k = 0,1,2,\cdots,2n$), $h = \dfrac{b-a}{2n}$ とおく. さらに, $y_k = f(x_k)$ ($k = 0,1,2,\cdots,2n$) とおく.

曲線 $y = f(x)$ ($x_{2k-2} \le x \le x_{2k}$) を, 曲線上の三点 (x_{2k-2}, y_{2k-2}), (x_{2k-1}, y_{2k-1}), (x_{2k}, y_{2k}) を通る放物線 $y = ax^2 + bx + c$ で近似する. このとき,

$$\int_{x_{2k-2}}^{x_{2k}} (ax^2 + bx + c)dx = \frac{h}{3} \times \{y_{2k-2} + 4y_{2k-1} + y_{2k}\} \tag{5}$$

が成り立つ. これより, 次のシンプソンの公式

$$\int_a^b f(x)dx = \frac{b-a}{6n}\{y_0 + y_{2n} + 4(y_1 + y_3 + y_5 + \cdots + y_{2n-1})$$
$$+ 2(y_2 + y_4 + \cdots + y_{2n-2})\} + \Delta \tag{6}$$

が成り立つ. ここで, 近似誤差 Δ は次を満たす:

$$|\Delta| \le \frac{(b-a)^5}{2880n^4}M. \tag{7}$$

問 5.6.1.

1. 中点公式の式 (1), (2) を証明せよ.

2. 台形公式の式 (3), (4) を証明せよ.

5.6. 発展：定積分 $\int_a^b f(x)dx$ の数値積分について

3. 式 (5) を証明せよ．

4. シンプソン公式の式 (6), (7) を証明せよ．

解 $F(x) = \int f(x)\,dx$ とおく．

1. x_k は区間 $[a_k, b_k]$ の中点であるから，$x_k = \dfrac{a_k + b_k}{2}$ である．点 x_k のまわりでのテイラーの定理から，区間 $[a_k, b_k]$ 内の点 x に対して

$$f(x) = f(x_k) + f'(x_k)(x - x_k) + \frac{1}{2}f''(x_k + \theta(x - x_k))(x - x_k)^2$$

なる $\theta \in (0, 1)$ が存在する．この両辺を x で積分すると，

$$\int_{a_k}^{b_k} f(x)dx = \int_{a_k}^{b_k} \Big(f(x_k) + f'(x_k)(x - x_k) \\ + \frac{1}{2}f''(x_k + \theta(x - x_k))(x - x_k)^2 \Big) dx.$$

ここで，$\int_{a_k}^{b_k} f'(x_k)(x - x_k)\,dx = f'(x_k)\left[\dfrac{x^2}{2} - x_k x\right]_{a_k}^{b_k} = 0$ より，

$$\int_{a_k}^{b_k} f(x)\,dx = f(x_k)(b_k - a_k) + \int_{a_k}^{b_k} \frac{1}{2}f''(x_k + \theta(x - x_k))(x - x_k)^2\,dx$$

となる．ここで，

$$E_k = \int_{a_k}^{b_k} \frac{1}{2}f''(x_k + \theta(x - x_k))(x - x_k)^2\,dx$$

とおくと，$y_k = f(x_k)$ だから，

$$\int_{a_k}^{b_k} f(x)\,dx = y_k(b_k - a_k) + E_k \qquad (*)$$

と書け，さらに，$|f''(x)| \leq M$ だから，

$$|E_k| \leq \int_{a_k}^{b_k} \frac{1}{2}M(x - x_k)^2 dx = \frac{M}{24}(b_k - a_k)^3. \qquad (**)$$

さて，区間 $[a_k, b_k]$ は，区間 $[a,b]$ を n 等分してできる区間だったから，$\Delta = \sum_{k=1}^{n} E_k$ とおくと，$(*)$ により，

$$\int_a^b f(x)\,dx = \sum_{k=1}^{n} \int_{a_k}^{b_k} f(x)\,dx = \sum_{k=1}^{n} (y_k(b_k - a_k) + E_k)$$
$$= \frac{b-a}{n}\{y_1 + y_2 + \cdots + y_n\} + \Delta$$

となる．ここで，$(**)$ により，

$$|\Delta| \leq \sum_{k=1}^{n} |E_k| \leq \sum_{k=1}^{n} \frac{M}{24}(b_k - a_k)^3 = n\frac{M}{24}\left(\frac{b-a}{n}\right)^3 = \frac{(b-a)^3}{24n^2}M.$$

2. 演習問題 3 の 11 の (2) より，$x_{k-1} < c_k < x_k$ かつ

$$\int_{x_{k-1}}^{x_k} f(x)\,dx = F(x_k) - F(x_{k-1})$$
$$= \frac{x_k - x_{k-1}}{2}(F'(x_{k-1}) + F'(x_k)) - \frac{(x_k - x_{k-1})^3}{12}F^{(3)}(c_k)$$
$$= \frac{x_k - x_{k-1}}{2}(f(x_{k-1}) + f(x_k)) - \frac{(x_k - x_{k-1})^3}{12}f''(c_k)$$
$$= \frac{b-a}{2n}(y_{k-1} + y_k) - \frac{1}{12}\left(\frac{b-a}{n}\right)^3 f''(c_k)$$

を満たす c_k が存在する．ここで，$E_k = -\frac{1}{12}\left(\frac{b-a}{n}\right)^3 f''(c_k)$ とおき，$\Delta = \sum_{k=1}^{n} E_k$ とおくと，

$$\int_a^b f(x)dx = \sum_{k=1}^{n} \int_{x_{k-1}}^{x_k} f(x)dx$$
$$= \frac{b-a}{2n}\{(y_0 + y_n) + 2(y_1 + y_2 + \cdots + y_{n-1})\} + \Delta$$

5.6. 発展：定積分 $\int_a^b f(x)dx$ の数値積分について

となる．ここで，$|f''(x)| \leq M$ だから，$|E_k| \leq \dfrac{1}{12}\left(\dfrac{b-a}{n}\right)^3 M$．よって，

$$|\Delta| \leq \sum_{k=1}^n |E_k| \leq \dfrac{n}{12}\left(\dfrac{b-a}{n}\right)^3 M = \dfrac{(b-a)^3}{12n^2}M.$$

3. まず，3 点 $(x_{2k-2}, y_{2k-2}), (x_{2k-1}, y_{2k-1}), (x_{2k}, y_{2k})$ を通る 2 次式 $h(x) = ax^2 + bx + c$ を求める．そのために，3 元連立 1 次方程式

$$\begin{aligned} y_{2k-2} &= a(x_{2k-2})^2 + b(x_{2k-2}) + c \\ y_{2k-1} &= a(x_{2k-1})^2 + b(x_{2k-1}) + c \\ y_{2k} &= a(x_{2k})^2 + b(x_{2k}) + c \end{aligned}$$

を解いて a, b, c を求め，$h(x)$ の式に代入すると，

$$\begin{aligned} h(x) &= \dfrac{(x-x_{2k-1})(x-x_{2k})}{(x_{2k-2}-x_{2k-1})(x_{2k-2}-x_{2k})} y_{2k-2} \\ &+ \dfrac{(x-x_{2k-2})(x-x_{2k})}{(x_{2k-1}-x_{2k-2})(x_{2k-1}-x_{2k})} y_{2k-1} \\ &+ \dfrac{(x-x_{2k-2})(x-x_{2k-1})}{(x_{2k}-x_{2k-2})(x_{2k-2}-x_{2k-1})} y_{2k} \end{aligned}$$

を得る．区間 $[x_{2k-2}, x_{2k}]$ でこの $h(x)$ を積分すると，

$$\int_{x_{2k-2}}^{x_{2k}} h(x)\,dx = \dfrac{h}{3} \times \{y_{2k-2} + 4y_{2k-1} + y_{2k}\}$$

を得る．

4. 演習問題 3 の 11 の (3) より，$\alpha = x_{2k-2}$, $\beta = x_{2k}$ とおくと，$\beta - \alpha = \dfrac{b-a}{n}$, $\dfrac{\alpha+\beta}{2} = x_{2k-1}$ であるから，$\alpha = x_{2k-2} < c_k < x_{2k} = \beta$ かつ

$$\begin{aligned} \int_{x_{2k-2}}^{x_{2k}} f(x)\,dx &= \int_\alpha^\beta f(x)\,dx = F(\beta) - F(\alpha) \\ &= \dfrac{\beta-\alpha}{6}\left(F'(\alpha) + F'(\beta) + 4F'\left(\dfrac{\alpha+\beta}{2}\right)\right) - \dfrac{(\beta-\alpha)^5}{2880}F^{(5)}(c_k) \\ &= \dfrac{\beta-\alpha}{6}\left(f(\alpha) + f(\beta) + 4f\left(\dfrac{\alpha+\beta}{2}\right)\right) - \dfrac{(\beta-\alpha)^5}{2880}f^{(4)}(c_k) \end{aligned}$$

$$= \frac{b-a}{6n}\left(f(x_{2k-2}) + f(x_{2k}) + 4f(x_{2k-1})\right) - \frac{1}{2880}\left(\frac{b-a}{n}\right)^5 f^{(4)}(c_k)$$

$$= \frac{b-a}{6n}\left(y_{2k-2} + y_{2k} + 4y_{2k-1}\right) - \frac{1}{2880}\left(\frac{b-a}{n}\right)^5 f^{(4)}(c_k)$$

を満たす c_k が存在する. よって,

$$E_k = -\frac{1}{2880}\left(\frac{b-a}{n}\right)^5 f^{(4)}(c_k) \text{ とおき, } \Delta = \sum_{k=1}^{n} E_k \text{ とおくと,}$$

$$\int_a^b f(x)\,dx = \sum_{k=1}^{n} \int_{x_{2k-2}}^{x_{2k}} f(x)\,dx$$

$$= \sum_{k=1}^{n} \left(\frac{b-a}{6n}(y_{2k-2} + y_{2k} + 4y_{2k-1}) + E_k\right)$$

$$= \frac{b-a}{6n}\Big\{(y_0 + y_{2n}) + 2(y_2 + y_4 + \cdots + y_{2n-2})$$

$$+ 4(y_1 + y_3 + \cdots + y_{2n-1})\Big\} + \Delta$$

となる. ここで, $|f^{(4)}(x)| \leq M$ だから, $|E_k| \leq \frac{1}{2880}\left(\frac{b-a}{n}\right)^5 M$. よって,

$$|\Delta| \leq \sum_{k=1}^{n} |E_k| \leq \sum_{k=1}^{n} \frac{1}{2880}\left(\frac{b-a}{n}\right)^5 M = \frac{n}{2880}\left(\frac{b-a}{n}\right)^5 M$$

$$= \frac{(b-a)^5}{2880 n^4} M$$

を得る. ∎

例 5.13. 区間 $[0,1]$ を 10 等分して, 中点公式 ($n=5$), 台形公式 ($n=10$), シンプソン公式 ($n=5$) により

$$I = \int_0^1 \frac{1}{x+1}\,dx$$

を小数点以下 3 桁まで求めよ. (小数点以下 4 桁目を四捨五入せよ.) なお, 誤差の評価は不要.

5.7. 発展：フーリエ級数

解 中点公式による近似値は，$I ≒ 0.692$．台形公式による近似値は，$I ≒ 0.694$．シンプソン公式による近似値は，$I ≒ 0.693$． ∎

問 5.6.2. 次の定積分の数値積分値を区間 $[0,1]$ を 10 等分して，台形公式 ($n = 10$)，シンプソン公式 ($n = 5$) により，小数点以下 3 桁まで求めよ．なお，誤差の評価は不要．

(1) $\displaystyle\int_0^1 \sqrt{1+x^3}\, dx$

(2) $\displaystyle\int_0^1 \sqrt{1-x^3}\, dx$

解

(1) 例 5.13 と同様に計算すると，台形公式による近似値は，1.112．シンプソン公式による近似値は，1.111．

(2) 同様に，台形公式による近似値は，0.830．シンプソン公式による近似値は，0.837． ∎

5.7 発展：フーリエ級数

5.7.1 フーリエ級数の定義

周期 2ℓ の周期関数のフーリエ級数は，

$$f(x) \sim \frac{a_0}{2} + \sum_{k=1}^{\infty} a_k \cos\frac{k\pi}{\ell}x + \sum_{k=1}^{\infty} b_k \sin\frac{k\pi}{\ell}x$$

である．ここで，

$$a_k = \frac{1}{\ell}\int_{-\ell}^{\ell} f(x)\cos\frac{k\pi}{\ell}x\, dx, \qquad b_k = \frac{1}{\ell}\int_{-\ell}^{\ell} f(x)\sin\frac{k\pi}{\ell}x\, dx.$$

定理 5.13 (フーリエの定理)．周期 2ℓ の周期関数 $f(x)$ が区分的に滑らか（つまり，区間 $[-\ell, \ell]$ において，有限個の点を除いて C^1 級）ならば，$f(x)$ のフーリエ級数は，

- $f(x)$ が連続な点 x では，$f(x)$ に収束する．

- $f(x)$ が不連続な点 x では，$\dfrac{1}{2}(f(x+0)+f(x-0))$ に収束する．

注 5.14. 特に，$f(x)$ が区分的に滑らかな**連続**関数ならば，フーリエ級数は $f(x)$ に収束する．

例 5.14.

1. $f(x) = x$ $(-\pi \leq x < \pi;$ これ以外の x においては，この繰り返し) のフーリエ級数は，
$$f(x) \sim \sum_{k=1}^{\infty} \frac{2(-1)^{k-1}}{k} \sin kx.$$

2. $f(x) = x^2$ $(-\pi \leq x < \pi;$ これ以外の x においては，この繰り返し) のフーリエ級数は，
$$f(x) \sim \frac{\pi^2}{3} + \sum_{k=1}^{\infty} \frac{4(-1)^k}{k^2} \cos kx.$$

注 5.15.

1. $f(x)$ が偶関数（つまり $f(-x) = f(x)$）ならば，b_k はすべて 0．つまり，$f(x)$ のフーリエ級数は，定数項と cos の項のみからなる級数となる．

2. $f(x)$ が奇関数（つまり $f(-x) = -f(x)$）ならば，a_k はすべて 0．つまり，$f(x)$ のフーリエ級数は，sin の項のみからなる級数となる．

例 5.15. $0 < \varepsilon < \ell$ とし，$f_\varepsilon(x)$ を次のような周期 2ℓ の周期関数とする．
$$f_\varepsilon(x) = \begin{cases} \dfrac{1}{\varepsilon} & (2\ell n - \dfrac{\varepsilon}{2} \leq x \leq 2\ell n + \dfrac{\varepsilon}{2}, \ n = 0, \pm 1, \pm 2, \cdots) \\ 0 & (それ以外のとき). \end{cases}$$

このとき，$f_\varepsilon(x)$ のフーリエ級数 $F_\varepsilon(x)$ は，
$$F_\varepsilon(x) = \frac{1}{2\ell} + \sum_{k=1}^{\infty} \frac{2\sin(\frac{k\varepsilon\pi}{2\ell})}{k\varepsilon\pi} \cos\frac{k\pi}{\ell}x.$$

また，
$$\lim_{\varepsilon \to +0} F_\varepsilon(x) = \frac{1}{2\ell} + \sum_{k=1}^{\infty} \frac{1}{\ell} \cos\frac{k\pi}{\ell}x.$$

注 5.16. 上の例の $f_\varepsilon(x)$ において $\varepsilon \to +0$ とすると，$f_\varepsilon(x)$ は，「$x = 2n\ell$ ($n = \cdots, -1, 0, 1, 2, \cdots$) において瞬間的に ∞ となり，それ以外では 0 となるような関数（もどき）」に収束していくと考えられる．また，$\lim_{\varepsilon \to +0} F_\varepsilon(x)$ は，このような周期的なパルスを記述する関数（もどき）のフーリエ級数（もどき：この級数は収束しない）と考えることができる．

5.7.2　フーリエ級数の性質

定理 5.17 (項別微分)．周期 2ℓ の周期関数 $f(x)$ が連続で，$[-\ell, \ell]$ で区分的に滑らかならば，$f'(x)$ のフーリエ級数は，

$$\sum_{k=1}^\infty \left(a_k \cos \frac{k\pi}{\ell}x + b_k \sin \frac{k\pi}{\ell}x\right)' = \sum_{k=1}^\infty \left(-\frac{ka_k\pi}{\ell} \sin \frac{k\pi}{\ell}x + \frac{kb_k\pi}{\ell} \cos \frac{k\pi}{\ell}x\right)$$

で与えられる．この級数は，$f'(x)$ の不連続点を除いて，$f'(x)$ に収束する．(注：$f'(x)$ も周期 2ℓ の関数である．)

定理 5.18 (項別積分)．$f(x)$ が $[-\ell, \ell]$ で区分的に連続であれば，任意の $x \in [-\ell, \ell]$ に対して，

$$\int_0^x f(t)\,dt = \frac{a_0}{2} \int_0^x dt + \sum_{k=1}^\infty \int_0^x \left(a_k \cos \frac{k\pi}{\ell}t + b_k \sin \frac{k\pi}{\ell}t\right) dt$$

$$= \frac{a_0}{2}x + \sum_{k=1}^\infty \left\{\frac{a_k\ell}{k\pi} \sin \frac{k\pi}{\ell}x + \frac{b_k\ell}{k\pi}\left(1 - \cos \frac{k\pi}{\ell}x\right)\right\}$$

$$= \frac{a_0}{2}x + \sum_{k=1}^\infty \frac{b_k\ell}{k\pi} + \sum_{k=1}^\infty \left\{-\frac{b_k\ell}{k\pi} \cos \frac{k\pi}{\ell}x + \frac{a_k\ell}{k\pi} \sin \frac{k\pi}{\ell}x\right\}$$

が成立する．(注：$a_0 \neq 0$ のとき，これは周期関数ではない．)

演習問題 5

1. 次の定積分を求めよ．ただし，$0 < a < b$ とし，$m, n = 1, 2, \cdots$ とする．

(1) $\displaystyle\int_0^{\frac{\pi}{2}} x\sin x\,dx$ (2) $\displaystyle\int_0^{\frac{\pi}{2}} x^2\sin x\,dx$

(3) $\displaystyle\int_0^1 x\sin\pi x^2\,dx$ (4) $\displaystyle\int_0^1 x^3 e^x\,dx$

(5) $\displaystyle\int_0^1 \sqrt{x}(1-x)^2\,dx$ (6) $\displaystyle\int_0^1 x\log(1+x)\,dx$

(7) $\displaystyle\int_0^1 \log\left(1+\sqrt{x}\right)dx$ (8) $\displaystyle\int_{-6}^{-1} \frac{\log(2-x)}{\sqrt{3-x}}\,dx$

(9) $\displaystyle\int_0^a x\sqrt{a^2-x^2}\,dx$ (10) $\displaystyle\int_0^a x^2\sqrt{a^2-x^2}\,dx$

(11) $\displaystyle\int_0^a \sin^{-1}\sqrt{\frac{x}{x+a}}\,dx$ (12) $\displaystyle\int_0^1 x\sin^{-1}x\,dx$

(13) $\displaystyle\int_{\frac{5}{6}\pi}^{\frac{2}{3}\pi} \sqrt{\frac{1+\sin x}{1-\sin x}}\,dx$ (14) $\displaystyle\int_0^1 x^m(1-x)^n\,dx$

(15) $\displaystyle\int_0^1 \sqrt{\frac{1-x}{1+x}}\,dx$ (16) $\displaystyle\int_{-2}^0 \frac{1}{\sqrt{x^2+2x+5}}\,dx$

(17) $\displaystyle\int_a^b \sqrt{(x-a)(b-x)}\,dx$ (18) $\displaystyle\int_0^{\frac{\pi}{2}} \sin^{2n}x\,dx$

解

(1) $\displaystyle\int_0^{\frac{\pi}{2}} x\sin x\,dx = [x(-\cos x)]_0^{\frac{\pi}{2}} + \int_0^{\frac{\pi}{2}} \cos x\,dx = [\sin x]_0^{\frac{\pi}{2}} = 1.$

(2) $\displaystyle\int_0^{\frac{\pi}{2}} x^2\sin x\,dx = [x^2(-\cos x)]_0^{\frac{\pi}{2}} + \int_0^{\frac{\pi}{2}} 2x\cos x\,dx$
$= [2x\sin x]_0^{\frac{\pi}{2}} - 2\int_0^{\frac{\pi}{2}} \sin x\,dx = \pi + 2[\cos x]_0^{\frac{\pi}{2}} = \pi - 2.$

(3) $t = x^2$ とおくと, $(x:0 \rightsquigarrow 1) \equiv (t:0 \rightsquigarrow 1)$, $dt = 2x\,dx$ だから,
$\displaystyle\int_0^1 x\sin\pi x^2\,dx = \int_0^1 \frac{1}{2}\sin\pi t\,dt = \left[\frac{-\cos\pi t}{2\pi}\right]_0^1 = \frac{1}{\pi}.$

(4) $\displaystyle\int_0^1 x^3 e^x\,dx = [x^3 e^x]_0^1 - \int_0^1 3x^2 e^x\,dx = e - 3\{[x^2 e^x]_0^1 - 2\int_0^1 xe^x\,dx\}$
$= -2e + 6\{[xe^x]_0^1 - \int_0^1 e^x\,dx\} = 4e - 6(e-1) = 6 - 2e.$

(5) $\displaystyle\int_0^1 \sqrt{x}(1-x)^2\,dx = \int_0^1 \sqrt{x} - 2x\sqrt{x} + x^2\sqrt{x}\,dx$
$\displaystyle = \left[\frac{2}{3}x^{\frac{3}{2}} - \frac{4}{5}x^{\frac{5}{2}} + \frac{2}{7}x^{\frac{7}{2}}\right]_0^1 = \frac{16}{105}.$

(6) $\displaystyle\int_0^1 x\log(1+x)\,dx = \left[\frac{1}{2}x^2\log(1+x)\right]_0^1 - \int_0^1 \frac{1}{2}x^2 \cdot \frac{1}{1+x}\,dx$
$\displaystyle = \frac{1}{2}\log 2 - \frac{1}{2}\int_0^1 \left(x - 1 + \frac{1}{1+x}\right)dx$
$\displaystyle = \frac{1}{2}\log 2 - \frac{1}{2}\left[\frac{x^2}{2} - x + \log|1+x|\right]_0^1 = \frac{1}{4}.$

(7) $t = \sqrt{x}$ とおくと, $x = t^2$, $dx = 2t\,dt$, $(x : 0 \leadsto 1) \equiv (t : 0 \leadsto 1)$ であるから, $\displaystyle\int_0^1 \log(1 + \sqrt{x})\,dx = \int_0^1 2t\log(1+t)\,dt = \frac{1}{2}.$

(8) $t = \sqrt{3-x}$ とおくと, $x = 3 - t^2$, $dx = -2t\,dt$, $(x : -6 \leadsto -1) \equiv (t : 3 \leadsto 2)$ であるから,
$\displaystyle\int_{-6}^{-1} \frac{\log(2-x)}{\sqrt{3-x}}\,dx = -2\int_3^2 \frac{\log(t^2 - 1)}{t} \cdot t\,dt = 2\int_2^3 \log(t^2 - 1)\,dt$
$\displaystyle = 2\int_2^3 \log(t+1) + \log(t-1)\,dt$
$\displaystyle = 2\left[(t+1)\log(t+1) + (t-1)\log(t-1) - 2t\right]_2^3 = 20\log 2 - 6\log 3 - 4.$

(9) $t = x^2$ とおくと, $dt = 2x\,dx$, $(x : 0 \leadsto a) \equiv (t : 0 \leadsto a^2)$ であるから,
$\displaystyle\int_0^a x\sqrt{a^2 - x^2}\,dx = \frac{1}{2}\int_0^{a^2} \sqrt{a^2 - t}\,dt = \frac{1}{2}\left[\frac{-2}{3}\left(a^2 - t\right)^{\frac{3}{2}}\right]_0^{a^2} = \frac{1}{3}a^3.$

(10) $x = a\sin\theta$ とおくと, $dx = a\cos\theta\,d\theta$, $(x : 0 \leadsto a) \equiv (\theta : 0 \leadsto \frac{\pi}{2})$ であり, このとき $\cos\theta \geq 0$ であるから,
$\displaystyle\int_0^a x^2\sqrt{a^2 - x^2}\,dx = \int_0^{\frac{\pi}{2}} a^2\sin^2 x \cdot a\cos\theta \cdot a\cos\theta\,d\theta$
$\displaystyle = a^4\int_0^{\frac{\pi}{2}} \sin^2\theta\cos^2\theta\,d\theta = a^4\left[\frac{\theta}{8} - \frac{1}{32}\sin 4\theta\right]_0^{\frac{\pi}{2}} = \frac{a^4}{16}\pi.$

(11) $t = \sin^{-1}\sqrt{\dfrac{x}{x+a}}$ とおくと, $x = a\tan^2 t$, $dx = 2a\dfrac{\sin t}{\cos^3 t}\,dt$, $(x : 0 \leadsto a) \equiv (t : 0 \leadsto \frac{\pi}{4})$ であるから,

$$\int_0^a \sin^{-1}\sqrt{\frac{x}{x+a}}\,dx = 2a\int_0^{\frac{\pi}{4}} t\cdot\frac{\sin t}{\cos^3 t}\,dt = a\left[\frac{t}{\cos^2 t} - \tan t\right]_0^{\frac{\pi}{4}}$$
$$= a\left(\frac{\pi}{2} - 1\right).$$

(12) $t = \sin^{-1} x$ とおくと，$x = \sin t$, $dx = \cos t\,dt$,
$(x:0 \rightsquigarrow 1) \equiv (t:0 \rightsquigarrow \frac{\pi}{2})$ であるから，
$$\int_0^1 x\sin^{-1} x\,dx = \int_0^{\frac{\pi}{2}} \sin t\cdot t\cdot \cos t\,dt = \left[-\frac{1}{4}t\cos 2t + \frac{1}{8}\sin 2t\right]_0^{\frac{\pi}{2}} = \frac{\pi}{8}.$$

(13) 積分区間において，$1 + \sin x > 0$, $\cos x < 0$ であるから，
$$\int_{\frac{5\pi}{6}}^{\frac{2\pi}{3}} \sqrt{\frac{1+\sin x}{1-\sin x}}\,dx = \int_{\frac{5\pi}{6}}^{\frac{2\pi}{3}} \frac{1+\sin x}{\sqrt{1-\sin^2 x}}\,dx = \int_{\frac{5\pi}{6}}^{\frac{2\pi}{3}} \frac{1+\sin x}{-\cos x}\,dx$$
$$= \left[\frac{1}{2}\log\left|\frac{1-\sin x}{1+\sin x}\right| + \log|\cos x|\right]_{\frac{5\pi}{6}}^{\frac{2\pi}{3}} = \log\left(2 - \sqrt{3}\right).$$

(14) $I(m,n) = \int_0^1 x^m(1-x)^n\,dx$ とおくと，
$$I(m,n) = \int_0^1 x^m(1-x)^n\,dx$$
$$= \left[\frac{x^{m+1}}{m+1}(1-x)^n\right]_0^1 + \frac{n}{m+1}\int_0^1 x^{m+1}(1-x)^{n-1}\,dx$$
$$= \frac{n}{m+1}I(m+1, n-1)$$
である．繰り返すと，
$$I(m,n) = \frac{n}{m+1}I(m+1, n-1)$$
$$= \frac{n}{m+1}\cdot\frac{n-1}{m+2}I(m+2, n-2)$$
$$= \cdots$$
$$= \frac{n}{m+1}\cdot\frac{n-1}{m+2}\cdots\frac{1}{m+n}I(m+n, 0).$$
ここで，
$$I(m+n, 0) = \int_0^1 x^{m+n}\,dx = \frac{1}{m+n+1}$$

であるから，求める積分は，
$$I(m,n) = \frac{n}{m+1} \cdot \frac{n-1}{m+2} \cdots \frac{1}{m+n} \cdot \frac{1}{m+n+1} = \frac{m!\,n!}{(m+n+1)!}.$$

(15) $t = \sqrt{\dfrac{1-x}{1+x}}$ とおくと，$x = \dfrac{1-t^2}{1+t^2}$, $dx = \dfrac{-4t}{(1+t^2)^2}dt$, $(x:0 \rightsquigarrow 1) \equiv (t:1 \rightsquigarrow 0)$ であるから，
$$\int_0^1 \sqrt{\frac{1-x}{1+x}}\,dx = \int_1^0 t \cdot \frac{-4t}{(1+t^2)^2}\,dt = \left[\frac{2t}{1+t^2} - 2\tan^{-1}t\right]_1^0 = \frac{\pi}{2} - 1.$$

(16) $t = x + \sqrt{x^2+2x+5}$ とおくと，$x = \dfrac{t^2-5}{2(1+t)}$, $dx = \dfrac{t^2+2t+5}{2(t+1)^2}dt$, $\sqrt{x^2+2x+5} = t - x = \dfrac{t^2+2t+5}{2(t+1)}$, $(x: -2 \rightsquigarrow 0) \equiv (t: -2+\sqrt{5} \rightsquigarrow \sqrt{5})$ であるから，
$$\int_{-2}^0 \frac{1}{\sqrt{x^2+2x+5}}\,dx = \int_{-2+\sqrt{5}}^{\sqrt{5}} \frac{2(t+1)}{t^2+2t+5} \cdot \frac{t^2+2t+5}{2(t+1)^2}\,dt$$
$$= \int_{-2+\sqrt{5}}^{\sqrt{5}} \frac{1}{t+1}\,dt = [\log|t+1|]_{-2+\sqrt{5}}^{\sqrt{5}} = \log\frac{3+\sqrt{5}}{2}.$$

(17) $t = \dfrac{2}{b-a}\left(x - \dfrac{a+b}{2}\right)$ とおくと，$(x-a)(b-x) = \left(\dfrac{b-a}{2}\right)^2(1-t^2)$, $dx = \dfrac{b-a}{2}dt$, $(x: a \rightsquigarrow b) \equiv (t: -1 \rightsquigarrow 1)$ であるから，
$$\int_a^b \sqrt{(x-a)(b-x)}\,dx = \int_{-1}^1 \frac{b-a}{2}\sqrt{1-t^2} \cdot \frac{b-a}{2}\,dt$$
$$= \left(\frac{b-a}{2}\right)^2 \int_{-1}^1 \sqrt{1-t^2}\,dt.$$
ここで，$t = \sin\theta$ とおくと，$dt = \cos\theta\,d\theta$, $(t: -1 \rightsquigarrow 1) \equiv (\theta: -\frac{\pi}{2} \rightsquigarrow \frac{\pi}{2})$ であり，この範囲内で $\cos\theta \geq 0$ であるから，
$$\int_{-1}^1 \sqrt{1-t^2}\,dt = \int_{-\frac{\pi}{2}}^{\frac{\pi}{2}} \cos\theta \cdot \cos\theta\,d\theta = \left[\frac{\theta}{2} + \frac{\sin 2\theta}{4}\right]_{-\frac{\pi}{2}}^{\frac{\pi}{2}} = \frac{\pi}{2}.$$
よって，$\displaystyle\int_a^b \sqrt{(x-a)(b-x)}\,dx = \dfrac{(b-a)^2}{8}\pi.$

(注：この問題は，例 5.6 の 2. のように $t = \sqrt{\dfrac{x-a}{b-x}}$ とおいて置換積分しても解けるが，この方法だと広義積分になってしまう．そこで，ここでは，広義積分にならないような方法を示した.)

(18) 第 4 章の例 4.6 により，$I_n = \displaystyle\int \sin^n x \, dx$ とすると，漸化式

$$I_n = \frac{n-1}{n} I_{n-2} - \frac{1}{n} \sin^{n-1} x \cos x$$

が成立する．よって，

$$\int_0^{\frac{\pi}{2}} \sin^{2n} x \, dx = \frac{2n-1}{2n} \int_0^{\frac{\pi}{2}} \sin^{2(n-1)} x \, dx - \left[\frac{1}{2n} \sin^{2n-1} x \cos x \right]_0^{\frac{\pi}{2}}$$

$$= \frac{2n-1}{2n} \int_0^{\frac{\pi}{2}} \sin^{2(n-1)} x \, dx$$

$$= \frac{2n-1}{2n} \cdot \frac{2n-3}{2n-2} \int_0^{\frac{\pi}{2}} \sin^{2(n-2)} x \, dx$$

$$= \cdots$$

$$= \frac{2n-1}{2n} \cdot \frac{2n-3}{2n-2} \cdots \frac{1}{2} \int_0^{\frac{\pi}{2}} dx$$

$$= \frac{2n-1}{2n} \cdot \frac{2n-3}{2n-2} \cdots \frac{1}{2} \cdot \frac{\pi}{2}.$$

■

2. 次の広義積分を求めよ．ただし，$a > 0, b \neq 0$ とする．なお，発散する場合もある．

(1) $\displaystyle\int_{-\infty}^{\infty} \frac{dx}{x^2 + 2x + 5}$ 　　(2) $\displaystyle\int_0^{\infty} e^{-ax} \sqrt{1 - e^{-ax}} \, dx$

(3) $\displaystyle\int_0^{\infty} e^{-ax} \sin bx \, dx$ 　　(4) $\displaystyle\int_0^{\infty} e^{-ax} \cos bx \, dx$

(5) $\displaystyle\int_0^{\frac{\pi}{2}} \frac{1}{\sin x} \, dx$ 　　(6) $\displaystyle\int_0^{\frac{\pi}{2}} \frac{1}{1 - \sin x} \, dx$

(7) $\displaystyle\int_{-\frac{\pi}{2}}^{\frac{\pi}{2}} \frac{1}{\sin x} \, dx$ 　　(8) $\displaystyle\int_0^1 x \log x \, dx$

(9) $\displaystyle\int_1^\infty \left(\frac{\log x}{x}\right)^2 dx$ (10) $\displaystyle\int_0^1 \frac{x\log x}{\sqrt{1-x^2}} dx$

(11) $\displaystyle\int_0^\infty \frac{\log x}{(1+x)^2} dx$ (12) $\displaystyle\int_0^1 \frac{(1-x)^2}{\sqrt{x}} dx$

(13) $\displaystyle\int_0^\infty \frac{x}{x^4+1} dx$ (14) $\displaystyle\int_a^{2a} \frac{dx}{\sqrt{x^2-a^2}}$

(15) $\displaystyle\int_1^\infty \frac{1}{x^2}\sqrt{\frac{x+1}{x-1}} dx$ (16) $\displaystyle\int_0^\infty \frac{dx}{\sqrt[3]{e^x-1}}$

解

(1) $\displaystyle\int_{-\infty}^\infty \frac{dx}{x^2+2x+5} = \int_{-\infty}^\infty \frac{1}{(x+1)^2+2^2} dx = \left[\frac{1}{2}\tan^{-1}\frac{x+1}{2}\right]_{-\infty}^\infty$
$= \dfrac{\pi}{2}$.

(2) $t = \sqrt{1-e^{-ax}}$ とおくと, $e^{-ax} = 1-t^2$ より, $-ae^{-ax}\,dx = -2t\,dt$. また, $(x:0 \leadsto \infty) \equiv (t:0 \leadsto 1)$ だから,

$$\int_0^\infty e^{-ax}\sqrt{1-e^{-ax}}\,dx = \int_0^1 t\,\frac{2t}{a}\,dt = \left[\frac{2}{3a}t^3\right]_0^1 = \frac{2}{3a}.$$

(3) 第 4 章の例 4.5 の 3. により,

$$\int_0^\infty e^{-ax}\sin bx\,dx = \left[\frac{e^{-ax}}{a^2+b^2}(-a\sin bx - b\cos bx)\right]_0^\infty = \frac{b}{a^2+b^2}.$$

（注：$\displaystyle\lim_{x\to\infty} e^{-ax}\sin bx = 0$, $\displaystyle\lim_{x\to\infty} e^{-ax}\cos bx = 0$ を使った.）

(4) 同じく, 例 4.5 の 3. により,

$$\int_0^\infty e^{-ax}\cos bx\,dx = \left[\frac{e^{-ax}}{a^2+b^2}(b\sin bx - a\cos bx)\right]_0^\infty = \frac{a}{a^2+b^2}.$$

(5) $\displaystyle\int_0^{\frac{\pi}{2}} \frac{1}{\sin x} dx = \left[\log\left|\tan\frac{x}{2}\right|\right]_0^{\frac{\pi}{2}}$. ここで, $x \to +0$ のとき $\tan\dfrac{x}{2} \to +0$ だから, $\log\left|\tan\dfrac{x}{2}\right| \to -\infty$. よって, この広義積分は発散する.

(6) $\displaystyle\int_0^{\frac{\pi}{2}} \frac{1}{1-\sin x} dx = \left[\frac{1+\sin x}{\cos x}\right]_0^{\frac{\pi}{2}}$. ここで, $\displaystyle\lim_{x\to\frac{\pi}{2}-0} \frac{1+\sin x}{\cos x} = \infty$ だから, この広義積分は発散する.

(7) $\dfrac{1}{\sin x}$ は $x=0$ で不連続である. ここで, (5) より $\displaystyle\int_0^{\frac{\pi}{2}} \dfrac{1}{\sin x}\,dx$ は発散するから, この広義積分も発散する.

（注： $\displaystyle\int_{-\frac{\pi}{2}}^{\frac{\pi}{2}} \dfrac{1}{\sin x}\,dx = \left[\log\left|\tan\dfrac{x}{2}\right|\right]_{-\frac{\pi}{2}}^{\frac{\pi}{2}} = \log\left|\tan\dfrac{\pi}{4}\right| - \log\left|\tan\dfrac{-\pi}{4}\right|$
$= 0 - 0 = 0.$ という**間違いを犯さないこと！**）

(8) $\displaystyle\int_0^1 x\log x\,dx = \left[-\dfrac{x^2}{4} + \dfrac{1}{2}x^2 \log x\right]_0^1$. ここで, $x \to +0$ のとき, $x^2 \to 0$, $\log x \to -\infty$ だから, ロピタルの定理より,

$$\lim_{x\to+0} x^2 \log x = \lim_{x\to+0} \dfrac{\log x}{\frac{1}{x^2}} = \lim_{x\to+0} \dfrac{\frac{1}{x}}{\frac{-2}{x^3}} = \lim_{x\to+0} \dfrac{-1}{2}x^2 = 0.$$

よって, $\displaystyle\int_0^1 x\log x\,dx = -\dfrac{1}{4}$.

(9) $\displaystyle\int \left(\dfrac{\log x}{x}\right)^2 dx = -\dfrac{(\log x)^2}{x} - 2\dfrac{\log x}{x} - \dfrac{2}{x}$.
ここで, 前問と同様にロピタルの定理により, $\displaystyle\lim_{x\to\infty} \dfrac{(\log x)^2}{x} = 0$, $\displaystyle\lim_{x\to\infty} \dfrac{\log x}{x} = 0$ だから,

$$\int_1^\infty \left(\dfrac{\log x}{x}\right)^2 dx = \left[-\dfrac{(\log x)^2}{x} - 2\dfrac{\log x}{x} - \dfrac{2}{x}\right]_1^\infty = 2.$$

(10) $\displaystyle\int \dfrac{x\log x}{\sqrt{1-x^2}}\,dx = -\sqrt{1-x^2}\log x + \int \dfrac{\sqrt{1-x^2}}{x}\,dx$

$= -\sqrt{1-x^2}\log x + \sqrt{1-x^2} + \log x - \log\left|1 + \sqrt{1-x^2}\right|$

$= \left(1 - \sqrt{1-x^2}\right)\log x + \sqrt{1-x^2} - \log\left|1 + \sqrt{1-x^2}\right|$.

ここで, ロピタルの定理により,

$\displaystyle\lim_{x\to+0}\left(1-\sqrt{1-x^2}\right)\log x = \lim_{x\to+0}\dfrac{\log x}{\frac{1}{1-\sqrt{1-x^2}}}$

$= \displaystyle\lim_{x\to+0} \dfrac{\frac{1}{x}}{-\frac{x}{\sqrt{1-x^2}(1-\sqrt{1-x^2})^2}} = \lim_{x\to+0} -\sqrt{1-x^2}\left(\dfrac{\sqrt{1-x^2}-1}{x}\right)^2$

$$= \lim_{x \to +0} -\sqrt{1-x^2}\left(\frac{-x}{\sqrt{1+x^2}+1}\right)^2 = 0$$

だから,

$$\int_0^1 \frac{x\log x}{\sqrt{1-x^2}}\,dx = \left[\left(1-\sqrt{1-x^2}\right)\log x + \sqrt{1-x^2} - \log\left|1+\sqrt{1-x^2}\right|\right]_0^1$$

$$= -1 + \log 2.$$

(11) $\displaystyle\int \frac{\log x}{(1+x)^2}\,dx = -\frac{\log x}{1+x} + \int \frac{1}{x(1+x)}\,dx$

$= -\dfrac{\log x}{1+x} + \log|x| - \log|1+x|.$ ここで, ロピタルの定理により,

$$\lim_{x \to \infty}\left(-\frac{\log x}{1+x} + \log|x| - \log|1+x|\right) = \lim_{x \to \infty}\left(-\frac{\frac{1}{x}}{1} + \log\frac{x}{1+x}\right) = 0.$$

$$\lim_{x \to +0}\left(-\frac{\log x}{1+x} + \log|x| - \log|1+x|\right) = \lim_{x \to +0}\left(\frac{x}{x+1}\log x - \log|x+1|\right)$$

$$= \lim_{x \to +0}\frac{\log x}{1+\frac{1}{x}} - \lim_{x \to +0}\log|x+1| = \lim_{x \to +0}\frac{\frac{1}{x}}{\frac{-1}{x^2}} - 0 = 0.$$

故に, $\displaystyle\int_0^\infty \frac{\log x}{(1+x)^2}\,dx = 0 - 0 = 0.$

(12) $\displaystyle\int_0^1 \frac{(1-x)^2}{\sqrt{x}}\,dx = \left[2\sqrt{x} - \frac{4}{3}x\sqrt{x} + \frac{2}{5}x^2\sqrt{x}\right]_0^1 = \frac{16}{15}.$

(13) $t = x^2$ とおくと, $dt = 2xdx$, $(x : 0 \rightsquigarrow \infty) \equiv (t : 0 \rightsquigarrow \infty)$ だから,

$$\int_0^\infty \frac{x}{x^4+1}\,dx = \int_0^\infty \frac{1}{2(t^2+1)}\,dt = \left[\frac{1}{2}\tan^{-1}t\right]_0^\infty = \frac{\pi}{4}.$$

(14) $t = x + \sqrt{x^2-a^2}$ とおくと, $x = \dfrac{t^2+a^2}{2t}$, $dx = \dfrac{t^2-a^2}{2t^2}\,dt$,

$(x : a \rightsquigarrow 2a) \equiv (t : a \rightsquigarrow (2+\sqrt{3})a)$ である. このとき,

$\sqrt{x^2-a^2} = \dfrac{t^2-a^2}{2t}.$ よって,

$$\int_a^{2a} \frac{dx}{\sqrt{x^2-a^2}} = \int_a^{(2+\sqrt{3})a} \frac{2t}{t^2-a^2} \cdot \frac{t^2-a^2}{2t^2}\,dt = \int_a^{(2+\sqrt{3})a} \frac{dt}{t}$$

$$= [\log t]_a^{(2+\sqrt{3})a} = \log\left(2+\sqrt{3}\right).$$

(15) $t = \sqrt{\dfrac{x+1}{x-1}}$ とおくと，$x = \dfrac{t^2+1}{t^2-1}$, $dx = \dfrac{-4t}{(t^2-1)^2}dt$,
$(x : 1 \rightsquigarrow \infty) \equiv (t : \infty \rightsquigarrow 1)$. よって，

$$\int_1^\infty \frac{1}{x^2}\sqrt{\frac{x+1}{x-1}}\,dx = \int_\infty^1 \frac{(t^2-1)^2}{(t^2+1)^2}t \cdot \frac{-4t}{(t^2-1)^2}\,dt = \int_\infty^1 \frac{-4t^2}{(t^2+1)^2}\,dt$$

$$= \left[\frac{2t}{t^2+1} - 2\tan^{-1} t\right]_\infty^1 = \frac{\pi}{2} + 1.$$

(16) $t = \sqrt[3]{e^x - 1}$ とおくと，$x = \log(t^3+1)$, $dx = \dfrac{3t^2}{t^3+1}dt$,
$(x : 0 \rightsquigarrow \infty) \equiv (t : 0 \rightsquigarrow \infty)$ だから，$\displaystyle\int_0^\infty \frac{dx}{\sqrt[3]{e^x-1}} = \int_0^\infty \frac{3t}{t^3+1}\,dt$

$$= \left[\sqrt{3}\tan^{-1}\frac{2t-1}{\sqrt{3}} - \log|t+1| + \frac{1}{2}\log|t^2-t+1|\right]_0^\infty$$

$$= \left[\sqrt{3}\tan^{-1}\frac{2t-1}{\sqrt{3}} + \frac{1}{2}\log\left|\frac{t^2-t+1}{(t+1)^2}\right|\right]_0^\infty = \frac{2}{\sqrt{3}}\pi.$$

3. 次の極限を求めよ．

(1) $\displaystyle\lim_{n\to\infty}\sum_{k=1}^n \frac{n+k}{5n^2+2nk+k^2}$　　　(2) $\displaystyle\lim_{n\to\infty}\sum_{k=1}^n \log\left(\frac{k}{n}\right)^{\frac{k}{n^2}}$

解

(1) $\displaystyle\lim_{n\to\infty}\sum_{k=1}^n \frac{n+k}{5n^2+2nk+k^2} = \lim_{n\to\infty}\frac{1}{n}\sum_{k=1}^n \frac{1+\frac{k}{n}}{5+2\frac{k}{n}+\left(\frac{k}{n}\right)^2}$

$$= \int_0^1 \frac{1+x}{5+2x+x^2}\,dx = \frac{1}{2}\int_0^1 \frac{(5+2x+x^2)'}{5+2x+x^2}\,dx$$

$$= \frac{1}{2}\left[\log|5+2x+x^2|\right]_0^1 = \frac{1}{2}(\log 8 - \log 5).$$

(2) $\displaystyle\lim_{n\to\infty}\sum_{k=1}^n \log\left(\frac{k}{n}\right)^{\frac{k}{n^2}} = \lim_{n\to\infty}\frac{1}{n}\sum_{k=1}^n \frac{k}{n}\log\frac{k}{n} = \int_0^1 x\log x\,dx$

$$= \left[-\frac{x^2}{4} + \frac{1}{2}x^2\log x\right]_0^1 = -\frac{1}{4}.$$

4. 次を求めよ．

(1) 曲線 $y = a\cos x$ と $y = \sin x$ $(0 \leq x \leq 2\pi, \, a > 0)$ とで囲まれる図形の面積．

(2) カージオイド
$$x = x(t) = (1+\cos t)\cos t, \ y = y(t) = (1+\cos t)\sin t \ (0 \leq t \leq \pi)$$
と x 軸で囲まれる図形の面積．

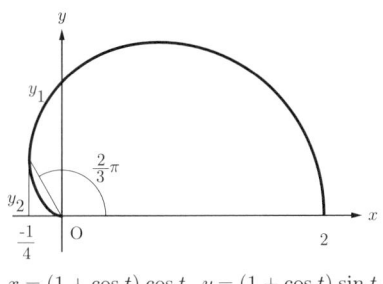

$x = (1+\cos t)\cos t, \ y = (1+\cos t)\sin t$

図 5.2: カージオイド

解

(1) $a\cos x = 0$ のとき $\sin x \neq 0$ だから，これらの曲線の交点においては $\cos x \neq 0$ である．よって，$0 \leq x \leq 2\pi$ において，$a\cos x = \sin x \Leftrightarrow a = \tan x \Leftrightarrow x = \tan^{-1} a, \pi + \tan^{-1} a$．さらに，$\tan^{-1} a \leq x \leq \pi + \tan^{-1} a$ のとき $a\cos x \leq \sin x$ だから，求める面積は，

$$\int_{\tan^{-1} a}^{\pi + \tan^{-1} a} \sin x - a\cos x \, dx = [-\cos x - a\sin x]_{\tan^{-1} a}^{\pi + \tan^{-1} a} = 2\sqrt{a^2 + 1}.$$

(2) $0 \leq t \leq \pi$ において $y \geq 0$ であり，$y = 0$ となるのは $t = 0, \pi$ のときである．また，$\dfrac{dx}{dt} = -(1 + 2\cos t)\sin t$ だから，$0 \leq t \leq \dfrac{2}{3}\pi$ のとき $x(t)$ は単調減少で，$(t : 0 \rightsquigarrow \frac{2}{3}\pi) \equiv (x : 2 \rightsquigarrow -\frac{1}{4})$．この範囲での y を y_1 とおくことにする．また，$\dfrac{2}{3}\pi \leq t \leq \pi$ のとき $x(t)$ は単調増加で，$(t : \frac{2}{3}\pi \rightsquigarrow \pi) \equiv (x : -\frac{1}{4} \rightsquigarrow 0)$ である．この範囲での y を y_2 とおくことにする．このとき，$-\frac{1}{4} \leq x \leq 0$ において $y_1 \geq y_2$ だから，求める面積は，

$$\int_{-\frac{1}{4}}^{2} y_1 \, dx - \int_{-\frac{1}{4}}^{0} y_2 \, dx = \int_{\frac{2}{3}\pi}^{0} y \frac{dx}{dt} \, dt - \int_{\frac{2}{3}\pi}^{\pi} y \frac{dx}{dt} \, dt$$
$$= \int_{\pi}^{0} y \frac{dx}{dt} \, dt = \int_{\pi}^{0} (1 + \cos t) \sin t \cdot \{-(1 + 2\cos t)\sin t\} \, dt = \frac{3}{4}\pi.$$

（注：一般に，$x = x(t), y = y(t)$ $(\alpha \le t \le \beta)$ で表される曲線が自分自身と交わらず，かつ，$y(t) \ge 0, y(\alpha) = y(\beta) = 0$ を満たすとき，この曲線と x 軸とで囲まれる図形の面積 S は，

$$S = \begin{cases} \displaystyle\int_{\alpha}^{\beta} y \frac{dx}{dt} \, dt & (\ x(\alpha) \le x(\beta) \ \text{のとき}) \\ \displaystyle\int_{\beta}^{\alpha} y \frac{dx}{dt} \, dt & (\ x(\alpha) > x(\beta) \ \text{のとき}) \end{cases}$$

によって求められる.) ∎

5. 次を求めよ．

 (1) xyz 空間において，x 軸を中心線として，底面が半径 1 の円であるような直円柱を A とする．また，直線 $y = x, z = 0$ を中心線として，底面が半径 1 の円であるような直円柱を B とする．このとき，A と B との共通部分 $A \cap B$ の体積．

 (2) xyz 空間において，3 点 $(1, 0, 0), (1, 1, 0), (1, 0, 1)$ を頂点とする直角二等辺 3 角形を Δ とする．Δ を z 軸のまわりに 1 回転してできる回転体の体積．

解

(1) 平面 $z = t$ $(-1 \le t \le 1)$ で円柱 A を切って得られる切り口は，$-\sqrt{1 - t^2} \le y \le \sqrt{1 - t^2}$，つまり，$x$ 軸を中心線とする幅 $2\sqrt{1 - t^2}$ の帯状の領域である．同様に，円柱 B を切って得られる切り口は，直線 $y = x$ を中心線とする幅 $2\sqrt{1 - t^2}$ の帯状の領域，即ち，$x - \sqrt{2}\sqrt{1 - t^2} \le y \le x - \sqrt{2}\sqrt{1 - t^2}$ である．よって，$A \cap B$ の切り口はこの 2 つの帯状の領域の共通部分，つまり，一辺の長さが $2\sqrt{2}\sqrt{1 - t^2}$ で高さが $2\sqrt{1 - t^2}$ の

菱形となる．その面積 $S(t)$ は $4\sqrt{2}(1-t^2)$ であるから，求める体積は，

$$\int_{-1}^{1} S(t)\,dt = \int_{-1}^{1} 4\sqrt{2}(1-t^2)\,dt = \frac{16}{3}\sqrt{2}.$$

(2) 平面 $z = t$ $(0 \leq t \leq 1)$ による Δ の切り口は，2 点 $A_t(1,0,t)$, $B_t(1, 1-t, t)$ を端点とする線分である．この線分上の点 P と点 $(0,0,t)$ との距離は，$P = B_t$ のときに最大値 $\sqrt{t^2 - 2t + 2}$, $P = A_t$ のときに最小値 1 をとる．よって，求める回転体の平面 $z = t$ による切り口の面積 $S(t)$ は，$S(t) = \pi\{(t^2 - 2t + 2) - 1\}$．よって，求める体積は，

$$\int_0^1 S(t)\,dt = \int_0^1 \pi\{(t^2 - 2t + 2) - 1\}\,dt = \frac{1}{3}\pi.$$

■

6. C^2 級の周期 2ℓ の周期関数 $f(x)$ が

$$f''(x) = -\omega^2 f(x) \ (\omega > 0), \ f(0) = 0, \ f'(0) = \alpha(\neq 0)$$

を満たしているとする．ただし，$f(x)$ は定数関数ではないとする．このとき，フーリエ級数を用いて次を求めよ．

(1) ℓ と ω の関係
(2) 関数 $f(x)$

解

(1) $f(x)$ は C^2 級だから，連続である．よって，$f(x)$ はそのフーリエ級数と等しくなる．つまり，

$$f(x) = \frac{a_0}{2} + \sum_{k=1}^{\infty} a_k \cos\frac{k\pi}{\ell}x + \sum_{k=1}^{\infty} b_k \sin\frac{k\pi}{\ell}x$$

となる．両辺を 2 回微分すると，フーリエ級数の項別微分により，

$$f''(x) = \sum_{k=1}^{\infty} -a_k \left(\frac{k\pi}{\ell}\right)^2 \cos\frac{k\pi}{\ell}x + \sum_{k=1}^{\infty} -b_k \left(\frac{k\pi}{\ell}\right)^2 \sin\frac{k\pi}{\ell}x$$

となるが，これが $-\omega^2 f(x)$ と等しいのだから，各項の係数を比較すると，$a_0 = 0$, かつ，

$$\left\{\left(\frac{k\pi}{\ell}\right)^2 - \omega^2\right\} a_k = 0, \tag{5.7.1}$$

$$\left\{\left(\frac{k\pi}{\ell}\right)^2 - \omega^2\right\} b_k = 0 \tag{5.7.2}$$

($k = 1, 2, \cdots$) となっていなくてはならない．ここで，$\dfrac{k\pi}{\ell} \neq \omega$ ($k = 1, 2, \cdots$) のときは $a_k = b_k = 0$ ($k = 1, 2, \cdots$) となり，$f(x) = 0$ （定数関数）となってしまうので仮定に反する．故に，$\dfrac{k\pi}{\ell} = \omega$ となる k が存在するときのみ，定数関数ではない $f(x)$ が存在し得る．すなわち，求める ℓ と ω の関係は，「$\dfrac{\omega\ell}{\pi}$ が整数となること」である．

(2) $k_0 = \dfrac{\omega\ell}{\pi}$ とすると，$k \neq k_0$ ならば (5.7.1), (5.7.2) により，$a_k = b_k = 0$ となるので，

$$f(x) = a_{k_0} \cos \frac{k_0 \pi}{\ell} x + b_{k_0} \sin \frac{k_0 \pi}{\ell} x = a_{k_0} \cos \omega x + b_{k_0} \sin \omega x$$

である．ここで条件 $f(0) = 0$, $f'(0) = \alpha$ により，$a_{k_0} = 0$, $b_{k_0} = \dfrac{\alpha}{\omega}$ がわかる．以上により，$f(x) = \dfrac{\alpha}{\omega} \sin \omega x$. ∎

第6章 多変数関数

6.1 多変数関数

6.1.1 基礎事項

$\mathbb{R}^2$ の2点 $A(a_1, a_2), B(b_1, b_2)$ の距離 $\overline{AB}$ を, $\overline{AB} = \sqrt{(a_1 - b_1)^2 + (a_2 - b_2)^2}$ で定義する. これにより点列や関数の収束や発散そして関数の連続性などが定義される.

$\mathbb{R}^2$ の領域 D で定義された関数 $z = f(x, y)$ に対して集合 $\{(x, y, f(x, y)) | (x, y) \in D\}$ を $z = f(x, y)$ の**グラフ**という. 定数 c に対して, $f(x, y) = c$ を満たす (x, y) の全体は, 一般に $f(x, y)$ の定義域内で曲線を描く. この曲線を $z = f(x, y)$ の $z = c$ に対する f の**等高線**または**等位曲線**という.

例 6.1. $z = x^2 + y^2$ の等高線 $\{(x, y) | x^2 + y^2 = k^2\}$ のグラフは原点を中心とした半径 $|k|$ の円である.

3変数関数 $w = f(x, y, z)$ の場合, $f(x, y, z) = c$ を満たす (x, y, z) の全体を**等位面**または**ポテンシャル面**という.

問 6.1.1. 次の関数の $c = -2, -1, 0, 1, 2$ に対する等高線を描き, それをもとにして曲面の概形を描け.

(1) $f(x, y) = y - x^2$ (2) $f(x, y) = x^2 + y^2$ (3) $f(x, y) = xy$

解 図 6.1, 6.2, 6.3 を参照.

問 6.1.2. $f(x, y)$ の等高線が密な場所において関数のグラフはどのような状態であるかを述べよ.

解 変数が少し変化すると関数値が大きく変化する. よって, グラフの傾斜が急であることを示す. ∎

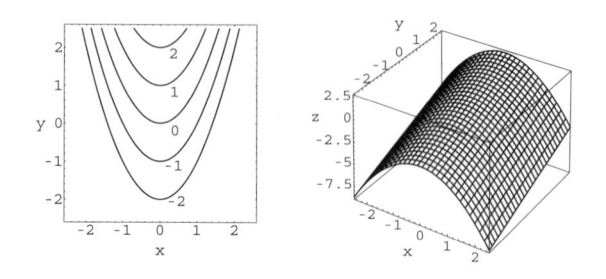

図 6.1: 問 6.1.1 (1) : $f(x,y) = y - x^2$ の等高線とグラフ

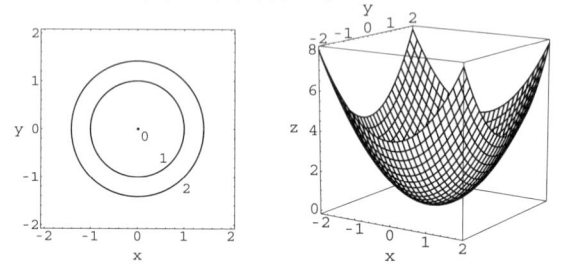

図 6.2: 問 6.1.1 (2) : $f(x,y) = x^2 + y^2$ の等高線とグラフ

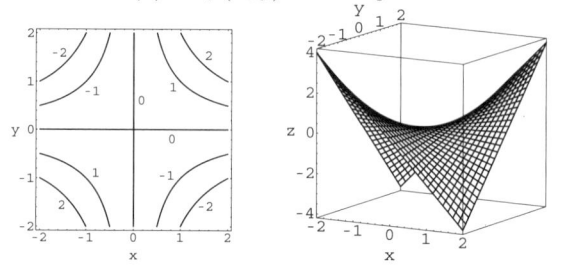

図 6.3: 問 6.1.1 (3) : $f(x,y) = xy$ の等高線とグラフ

問 6.1.3. 関数 $f(x,y) = \sqrt{x^2 - x - y}$ の定義域を求めよ．

解 平方根の中は非負でなくてはならない．よって，$f(x,y)$ が定義されるのは，(x,y) が $x^2 - x - y \geq 0$ を満たすときである．よって，求める定義域は，xy 平面上で $y \leq x^2 - x$ なる領域． ∎

6.1. 多変数関数

例 6.2. 関数 $f(x,y)$ を

$$f(x,y) = \begin{cases} \dfrac{x^2}{x^2+y^2} & (x,y) \neq (0,0) \\ 0 & (x,y) = (0,0) \end{cases}$$

と定義すると，$f(x,y)$ は点 $(0,0)$ で不連続である．

注 6.1. 1 変数関数の点 $x=a$ での極限や連続性は，$x \to a+0$ と $x \to a-0$ の 2 通りの近づき方を考慮すれば十分である．しかし 2 変数関数では点 (x,y) が点 (a,b) に近づく方法はいろいろあるので注意を要する．

問 6.1.4. 点 $(0,0)$ において次の関数の連続性を調べよ．

(1) $f(x,y) = \begin{cases} \dfrac{xy}{x^2+y^2} & (x,y) \neq (0,0) \\ 0 & (x,y) = (0,0) \end{cases}$

(2) $f(x,y) = \begin{cases} \dfrac{y^3}{x^2+y^2} & (x,y) \neq (0,0) \\ 0 & (x,y) = (0,0) \end{cases}$

解

(1) $f(x,y)$ に $x = r\cos\theta, y = r\sin\theta$ を代入すると，$f(x,y) = \sin\theta\cos\theta$ となる．この値は $r \to 0$ のとき θ 値によって相異なる値になるので，原点で不連続である．

(2) $|\dfrac{y^3}{x^2+y^2}| \leq |y| \leq \sqrt{x^2+y^2}$ $((x,y) \neq (0,0))$ であるから，
$\lim_{(x,y) \to (0,0)} f(x,y) = 0$．よって，点 $(0,0)$ で f は連続である． ∎

定理 6.2. $f(x,y), g(x,y)$ は点 (a,b) で連続とする．このとき，次の関数はいずれも点 (a,b) で連続である．

1. $c_1 f(x,y) + c_2 g(x,y)$ （c_1, c_2 は任意定数）
2. $f(x,y)g(x,y)$
3. $\dfrac{f(x,y)}{g(x,y)}$ （ただし $g(x,y) \neq 0$）

定理 6.3 (最大値・最小値の定理). 有界な閉集合 K で連続な関数は，K で最大値および最小値をとる．

定理 6.4 (合成関数の連続性).

1. $z = f(u)$ が u の連続関数で，$u = g(x, y)$ が x, y の連続関数であるとき，その合成関数 $z = f(g(x, y))$ は x, y の連続関数である．

2. $z = f(x, y)$ が x, y の連続関数で，$x = \phi(t), y = \psi(t)$ が t の連続関数であれば，その合成関数 $z = f(\phi(t), \psi(t))$ は t の連続関数である．

3. $z = f(x, y)$ が x, y の連続関数であり，$x = \varphi(u, v), y = \psi(u, v)$ が u, v の連続関数であるとき，その合成関数 $z = f(\varphi(u, v), \psi(u, v))$ は u, v の連続関数である．

例 6.3. $z = f(u) = u^2 - 2u + 2, u = g(x, y) = 3x + y$ のとき，$f(u), g(x, y)$ は共に連続関数である．それらの合成関数 $z = f(g(x, y)) = (3x+y)^2 - 2(3x+y) + 2 = 9x^2 + 6xy + y^2 - 6x - 2y + 2$ は x, y の連続関数である．

例 6.4. $z = f(x, y) = x^3 + y^2, x = \varphi(t) = 2t, y = \psi(t) = \sin t$ のとき，$f(x, y), \varphi(t), \psi(t)$ は連続関数である．それらの合成関数 $z = f(\varphi(t), \psi(t)) = 8t^3 + \sin^2 t$ は t の連続関数である．

例 6.5. $z = f(x, y) = x^3 + y^2, x = \varphi(r, \theta) = r\cos\theta, y = \psi(r, \theta) = r\sin\theta$ のとき，$f(x, y), \varphi(r, \theta), \psi(r, \theta)$ は連続関数である．このとき，それらの合成関数 $z = r^3\cos^3\theta + r^2\sin^2\theta$ は r, θ の連続関数である．

6.1.2 偏微分係数と偏導関数

$z = f(x, y)$ を点 $(a, b) \in \mathbb{R}^2$ を含むある領域 D で定義された関数とする．関数 $z = f(x, y)$ において，y を一定値 b に固定すれば $f(x, b)$ は x だけの関数と考えられる．この x の 1 変数関数 $z = f(x, b)$ が $x = a$ で微分可能のとき，この微分係数

$$\lim_{h \to 0} \frac{f(a+h, b) - f(a, b)}{h}$$

を $f(x, y)$ の (a, b) における x に関する**偏微分係数**といい，

$$\frac{\partial f}{\partial x}(a, b), \ f_x(a, b), \ D_1 f(a, b), \ z_x(a, b), \ \frac{\partial z}{\partial x}(a, b), \ D_x f(a, b)$$

などで表す．

6.1. 多変数関数

y に関する偏微分係数も同様であり，次のように定義される．
$$f_y(a,b) = \lim_{k \to 0} \frac{f(a,b+k) - f(a,b)}{k}.$$

$f_x(a,b)$, $f_y(a,b)$ の幾何学的意味は次の通りである：$f_x(a,b)$ は点 $(a,b,f(a,b))$ における曲線 $C_1(=$ 点 $(x,b,f(x,b))$ の集合$)$ の接線の傾きを表し，$f_y(a,b)$ は点 $(a,b,f(a,b))$ における曲線 $C_2(=$ 点 $(a,y,f(a,y))$ の集合$)$ の接線の傾きを表している．

各点 (x,y) で $f_x(x,y)$ が存在するならば，$f_x(x,y)$ は (x,y) の関数となる．これを $f(x,y)$ の x に関する**偏導関数**という．y に関する偏導関数 $f_y(x,y)$ も同様に定義され，これらを，それぞれ

$$f_x(x,y), \quad \frac{\partial f}{\partial x}(x,y), \quad D_1 f(x,y), \quad z_x(x,y), \quad D_x f(x,y),$$
$$f_y(x,y), \quad \frac{\partial f}{\partial y}(x,y), \quad D_2 f(x,y), \quad z_y(x,y), \quad D_y f(x,y)$$

などで表す．偏導関数を求めることを**偏微分する**という．

例 6.6. $f(x,y) = 4x^2 y^3$ とすれば，$\dfrac{\partial f}{\partial x}(x,y) = 8xy^3$, $\dfrac{\partial f}{\partial y}(x,y) = 12x^2 y^2$.

同様に 3 変数関数 $f(x,y,z)$ についても，その偏導関数 $f_x(x,y,z)$, $f_y(x,y,z)$, $f_z(x,y,z)$ を定義することができる．4 変数以上の場合も同様．

問 6.1.5. 次の関数の偏導関数を求めよ．
(1) $z = 2x^3 + 3y^2$ (2) $z = e^x \sin 3y$ (3) $z = \dfrac{2x}{x^2+y^2+1}$

解
(1) $z_x = 6x^2$, $z_y = 6y$ (2) $z_x = e^x \sin 3y$, $z_y = 3e^x \cos 3y$
(3) $z_x = \dfrac{2(-x^2+y^2+1)}{(x^2+y^2+1)^2}$, $z_y = \dfrac{-4xy}{(x^2+y^2+1)^2}$ ∎

注 6.5. 1 変数関数と異なり多変数関数の場合には，偏微分可能であっても連続とは限らない．たとえば，

$$f(x,y) = \begin{cases} \dfrac{xy}{x^2+y^2} & (x,y) \neq (0,0) \\ 0 & (x,y) = (0,0) \end{cases}$$

とするとき，点 $(0,0)$ では x と y に関して偏微分可能であるが，点 $(0,0)$ で連続でない．

6.1.3　方向微分

xy 平面上に，点 (a,b) を通り方向ベクトルが $\vec{v} = (\lambda, \mu)$（ただし $\lambda^2 + \mu^2 = 1$）であるような直線 $l : x = x(t) = a + t\lambda,\ y = y(t) = b + t\mu$ をとる．このとき，点 (x,y) が直線 l 上を動きつつ点 (a,b) に近づいていくときの関数 $f(x,y)$ の変化率の極限値，つまり，

$$\lim_{t \to 0} \frac{f(a+t\lambda, b+t\mu) - f(a,b)}{t}$$

が存在するならば，この値を点 (a,b) における $\vec{v}$ 方向の $f(x,y)$ の**方向微分係数**といい，$D_{\vec{v}} f(a,b)$ で表す．

$(1,0), (0,1)$ 方向の方向微分係数が，それぞれ $f_x(x,y),\ f_y(x,y)$ である．

6.1.4　勾配

領域 D で定義された関数 $f(x,y)$ が D で偏微分可能なとき，D の各点 (x,y) に対して，1 つのベクトル

$$(f_x(x,y), f_y(x,y))$$

を定めることができる．このベクトルを関数 $f(x,y)$ の点 (x,y) での**勾配**または**グラディエント**といい，$\nabla f(x,y)$ または $\mathrm{grad}\, f(x,y)$ で表す．∇ はナブラと読む．

例 6.7. $f(x,y) = x^2 y^3$ ならば $\nabla f = (2xy^3, 3x^2 y^2)$．

問 6.1.6. $f(x,y) = 3x^2 y^3$ の点 $(1,1), (0,1), (-1,1), (-1,0), (0,0), (1,0)$ で $\nabla f(x,y)$ を求めよ．

解　$\nabla f(x,y) = (6xy^3, 9x^2 y^2)$ より $\nabla f(1,1) = (6,9), \nabla f(0,1) = (0,0), \nabla f(-1,1) = (-6,9), \nabla f(-1,0) = (0,0), \nabla f(0,0) = (0,0), \nabla f(1,0) = (0,0)$ となる．■

6.1.5 高次偏導関数

関数 $z = f(x, y)$ が偏微分可能で，その偏導関数 $f_x(x,y), f_y(x,y)$ がまた偏微分可能であるときには，それらの偏導関数を $f(x,y)$ の**第 2 次偏導関数**または**2 階偏導関数**といい，

$$\frac{\partial}{\partial x}\left(\frac{\partial f}{\partial x}\right) \text{ を } \frac{\partial^2 f}{\partial x^2},\ f_{xx},\ z_{xx},\ D_x^2 f,$$

$$\frac{\partial}{\partial y}\left(\frac{\partial f}{\partial x}\right) \text{ を } \frac{\partial^2 f}{\partial y \partial x},\ f_{xy},\ z_{xy},\ D_y D_x f,$$

$$\frac{\partial}{\partial x}\left(\frac{\partial f}{\partial y}\right) \text{ を } \frac{\partial^2 f}{\partial x \partial y},\ f_{yx},\ z_{yx},\ D_x D_y f,$$

$$\frac{\partial}{\partial y}\left(\frac{\partial f}{\partial y}\right) \text{ を } \frac{\partial^2 f}{\partial y^2},\ f_{yy},\ z_{yy},\ D_y^2 f$$

などと表す．3 次以上の高次偏導関数 $f_{xxx}, f_{xxy}, f_{xyy}$ なども同様に定義される．

例 6.8. $f(x,y) = x^3 - 3xy + 2y^4$ の第 2 次偏導関数は，$f_x = 3x^2 - 3y$, $f_y = -3x + 8y^3$ であるから $f_{xx} = 6x$, $f_{xy} = -3$, $f_{yx} = -3$, $f_{yy} = 24y^2$ となる．

問 6.1.7. 次の関数の第 2 次偏導関数を求めよ．
 (1) $z = x^3 - 3xy^2 + y^3$　　(2) $z = e^{2x} \cos 3y$

解
 (1) $z_x = 3x^2 - 3y^2$, $z_y = -6xy + 3y^2$ より，$z_{xx} = 6x$, $z_{xy} = -6y$, $z_{yx} = -6y$, $z_{yy} = -6x + 6y$.
 (2) $z_x = 2e^{2x}\cos 3y$, $z_y = -3e^{2x}\sin 3y$ より，$z_{xx} = 4e^{2x}\cos 3y$, $z_{xy} = z_{yx} = -6e^{2x}\sin 3y$, $z_{yy} = -9e^{2x}\cos 3y$. ∎

例 6.9. $f(0,0) = 0$, $f(x,y) = \frac{xy(x^2 - y^2)}{x^2 + y^2}$ $((x,y) \neq (0,0))$ とすれば，$f_{xy}(0,0) = -1$, $f_{yx}(0,0) = 1$ より $f_{xy}(0,0) \neq f_{yx}(0,0)$ となる．

一般に $f_{xy} = f_{yx}$ が成立するとは限らない．しかし，次の定理が成り立つ．

定理 6.6. f_{xy} および f_{yx} が存在して，ともに連続関数ならば，$f_{xy} = f_{yx}$.

一般に，2次以上の偏導関数はそれらが存在して連続であれば，偏微分の順序によらず一致する．たとえば，3次の偏導関数についても偏導関数の存在とその連続性を仮定すると，$f_{xxy}(x,y) = f_{xyx}(x,y) = f_{yxx}(x,y)$ などが得られる．

n 次までの偏導関数が存在してそれらがすべて連続関数であるような関数を C^n 級であるという．任意の n について C^n 級ならば，C^∞ 級であるという．

6.2 全微分とその応用

6.2.1 全微分

関数 $f(x,y)$ において，適当な定数 A, B と関数 ε が存在して，

$$f(a+h, b+k) = f(a,b) + Ah + Bk + \left(\sqrt{h^2+k^2}\right)\varepsilon(h,k) \tag{1}$$

$$\lim_{(h,k)\to(0,0)} \varepsilon(h,k) = 0 \tag{2}$$

とできるとき，$f(x,y)$ は点 (a,b) において**全微分可能**または**微分可能**であるという．全微分可能の定義より次の定理はあきらかである．

定理 6.7. 関数 $f(x,y)$ が，点 (a,b) で全微分可能ならば，

1. $f(x,y)$ は (a,b) で連続である．

2. $f(x,y)$ は (a,b) において，x に関しても y に関しても偏微分可能で，(1) 式の定数 A, B は $A = \dfrac{\partial f}{\partial x}(a,b),\ \ B = \dfrac{\partial f}{\partial y}(a,b)$ となる．

注 6.8. 関数がある点で連続で，しかもすべての方向に方向微分可能であっても，その点で全微分可能であるとは限らない．たとえば，関数

$$f(x,y) = \begin{cases} \dfrac{|x|y}{\sqrt{x^2+y^2}} & (x,y) \neq (0,0) \\ 0 & (x,y) = (0,0) \end{cases}$$

は，$(0,0)$ で，連続，かつ，すべての方向に方向微分であるが，全微分可能ではない．

6.2. 全微分とその応用

定理 6.9. 領域 D で定義された関数 $f(x,y)$ の偏導関数 $f_x(x,y), f_y(x,y)$ が領域 D で連続関数ならば，$f(x,y)$ は領域 D で全微分可能である．

関数 $z = f(x,y)$ が点 (x,y) で全微分可能であるとき，

$$f_x(x,y)dx + f_y(x,y)dy \ (= \frac{\partial f}{\partial x}dx + \frac{\partial f}{\partial y}dy) \tag{3}$$

を dz または df と書き $f(x,y)$ の**全微分**という．全微分 df は，変数の微小変化 dx, dy に対する関数値 $f(x,y)$ の変化を示すものと解釈される．n 変数関数の全微分も同様に定義される．

以後，特に断らない限り，関数は C^∞ 級とする．

例 6.10. 全微分 (1) $d(xy) = ydx + xdy$ (2) $d\left(\frac{y}{x}\right) = \frac{xdy - ydx}{x^2}$
(3) $d(\sin(3x+y)) = 3\cos(3x+y)dx + \cos(3x+y)dy$

6.2.2 線形近似

関数 $f(x,y)$ が全微分可能のとき，

$$f(a,b) + f_x(a,b)(x-a) + f_y(a,b)(y-b)$$

を $f(x,y)$ の点 (a,b) における**線形近似**（または **1 次近似**）という．

例 6.11. $f(x,y) = e^{-x+2y} + \log(1+y^2)$ の点 $(2,1)$ における線形近似は，$f(x,y) \fallingdotseq f(2,1) + f_x(2,1)(x-2) + f_y(2,1)(y-1) = 1 + \log 2 - (x-2) + 3(y-1)$ で与えられる．

問 6.2.1. $f(x,y) = \sqrt{\frac{x+2}{y+3}}$ とするとき，線形近似を用いて，$f(2.01, 0.98)$ の近似値を求めよ．

解 $h = 0.01, k = -0.02$ として，$f(2.01, 0.98) = f(2+h, 1+k) \fallingdotseq f(2,1) + f_x(2,1)h + f_y(2,1)k$ を使用する．$f_x(2,1) = 1/8, f_y(2,1) = -1/8$ より，$f(2.01, 0.98) \fallingdotseq 803/800$

6.2.3 接平面

$f(x,y)$ が点 (a,b) で全微分可能のとき，図形

$$z = f(a,b) + f_x(a,b)(x-a) + f_y(a,b)(y-b)$$

を，関数 $f(x,y)$ の点 $P(a,b,f(a,b))$ における**接平面**という．また法線の方程式は

$$\frac{x-a}{f_x(a,b)} = \frac{y-b}{f_y(a,b)} = \frac{z-f(a,b)}{-1}$$

で与えられる．

例 6.12. 曲面 $z = x^2 + y^2$ 上の点 $(2,1,5)$ における接平面は $z = 4(x-2) + 2(y-1) + 5 = 4x + 2y - 5$, 法線は $\frac{x-2}{4} = \frac{y-1}{2} = \frac{z-5}{-1}$ となる．

6.2.4 変数の変換，合成関数の微分法

定理 6.10 (合成関数の微分法). $f(x,y)$ を領域 D で定義された C^1 関数とし，$x = x(t), y = y(t)$ を共に微分可能な関数で，$(x(t),y(t)) \in D$ を満たすものとする．このとき合成関数 $z = f(x(t),y(t))$ も微分可能で，

$$\frac{dz}{dt} = \frac{df}{dt} = \frac{\partial f}{\partial x}\frac{dx}{dt} + \frac{\partial f}{\partial y}\frac{dy}{dt} = \nabla f \cdot \left(\frac{dx}{dt}, \frac{dy}{dt}\right)$$

が成り立つ．ここで，記号・はベクトルの内積を表す．

例 6.13. $f(x,y) = xy^2$, $x = \exp 2t$, $y = \sin(3t+1)$ のとき，$\frac{df}{dt} = f_x\frac{dx}{dt} + f_y\frac{dy}{dt} = 2\sin(3t+1)\exp 2t\{\sin(3t+1) + 3\cos(3t+1)\}$.

例 6.14. 定理 6.10 で $z = f(x,y), x = x(t), y = y(t)$ がともに C^2 級のとき，

$$\frac{d^2z}{dt^2} = \frac{\partial^2 z}{\partial x^2}\left(\frac{dx}{dt}\right)^2 + 2\frac{\partial^2 z}{\partial x \partial y}\frac{dx}{dt}\frac{dy}{dt} + \frac{\partial^2 z}{\partial y^2}\left(\frac{dy}{dt}\right)^2 + \frac{\partial z}{\partial x}\frac{d^2x}{dt^2} + \frac{\partial z}{\partial y}\frac{d^2y}{dt^2}.$$

例 6.15. $z = f(x,y)$ において，$x = a + ht, y = b + kt$ (a,h,b,k は定数) のとき，$\frac{dz}{dt} = hf_x + kf_y$, $\frac{d^2z}{dt^2} = h^2 f_{xx} + 2hk f_{xy} + k^2 f_{yy}$ となる．

6.2. 全微分とその応用

定理 6.11. $z=f(x,y)$ は領域 D で定義された C^1 級関数であり，$x=x(u,v), y=y(u,v)$ は C^1 級関数で，$(x,y)=(x(u,v),y(u,v))\in D$ を満たしているとする．このとき，合成関数 $z=f(x(u,v),y(u,v))$ は偏微分可能で

$$\frac{\partial z}{\partial u}=\frac{\partial z}{\partial x}\frac{\partial x}{\partial u}+\frac{\partial z}{\partial y}\frac{\partial y}{\partial u},\quad \frac{\partial z}{\partial v}=\frac{\partial z}{\partial x}\frac{\partial x}{\partial v}+\frac{\partial z}{\partial y}\frac{\partial y}{\partial v}.$$

注 6.12. $z=f(x,y)$ の変数変換 $x=x(u,v), y=y(u,v)$ において，

$$dz=\frac{\partial f}{\partial x}dx+\frac{\partial f}{\partial y}dy=\frac{\partial f}{\partial u}du+\frac{\partial f}{\partial v}dv$$

が成り立つ．これは $z=f(x,y)$ の全微分は変数の取り方によらないことを示す．これを**全微分の不変性**という．

問 6.2.2. 全微分の不変性を証明せよ．

証明 $x=x(u,v), y=y(u,v)$ とすると $dx=\dfrac{\partial x}{\partial u}du+\dfrac{\partial x}{\partial v}dv, dy=\dfrac{\partial y}{\partial u}du+\dfrac{\partial y}{\partial v}dv$. これらの式を $dz=\dfrac{\partial f}{\partial x}dx+\dfrac{\partial f}{\partial y}dy$ に代入して上の定理 6.11 を使用すると $dz=\dfrac{\partial f}{\partial x}dx+\dfrac{\partial f}{\partial y}dy=\dfrac{\partial f}{\partial u}du+\dfrac{\partial f}{\partial v}dv$ となる． □

問 6.2.3. $z=f(x,y), x=x(u,v), y=y(u,v)$ のとき，次を示せ．

1. $f_{uu}=f_{xx}(x_u)^2+2f_{xy}x_uy_u+f_{yy}(y_u)^2+f_x x_{uu}+f_y y_{uu}$

2. $f_{uv}=f_{xx}x_ux_v+f_{xy}(x_uy_v+x_vy_u)+f_{yy}y_uy_v+f_x x_{uv}+f_y y_{uv}$

証明
1. $\dfrac{\partial f}{\partial u}=f_x\dfrac{\partial x}{\partial u}+f_y\dfrac{\partial y}{\partial u}, \dfrac{\partial f}{\partial v}=f_x\dfrac{\partial x}{\partial v}+f_y\dfrac{\partial y}{\partial v}$ であるから，$\dfrac{\partial^2 f}{\partial u^2}=\dfrac{\partial}{\partial u}\left(f_x\dfrac{\partial x}{\partial u}\right)+\dfrac{\partial}{\partial u}\left(f_y\dfrac{\partial y}{\partial u}\right)=((f_x)_u x_u+f_x(x_u)_u)+((f_y)_u y_u+f_y(y_u)_u)=([f_{xx}x_u+f_{xy}y_u]x_u+f_x x_{uu})+([f_{yx}x_u+f_{yy}y_u]y_u+f_y y_{uu})$.

2. $f_u=f_x x_u+f_y y_u, \dfrac{\partial}{\partial v}(f_u)=\dfrac{\partial}{\partial v}(f_x x_u)+\dfrac{\partial}{\partial v}(f_y y_u)=\dfrac{\partial f_x}{\partial v}x_u+f_x x_{uv}+\dfrac{\partial f_y}{\partial v}y_u+f_y y_{uv}=(f_{xx}x_v+f_{xy}y_v)x_u+f_x x_{uv}+(f_{yx}x_v+f_{yy}y_v)y_u+f_y y_{uv}=f_{xx}x_ux_v+f_{xy}(x_uy_v+x_vy_u)+f_{yy}y_uy_v+f_x x_{uv}+f_y y_{uv}$ □

例 **6.16.** 極座標 $x = r\cos\theta, y = r\sin\theta$ を用いると、関数 $z = f(x, y)$ は (r, θ) の関数 $z = g(r, \theta) = f(r\cos\theta, r\sin\theta)$ と見なすことができる。このとき、

$$g_r = f_x \cos\theta + f_y \sin\theta, \quad g_\theta = f_x(-r\sin\theta) + f_y r\cos\theta.$$

問 **6.2.4.** 例 6.16 において、$g(r, \theta)$ の第 2 次偏導関数が次のようになることを示せ。

$g_{rr} = f_{xx}\cos^2\theta + 2f_{xy}\cos\theta\sin\theta + f_{yy}\sin^2\theta$,
$g_{r\theta} = f_{xx}(-r\sin\theta\cos\theta) + f_{xy}r(\cos^2\theta - \sin^2\theta) + f_{yy}(r\sin\theta\cos\theta) - f_x\sin\theta + f_y\cos\theta$,
$g_{\theta\theta} = f_{xx}(r^2\sin^2\theta) + 2f_{xy}(-r^2\cos\theta\sin\theta) + f_{yy}(r^2\cos^2\theta) - f_x r\cos\theta - f_y r\sin\theta$.

解 $g_r = f_x\cos\theta + f_y\sin\theta$, $g_\theta = f_x(-r\sin\theta) + f_y r\cos\theta$ だから、$g_{rr} = \dfrac{\partial}{\partial r}(f_x\cos\theta + f_y\sin\theta) = \dfrac{\partial}{\partial r}(f_x\cos\theta) + \dfrac{\partial}{\partial r}(f_y\sin\theta) = (f_{xx}x_r + f_{xy}y_r)\cos\theta + (f_{yx}x_r + f_{yy}y_r)\sin\theta$. ここで、$x_r = \cos\theta, y_r = \sin\theta$ より、$g_{rr} = f_{xx}\cos^2\theta + 2f_{xy}\cos\theta\sin\theta + f_{yy}\sin^2\theta$.

また、$g_{r\theta} = \dfrac{\partial}{\partial \theta}(f_x\cos\theta + f_y\sin\theta) = \dfrac{\partial}{\partial \theta}(f_x\cos\theta) + \dfrac{\partial}{\partial \theta}(f_y\sin\theta) = (f_{xx}x_\theta + f_{xy}y_\theta)\cos\theta + f_x(-\sin\theta) + (f_{yx}x_\theta + f_{yy}y_\theta)\sin\theta + f_y\cos\theta = f_{xx}(-r\sin\theta\cos\theta) + f_{xy}r(\cos^2\theta - \sin^2\theta) + f_{yy}(r\sin\theta\cos\theta) - f_x\sin\theta + f_y\cos\theta$.

同様に、$g_{\theta\theta} = \dfrac{\partial}{\partial \theta}(f_x(-r\sin\theta) + f_y r\cos\theta) = \dfrac{\partial}{\partial \theta}(f_x(-r\sin\theta)) + \dfrac{\partial}{\partial \theta}(f_y r\cos\theta) = (f_{xx}x_\theta + f_{xy}y_\theta)(-r\sin\theta) - rf_x\cos\theta + (f_{yx}x_\theta + f_{yy}y_\theta)(r\cos\theta) - f_y(r\sin\theta) = f_{xx}(r^2\sin^2\theta) + 2f_{xy}(-r^2\cos\theta\sin\theta) + f_{yy}(r^2\cos^2\theta) - f_x r\cos\theta - f_y r\sin\theta$. ∎

問 **6.2.5.** 例 6.16 において、$r \neq 0$ のとき、次を示せ.

1. $\dfrac{\partial f}{\partial x} = \dfrac{\partial g}{\partial r}\cos\theta - \dfrac{1}{r}\dfrac{\partial g}{\partial \theta}\sin\theta, \quad \dfrac{\partial f}{\partial y} = \dfrac{\partial g}{\partial r}\sin\theta + \dfrac{1}{r}\dfrac{\partial g}{\partial \theta}\cos\theta.$

2. $\left(\dfrac{\partial f}{\partial x}\right)^2 + \left(\dfrac{\partial f}{\partial y}\right)^2 = \left(\dfrac{\partial g}{\partial r}\right)^2 + \dfrac{1}{r^2}\left(\dfrac{\partial g}{\partial \theta}\right)^2.$

3. $\dfrac{\partial^2 f}{\partial x^2} + \dfrac{\partial^2 f}{\partial y^2} = \dfrac{\partial^2 g}{\partial r^2} + \dfrac{1}{r}\dfrac{\partial g}{\partial r} + \dfrac{1}{r^2}\dfrac{\partial^2 g}{\partial \theta^2}.$

解

1. $g_r = f_x \cos\theta + f_y \sin\theta$, $g_\theta = f_x(-r\sin\theta) + f_y r\cos\theta$ を f_x, f_y の連立方程式とみて解くと, $\dfrac{\partial f}{\partial x} = \dfrac{\partial g}{\partial r}\cos\theta - \dfrac{1}{r}\dfrac{\partial g}{\partial \theta}\sin\theta$, $\dfrac{\partial f}{\partial y} = \dfrac{\partial g}{\partial r}\sin\theta + \dfrac{1}{r}\dfrac{\partial g}{\partial \theta}\cos\theta$.

2. 上の 1. より, $\left(\dfrac{\partial f}{\partial x}\right)^2 + \left(\dfrac{\partial f}{\partial y}\right)^2 = \left(\dfrac{\partial g}{\partial r}\cos\theta - \dfrac{1}{r}\dfrac{\partial g}{\partial \theta}\sin\theta\right)^2 + \left(\dfrac{\partial g}{\partial r}\sin\theta + \dfrac{1}{r}\dfrac{\partial g}{\partial \theta}\cos\theta\right)^2 = \left(\dfrac{\partial g}{\partial r}\right)^2(\cos^2\theta + \sin^2\theta) + \dfrac{1}{r^2}\left(\dfrac{\partial g}{\partial \theta}\right)^2(\cos^2\theta + \sin^2\theta)$. ここで $\sin^2\theta + \cos^2\theta = 1$ より, 与式 $= \left(\dfrac{\partial g}{\partial r}\right)^2 + \dfrac{1}{r^2}\left(\dfrac{\partial g}{\partial \theta}\right)^2$.

3. 問 6.2.4 より, $\dfrac{\partial^2 g}{\partial r^2} + \dfrac{1}{r}\dfrac{\partial g}{\partial r} + \dfrac{1}{r^2}\dfrac{\partial^2 g}{\partial \theta^2} = f_{xx}\cos^2\theta + 2f_{xy}\cos\theta\sin\theta + f_{yy}\sin^2\theta + \dfrac{1}{r}(f_x\cos\theta + f_y\sin\theta) + \dfrac{1}{r^2}(f_{xx}(r^2\sin^2\theta) + 2f_{xy}(-r^2\cos\theta\sin\theta) + f_{yy}(r^2\cos^2\theta) - f_x r\cos\theta - f_y r\sin\theta) = \dfrac{\partial^2 f}{\partial x^2} + \dfrac{\partial^2 f}{\partial y^2}$. ∎

関数 $x = x(u,v), y = y(u,v)$ において, 行列 $\begin{pmatrix} \frac{\partial x}{\partial u} & \frac{\partial y}{\partial u} \\ \frac{\partial x}{\partial v} & \frac{\partial y}{\partial v} \end{pmatrix}$ を **関数行列** または **ヤコビ行列** という. さらに, 行列式 $\begin{vmatrix} \frac{\partial x}{\partial u} & \frac{\partial y}{\partial u} \\ \frac{\partial x}{\partial v} & \frac{\partial y}{\partial v} \end{vmatrix}$ を $\dfrac{\partial(x,y)}{\partial(u,v)}$ で表し, **関数行列式** またはヤコビアンという.

注 6.13. 1 変数関数 $y = f(x)$ において $f'(x) \neq 0$ ならば, 逆関数 $x = g(y)$ が定まり, $\dfrac{dy}{dx}\dfrac{dx}{dy} = 1$ となっていた. 同様に, 2 変数関数の場合, $x = x(u,v)$, $y = y(u,v)$ において $\dfrac{\partial(x,y)}{\partial(u,v)} \neq 0$ ならば, $u = u(x,y)$, $v = v(x,y)$ と表すことができて, $\dfrac{\partial(x,y)}{\partial(u,v)} \cdot \dfrac{\partial(u,v)}{\partial(x,y)} = 1$ が成立する.

問 6.2.6. $x = r\cos\theta$, $y = r\sin\theta$ のとき, $\dfrac{\partial(x,y)}{\partial(r,\theta)}$ を求めよ.

解 $\dfrac{\partial(x,y)}{\partial(r,\theta)} = \begin{vmatrix} \cos\theta & \sin\theta \\ -r\sin\theta & r\cos\theta \end{vmatrix} = r(\cos^2\theta + \sin^2\theta) = r.$ ∎

注 6.14. 1変数関数の場合, $y = f(x)$ において $f'(x) \neq 0$ ならば, $\dfrac{dx}{dy} = \dfrac{1}{\frac{dy}{dx}}$ が成立していた. しかし, 2変数関数の場合にはこのような式は一般に成立しない.

問 6.2.7.

1. C^1 級の関数 $z = f(x,y)$ において, $x = u\cos\alpha - v\sin\alpha$, $y = u\sin\alpha + v\cos\alpha$ (α は定数) とするとき, $(z_x)^2 + (z_y)^2 = (z_u)^2 + (z_v)^2$ を示せ.

2. c を定数とし, 1変数関数 f, g を C^2 級の関数とする. このとき, $z = f(x+ct) + g(x-ct)$ は, $\dfrac{\partial^2 z}{\partial t^2} = c^2 \dfrac{\partial^2 z}{\partial x^2}$ を満たすことを示せ.

3. 関数 $u(x,t) = \dfrac{1}{2\sqrt{\pi t}} \exp\dfrac{-x^2}{4t}$ は, $t > 0$ のとき, $\dfrac{\partial u}{\partial t} = \dfrac{\partial^2 u}{\partial x^2}$ を満たすことを示せ.

解

1. $(z_u)^2 + (z_v)^2 = (z_x \cos\alpha + z_y \sin\alpha)^2 + (z_x(-\sin\alpha) + z_y \cos\alpha)^2$
$= (z_x)^2 (\sin^2\alpha + \cos^2\alpha) + (z_y)^2 (\sin^2\alpha + \cos^2\alpha) = (z_x)^2 + (z_y)^2$.

2. $\dfrac{\partial z}{\partial t} = f'(x+ct)c + g'(x-ct)(-c)$, $\dfrac{\partial^2 z}{\partial t^2} = c^2(f''(x+ct) + g''(x-ct))$.
一方, $\dfrac{\partial z}{\partial x} = f'(x+ct) + g'(x-ct)$, $\dfrac{\partial^2 z}{\partial x^2} = (f''(x+ct) + g''(x-ct))$. 故に, $\dfrac{\partial^2 z}{\partial t^2} = c^2 \dfrac{\partial^2 z}{\partial x^2}$.

3. 関数の積の微分法に注意して,
$u_t = \dfrac{1}{2\sqrt{\pi}} \left(\dfrac{-1}{2} t^{\frac{-3}{2}} \exp\dfrac{-x^2}{4t} + \dfrac{1}{4} t^{\frac{-5}{2}} x^2 \exp\dfrac{-x^2}{4t} \right)$. 一方,
$u_x = \dfrac{1}{2\sqrt{\pi}} \left(\dfrac{-1}{2} t^{\frac{-3}{2}} x \exp\dfrac{-x^2}{4t} \right)$ を x で偏微分すると,

$$u_{xx} = \frac{1}{2\sqrt{\pi}}\left(\frac{-1}{2}t^{\frac{-3}{2}}\exp\frac{-x^2}{4t} + \frac{1}{4}t^{\frac{-5}{2}}x^2\exp\frac{-x^2}{4t}\right).$$ 故に $u_t = u_{xx}$ となる. ∎

6.2.5 合成関数の微分法と方向微分

定理 6.15. 勾配ベクトル $\nabla f(a,b)$ の向きは，関数 $f(x,y)$ が点 (a,b) で最大の増加をなす向きであり，そのときの勾配の長さ $|\nabla f(a,b)|$ はその向きにおける関数の変化率である.

注 6.16. $\nabla f(a,b)$ は点 (a,b) における等高線と直交する.

例 6.17. $f(x,y) = xy + y^2$ の点 $(1,1)$ における $\vec{u} = (\frac{1}{\sqrt{5}}, \frac{2}{\sqrt{5}})$ 向きへの方向微分係数は $\frac{7}{\sqrt{5}}$ となる.

問 6.2.8. 点 $(1,2)$ において関数 $\phi(x,y) = \dfrac{1}{\sqrt{x^2+y^2}}$ の変化率が最大になる向きとそのときの変化率を求めよ.

解 $\phi_x = -x(x^2+y^2)^{-3/2}$, $\phi_y = -y(x^2+y^2)^{-3/2}$ だから，変化率が最大になる向きは，$\nabla\phi(1,2) = (\dfrac{-1}{5\sqrt{5}}, \dfrac{-2}{5\sqrt{5}})$. また，そのときの変化率は，$|\nabla\phi(1,2)| = \dfrac{1}{5}$. ∎

6.3 テイラーの定理

定理 6.17 (テイラーの定理). 関数 $f(x,y)$ が点 (a,b) の近くで C^n 級ならば，

$$\begin{aligned}
f(a+h, b+k) &= \sum_{\ell=0}^{n-1}\frac{1}{\ell!}\left(h\frac{\partial}{\partial x} + k\frac{\partial}{\partial y}\right)^\ell f(a,b) + R_n \\
&= f(a,b) + \left(h\frac{\partial}{\partial x} + k\frac{\partial}{\partial y}\right)f(a,b) + \cdots \\
&\quad + \frac{1}{(n-1)!}\left(h\frac{\partial}{\partial x} + k\frac{\partial}{\partial y}\right)^{n-1}f(a,b) + R_n,
\end{aligned}$$

$$R_n = \frac{1}{n!}\left(h\frac{\partial}{\partial x}+k\frac{\partial}{\partial y}\right)^n f(a+\theta h, b+\theta k) \quad (ただし,\ 0<\theta<1)$$

を満たす θ が存在する．

テイラーの定理において，もしも $f(x,y)$ が C^∞ 級であり，しかも，$\lim_{n\to\infty} R_n = 0$ であるならば，無限級数 $\sum_{\ell=0}^{\infty}\left(h\frac{\partial}{\partial x}+k\frac{\partial}{\partial y}\right)^\ell f(a,b)$ は $f(x,y)$ に収束する．この無限級数を，点 (a,b) での $f(x,y)$ の **テイラー級数** あるいは **テイラー展開** という．

テイラーの定理において，特に $a=0, b=0$ の場合を，マクローリンの定理という．同様に，$(a,b)=(0,0)$ でのテイラー級数を，**マクローリン級数**，**マクローリン展開** という．

例 6.18. テイラーの定理を $n=2, 3$ の場合に書き下すと，以下のようになる．

1. $n=2$ のとき，
$$f(a+h, b+k) = f(a,b) + hf_x(a,b) + kf_y(a,b) + R_2.$$

2. $n=3$ のとき，
$$\begin{aligned}f(a+h, b+k) = &f(a,b) + hf_x(a,b) + kf_y(a,b) \\ &+ \frac{1}{2!}\{h^2 f_{xx}(a,b) + 2hk f_{xy}(a,b) + k^2 f_{yy}(a,b)\} + R_3.\end{aligned}$$

例 6.19. $f(x,y) = \exp x \sin y$ の点 $\left(1, \frac{\pi}{2}\right)$ でのテイラー展開を，2 次の項まで求めると，$\exp(1+h)\sin(\frac{\pi}{2}+k) = e + eh + \frac{e}{2}h^2 - \frac{e}{2}k^2 + \cdots$．あるいは，$x=1+h,\ y=\frac{\pi}{2}+k$ とおいて，$\exp x \sin y = e + e(x-1) + \frac{e}{2}(x-1)^2 - \frac{e}{2}\left(y-\frac{\pi}{2}\right)^2 + \cdots$ となる．

注 6.18. テイラー展開は，h と k，すなわち，$x-a$ と $y-b$ の多項式によって $f(x,y)$ の値の近似式を与えるという意味をもつ展開である．よって，その結果は $x-a$ と $y-b$ のベキ級数の形で表しておくべきである．

問 6.3.1. $f(x,y) = \log(x+3y)$ の点 $(3,1)$ におけるテイラー展開を，2 次の項まで求めよ．

解 $f(3,1) = \log 6$, $f_x = \dfrac{1}{x+3y}$, $f_y = \dfrac{3}{x+3y}$, $f_{xx} = \dfrac{-1}{(x+3y)^2}$, $f_{xy} = \dfrac{-3}{(x+3y)^2}$, $f_{yy} = \dfrac{-9}{(x+3y)^2}$ より, $f_x(3,1) = \dfrac{1}{6}$, $f_y(3,1) = \dfrac{1}{2}$, $f_{xx}(3,1) = \dfrac{-1}{36}$, $f_{xy}(3,1) = \dfrac{-1}{12}$, $f_{yy}(3,1) = \dfrac{-1}{4}$ となる. よって, $\log(x+3y) = \log 6 + \dfrac{(x-3)}{6} + \dfrac{(y-1)}{2} + \dfrac{1}{2}\left(\dfrac{-(x-3)^2}{36} + \dfrac{-(x-3)(y-1)}{6} + \dfrac{-(y-1)^2}{4}\right) + \cdots.$ ■

6.4 極値

関数 $f(x,y)$ が点 (a,b) のごく小さい近傍で, (a,b) 以外の任意の点 (x,y) に対して
$$f(x,y) < f(a,b) \quad (\text{または } f(x,y) > f(a,b))$$
を満たすとき, $f(x,y)$ は点 (a,b) で **極大** (または **極小**) であるといい, $f(a,b)$ を **極大値** (または**極小値**) という. 極大値, 極小値をまとめて**極値**という.

定理 6.19. C^1 級の関数 $f(x,y)$ が点 (a,b) で極値をとれば, $f_x(a,b) = 0$ かつ $f_y(a,b) = 0$ である.

$f_x(a,b) = 0$ かつ $f_y(a,b) = 0$ を満たす点 (a,b) を, $f(x,y)$ の **臨界点**または**停留点**という. 定理 6.19 より, 極値をとるような点は臨界点であることがわかる. しかしながら, その逆は成立するとは限らない. しかし, 以下のような定理が成立する.

定理 6.20. 点 (a,b) のある近傍で $f(x,y)$ が C^2 級とする. さらに点 (a,b) が $f(x,y)$ の臨界点であるとする；つまり, $f_x(a,b) = 0$ かつ $f_y(a,b) = 0$ が成り立っているとする. このとき,
$$D(a,b) = \{f_{xy}(a,b)\}^2 - f_{xx}(a,b)f_{yy}(a,b)$$
とおくと,

1. $D(a,b) < 0$ かつ $f_{xx}(a,b) > 0$ ならば, $f(x,y)$ は点 (a,b) で極小である.

2. $D(a,b) < 0$ かつ $f_{xx}(a,b) < 0$ ならば, $f(x,y)$ は点 (a,b) で極大である.

3. $D(a,b) > 0$ ならば，点 (a,b) で極値をとらない．

4. $D(a,b) = 0$ ならば，点 (a,b) で極値をとるか否かはこの方法では判定できない．

この定理より，$f(x,y)$ の極値を求めるには，

1. 連立方程式 $f_x(a,b) = 0, f_y(a,b) = 0$ のすべての解 (a,b) を求める．
2. 各 (a,b) に対して，$D(a,b)$ と $f_{xx}(a,b)$ の符号を調べる．
3. $D(a,b) = 0$ の場合は，別の方法を用いて，極値をとるか否かを調べる．

という方法をとればよいことがわかる．

例 6.20. $f(x,y) = x^3 - 3xy + y^3$ の極値は，点 $(1,1)$ で極小値 $f(1,1) = -1$ となる．

問 6.4.1. 次の関数の極値を求めよ．
(1) $f(x,y) = x^2 - y^2$ (2) $f(x,y) = x^3 + y^3 + 6xy$
(3) $f(x,y) = \sin x + \sin y + \sin(x+y)$ （ただし，$0 < x < \pi, 0 < y < \pi$）

解

(1) $f_x = 2x$, $f_y = -2y$ より臨界点は $(0,0)$．$f_{xx} = 2, f_{xy} = 0, f_{yy} = -2$ だから $D(0,0) = 4 > 0$ となり，$(0,0)$ では極値をとらない．よって，f は極値をもたない．

(2) $f_x = 3x^2 + 6y$, $f_y = 3y^2 + 6x$ より，臨界点は $(0,0), (-2,-2)$．一方，$f_{xx} = 6x, f_{xy} = 6, f_{yy} = 6y$ より $D(x,y) = 36 - 36xy$．ここで，$D(0,0) = 36 > 0$ だから，$(0,0)$ において極値をとらない．一方，$D(-2,-2) = -108 < 0$, $f_{xx}(-2,-2) = -12 < 0$ だから，$(-2,-2)$ で極大値 $f(-2,-2) = 8$ をとる．

(3) $f_x = \cos x + \cos(x+y) = 0$, $f_y = \cos y + \cos(x+y) = 0$ とすると，$f_x - f_y = \cos x - \cos y = 0$．ここで，$0 < x < \pi, 0 < y < \pi$ だから，$x = y$ でなくてはならない．よって，$0 < x < \pi$ において $f_x = \cos x + \cos 2x = 2\cos^2 x + \cos x - 1 = 0$ を解くと，$\cos x = \dfrac{1}{2}$ より，$x = \dfrac{\pi}{3}$．よって，臨界点は $\left(\dfrac{\pi}{3}, \dfrac{\pi}{3}\right)$ である．$\left(\dfrac{\pi}{3}, \dfrac{\pi}{3}\right)$ において，$f_{xx} = -\sqrt{3} < 0, f_{xy} = -\dfrac{\sqrt{3}}{2}, f_{yy} = -\sqrt{3}$ だから，$D\left(\dfrac{\pi}{3}, \dfrac{\pi}{3}\right) = -\dfrac{9}{4} < 0$ より，$\left(\dfrac{\pi}{3}, \dfrac{\pi}{3}\right)$ で極大値 $f\left(\dfrac{\pi}{3}, \dfrac{\pi}{3}\right) = \dfrac{3\sqrt{3}}{2}$ をとる．■

6.5 陰関数

定理 6.21 (陰関数定理：2 変数の場合). C^1 級の関数 $f(x,y)$ が点 (a,b) において，$f(a,b) = 0$, $f_y(a,b) \neq 0$ を満たすとする．このとき，点 a の近傍で，$b = g(a)$ かつ $f(x,g(x)) = 0$ を満たすような連続関数 $y = g(x)$ が，ただ 1 つ存在する．そして，この $g(x)$ は微分可能で $g'(x) = \dfrac{-f_x(x,g(x))}{f_y(x,g(x))}$ で与えられる．

問 6.5.1.

1. 上の定理において，$f(x,y)$ が C^2 級だとすると，陰関数 $y = g(x)$ も C^2 級であることが知られている．このとき $f(x,g(x)) = 0$ の両辺を 2 階微分することにより

$$\frac{d^2 g}{dx^2} = -\frac{f_{xx}f_y^2 - 2f_{xy}f_x f_y + f_{yy}f_x^2}{f_y^3}$$

となることを示せ．

2. $x^2 + y^2 - 4x = 0$ により定まる陰関数 $y = g(x)$ について，$\dfrac{dy}{dx}$, $\dfrac{d^2 y}{dx^2}$ を求めよ．

解

1. $f(x,g(x)) = 0$ を x で微分すると $f_x(x,g(x)) + f_y(x,g(x))g'(x) = 0$ さらに両辺を x で微分すると $f_{xx} + f_{xy}g'(x) + f_{yx}g'(x) + f_{yy}(g'(x))^2 + f_y g''(x) = 0$. この式に $g'(x) = \dfrac{-f_x}{f_y}$ を代入して，$f_{xx} + 2f_{xy}\dfrac{-f_x}{f_y} + f_{yy}\dfrac{(f_x)^2}{(f_y)^2} + f_y g''(x) = 0$. この式を整理すれば求める式が得られる．

2. $x^2 + y^2 - 4x = 0$ の両辺を x で微分すると，$x + yy' - 2 = 0$. よって，$y' = \dfrac{(2-x)}{y}$. また，$x + yy' - 2 = 0$ を x で微分すると，$1 + (y')^2 + yy'' = 0$. この式に上の $y' = \dfrac{(2-x)}{y}$ と $x^2 + y^2 - 4x = 0$ を代入すると，$y'' = -\dfrac{4}{y^3}$. ∎

定理 6.22 (陰関数定理：3 変数の場合). C^1 級の関数 $w = f(x,y,z)$ が点 (a,b,c) において，$f(a,b,c) = 0, f_z(a,b,c) \neq 0$ を満たしているとする．このと

き，点 (a,b) の近傍で，$c = g(a,b)$, $f(x,y,g(x,y)) = 0$ を満たすような関数 $z = g(x,y)$ がただ 1 つ存在する．さらに $g(x,y)$ は偏微分可能で，偏導関数は

$$g_x(x,y) = \frac{-f_x(x,y,g(x,y))}{f_z(x,y,g(x,y))}, \quad g_y(x,y) = \frac{-f_y(x,y,g(x,y))}{f_z(x,y,g(x,y))}$$

で与えられる．

6.6 条件付き極値

定理 6.23 (ラグランジュの未定乗数法)．$f(x,y)$, $g(x,y)$ をある領域 U 上の C^1 級の関数とし，U 内の集合 S を $S = \{(x,y) \mid g(x,y) = 0, \nabla g \neq (0,0)\}$ とする．条件 $g(x,y) = 0$ のもとで $f(x,y)$ が S の点 (a,b) で極値をとるならば，

$$\nabla f(a,b) = \lambda \nabla g(a,b)$$

となる定数 λ（ラグランジュの**乗数**）が存在する．

注 6.24. 最大値か最小値であるかは，与えられた関数の性質から判断する．このとき有界閉集合での連続関数はかならず最大値と最小値をもつことに注意せよ．

例 6.21. $g(x,y) = x^2 + y^2 - 1 = 0$ のもとで，$f(x,y) = xy$ は，$(x,y) = (\pm\frac{1}{\sqrt{2}}, \pm\frac{1}{\sqrt{2}})$ で極大値 $\frac{1}{2}$ を，また，$(x,y) = (\pm\frac{1}{\sqrt{2}}, \mp\frac{1}{\sqrt{2}})$ で極小値 $-\frac{1}{2}$ をとる．

問 6.6.1. $g(x,y) = x^2 + y^2 - 1 = 0$ のもとで $f(x,y) = x + y$ の極値を求めよ．

解 $f_x - \lambda g_x = 1 - 2\lambda x = 0$, $f_y - \lambda g_y = 1 - 2\lambda y = 0$ より $1 = 2\lambda x = 2\lambda y$. 故に $x = y$. よって，$x^2 + y^2 = 1$ より，$x = y = \frac{1}{\sqrt{2}}$, $x = y = -\frac{1}{\sqrt{2}}$ が極値を与える点の候補となる．$x^2 + y^2 = 1$ となる点の全体は有界閉集合であるから，点 $(\frac{1}{\sqrt{2}}, \frac{1}{\sqrt{2}})$ で最大値 $\sqrt{2}$ を，また，点 $(-\frac{1}{\sqrt{2}}, -\frac{1}{\sqrt{2}})$ で最小値 $-\sqrt{2}$ をとる． ∎

演習問題 6

1. 次の関数を偏微分せよ．なお，(7), (8) において，$h(t)$ は連続関数である．
   (1) $f(x, y, z) = \exp(xyz)$ (2) $f(x, y, z) = \log(x^2 + y^2 + z^2)$
   (3) $f(x, y, z) = \sin(x + 3y + 5z)$ (4) $f(x, y, z) = \sqrt{x^2 + y^2 + z^2}$
   (5) $f(x, y) = \tan(x^2 + y^2)$ (6) $f(x, y) = \sin(x \cos y)$
   (7) $f(x, y) = \int_0^{\frac{y}{x}} h(t)\, dt$ (8) $f(x, y) = \int_{xy}^{x^2+y^2} t\, h(t)\, dt$

   解
   (1) $f_x = yz \exp(xyz),\ f_y = zx \exp(xyz),\ f_z = xy \exp(xyz)$
   (2) $f_x = \dfrac{2x}{x^2 + y^2 + z^2},\ f_y = \dfrac{2y}{x^2 + y^2 + z^2},\ f_z = \dfrac{2z}{x^2 + y^2 + z^2}$
   (3) $f_x = \cos(x + 3y + 5z),\ f_y = 3\cos(x + 3y + 5z),\ f_z = 5\cos(x + 3y + 5z)$
   (4) $f_x = \dfrac{x}{\sqrt{(x^2 + y^2 + z^2)}}, f_y = \dfrac{y}{\sqrt{(x^2 + y^2 + z^2)}}, f_z = \dfrac{z}{\sqrt{(x^2 + y^2 + z^2)}}$
   (5) $f_x = 2x\sec^2(x^2 + y^2),\ f_y = 2y\sec^2(x^2 + y^2)$
   (6) $f_x = (\cos y)\cos(x \cos y),\ f_y = (-x \sin y)\cos(x \cos y)$
   (7) $F(t) = \int h(t)\, dt$ とおくと，$F'(t) = h(t)$, $f(x, y) = F(\dfrac{y}{x}) - F(0)$. よって，$f_x(x, y) = F'\left(\dfrac{y}{x}\right) \cdot \dfrac{\partial}{\partial x}\left(\dfrac{y}{x}\right) = h\left(\dfrac{y}{x}\right)\left(\dfrac{-y}{x^2}\right)$. 同様に，$f_y(x, y) = h\left(\dfrac{y}{x}\right)\left(\dfrac{1}{x}\right)$.
   (8) $F(t) = \int t h(t)\, dt$ とおくと，$F'(t) = th(t)$, $f(x, y) = F(x^2 + y^2) - F(xy)$. よって，$f_x(x, y) = F'(x^2 + y^2) \cdot \dfrac{\partial(x^2 + y^2)}{\partial x} - F'(xy) \cdot \dfrac{\partial(xy)}{\partial x} = 2x(x^2 + y^2)h(x^2 + y^2) - xy^2 h(xy)$. 同様に，$f_y(x, y) = 2y(x^2 + y^2)h(x^2 + y^2) - x^2 y h(xy)$. ∎

2. 次の関数 $f(x, y)$ に対して $f_{xx} + f_{yy}$ を計算せよ．

(1) $f(x,y) = \sqrt{x^2+y^2}$　　　(2) $f(x,y) = \tan^{-1}\dfrac{y}{x}$

(3) $f(x,y) = x^3 - 3xy^2$　　　(4) $f(x,y) = x^2 - y^2$

(5) $f(x,y) = (\exp x)(\sin y + \cos y)$　　　(6) $f(x,y) = \dfrac{xy}{1+x+y}$

解

(1) $f_x = \dfrac{x}{\sqrt{(x^2+y^2)}}$, $f_{xx} = \dfrac{y^2}{(x^2+y^2)\sqrt{(x^2+y^2)}}$. 関数 $f(x,y)$ は x, y に関して対称式なので $f_{yy} = \dfrac{x^2}{(x^2+y^2)\sqrt{(x^2+y^2)}}$. 故に $f_{xx} + f_{yy} = \dfrac{1}{\sqrt{(x^2+y^2)}}$

(2) $f_x = \dfrac{-y}{x^2+y^2}$, $f_{xx} = \dfrac{2xy}{(x^2+y^2)^2}$, $f_y = \dfrac{x}{x^2+y^2}$, $f_{yy} = \dfrac{-2xy}{(x^2+y^2)^2}$. 故に, $f_{xx} + f_{yy} = 0$

(3) $f_x = 3x^2 - 3y^2$, $f_{xx} = 6x$, $f_y = -6xy$, $f_{yy} = -6x$ より, $f_{xx} + f_{yy} = 0$.

(4) $f_x = 2x$, $f_{xx} = 2$, $f_y = -2y$, $f_{yy} = -2$ より, $f_{xx} + f_{yy} = 0$.

(5) $f_x = f_{xx} = (\exp x)(\sin y + \cos y)$, $f_y = (\exp x)(\cos y - \sin y)$, $f_{yy} = (\exp x)(-\sin y - \cos y)$ より, $f_{xx} + f_{yy} = 0$.

(6) $f_x = \dfrac{y+y^2}{(1+x+y)^2}$, $f_{xx} = \dfrac{-2(y+y^2)}{(1+x+y)^3}$. 関数 $f(x,y)$ は x, y に関して対称式なので, $f_y = \dfrac{x+x^2}{(1+x+y)^2}$　$f_{yy} = \dfrac{-2(x+x^2)}{(1+x+y)^3}$. よって, $f_{xx} + f_{yy} = \dfrac{-2(x+x^2+y+y^2)}{(1+x+y)^3}$. ∎

3. 次の関数の ∇f を求めよ．

　　(1) $f(x,y,z) = \exp xyz$　　　(2) $f(x,y,z) = xyz$

　　(3) $f(x,y,z) = xy + yz + zx$　　　(4) $f(x,y) = \exp(-2x\sin 3y)$

解

(1) $\nabla f = (yz\exp(xyz), zx\exp(xyz), xy\exp(xyz))$

(2) $\nabla f = (yz, zx, xy)$　　(3) $\nabla f = (y+z, z+x, x+y)$

(4) $\nabla f = -2\exp(-2x\sin 3y)(\sin 3y, 3x\cos 3y)$ ■

4. 次の式を全微分 df とする関数 $f(x,y)$ を求めよ．

   (1) $2xy^3 dx + 3x^2y^2 dy$ (2) $\dfrac{y}{1+xy}dx + \dfrac{x}{1+xy}dy$

   解

   (1) $f_x = 2xy^3$ を x で積分して $f(x,y) = x^2y^3 + h(y)$. この $f(x,y)$ を y で偏微分して $f_y = 3x^2y^2 + h'(y) = 3x^2y^2$. これより $h'(y) = 0$. 故に $h(y)$ は定数. 故に $f(x,y) = x^2y^3 + c$ （c は任意定数）．

   (2) $\dfrac{y}{1+xy}$ を x で積分して $f(x,y) = \log|1+xy| + h(y)$. この $f(x,y)$ を y で偏微分して $f_y = \dfrac{x}{1+xy} + h'(y) = \dfrac{x}{1+xy}$. これより $h'(y) = 0$. 故に $h(y)$ は定数. 故に $f(x,y) = \log|1+xy| + c$ （c は任意定数）． ■

5. $z = xy + x^3$, $x = 2\cos t$, $y = \sin t$ のとき，$\dfrac{dz}{dt}$ を求めよ．

   解 公式 $\dfrac{dz}{dt} = z_x\dfrac{dx}{dt} + z_y\dfrac{dy}{dt}$ より，$\dfrac{dz}{dt} = (y + 3x^2)(-2\sin t) + x\cos t = (\sin t + 12\cos^2 t)(-2\sin t) + 2\cos^2 t = -2\sin^2 t - 24\cos^2 t \sin t + 2\cos^2 t$. ■

6. $f = \log(x^2 + y^2)$ の点 $(1,2)$ における向き $\left(\dfrac{1}{2}, \dfrac{\sqrt{3}}{2}\right)$ の方向微分係数を求めよ．

   解 $\nabla f = \left(\dfrac{2x}{x^2+y^2}, \dfrac{2y}{x^2+y^2}\right)$ より，$\nabla f(1,2) = \left(\dfrac{2}{5}, \dfrac{4}{5}\right)$. 故に $\nabla f(1,2) \cdot \left(\dfrac{1}{2}, \dfrac{\sqrt{3}}{2}\right) = \dfrac{1+2\sqrt{3}}{5}$. ■

7. 次の関数の極値を求めよ．

   (1) $x^2 - xy + y^2 - 4x - 2y$ (2) $x^3 + 3xy - y^3$
   (3) $x(x^2 - 3y^2)$ (4) $(y - x^2)(y - 2x^2)$
   (5) $xy(1 - x - y)$ (6) $x^4 + y^4 - 2(x-y)^2$

   解

   (1) $f_x = 2x - y - 4$, $f_y = -x + 2y - 2$, $f_{xx} = 2$, $f_{xy} = -1$, $f_{yy} = 2$, $D(x,y) = -3 < 0$ となる．$f_x = f_y = 0$ を解くと $(x,y) = (10/3, 8/3)$.

$D(10/3, 8/3) = -3 < 0$ と $f_{xx}(10/3, 8/3) > 0$ より，点 $(10/3, 8/3)$ で極小値 $\dfrac{-28}{3}$．

(2) $f_x = 3x^2 + 3y$, $f_y = 3x - 3y^2$, $f_{xx} = 6x$, $f_{xy} = 3$, $f_{yy} = -6y$, $D(x,y) = 9 + 36xy$ となる．$f_x = f_y = 0$ を解くと $(x,y) = (0,0)$, $(1,-1)$．点 $(0,0)$ では，$D(0,0) = 9$ であるから，極値をとらない．点 $(1,-1)$ では，$f_{xx}(1,-1) = 6$, $f_{xy}(1,-1) = 3$, $f_{yy}(1,-1) = 6$, $D(1,-1) = -27$ であるから，極小値 $f(1,-1) = -1$ をとる．

(3) $f_x = 3x^2 - 3y^2$, $f_y = -6xy$, $f_{xx} = 6x$, $f_{xy} = -6y$, $f_{yy} = -6x$, $D(x,y) = 36x^2 + 36y^2$ となる．$f_x = f_y = 0$ を解くと $(x,y) = (0,0)$．x 軸上で $x > 0$ ならば $f(x,y) > 0$, $x < 0$ ならば $f(x,y) < 0$ となり，点 $(0,0)$ のいかなる小さな近傍においても $f(x,y)$ は定符号とならないから，$f(x,y)$ は極値をとらない．

(4) $f_x = -6xy + 8x^3$, $f_y = 2y - 3x^2$, $f_{xx} = -6y + 24x^2$, $f_{xy} = -6x$, $f_{yy} = 2$, $D(x,y) = -12x^2 + 12y$ となる．$f_x = f_y = 0$ を解くと $(x,y) = (0,0)$．原点の近傍の点 (x,y) で，$x^2 < y < 2x^2$ ならば $f(x,y) < 0$, $y > 2x^2$ では $f(x,y) > 0$ となる．故に (3) と同様な理由より $f(x,y)$ は極値をとらない．

(5) $f_x = y(1 - 2x - y)$, $f_y = x(1 - x - 2y)$, $f_{xx} = -2y$, $f_{xy} = 1 - 2y - 2x$, $f_{yy} = -2x$, $D(x,y) = (1 - 2y - 2x)^2 - 4xy$ となる．$f_x = 0$ とすると，$y = 0$ または $1 - 2x - y = 0$．$y = 0$ のとき，$f_y = 0$ より，$x(1-x) = 0$．よって，$x = 0$ または $x = 1$．一方，$1 - 2x - y = 0$ のとき，$f_y = 0$ より，$x(1 - x - 2(1 - 2x)) = x(-1 + 3x) = 0$．よって，$x = 0$ または $x = 1/3$．このとき，それぞれ，$y = 1$ または $y = 1/3$．以上まとめると，臨界点は $(x,y) = (0,0)$, $(1,0)$, $(0,1)$, $(1/3, 1/3)$．ここで，点 $(0,0)$, $(1,0)$, $(0,1)$ では $D(x,y) > 0$ となるから極値をとらない．点 $(1/3, 1/3)$ では $D(1/3, 1/3) < 0$, $f_{xx}(1/3, 1/3) < 0$．よって点 $(1/3, 1/3)$ で極大値 $1/27$ をとる．

(6) $f_x = 4x^3 - 4x + 4y$, $f_y = 4y^3 + 4x - 4y$, $f_{xx} = 12x^2 - 4$, $f_{xy} = 4$, $f_{yy} = 12y^2 - 4$, $D(x,y) = 16(1 - (3y^2 - 1)(3x^2 - 1))$ となる．$f_x = f_y = 0$ とすると，$f_x + f_y = 4(x^3 + y^3) = 4(x+y)(x^2 - xy + y^2) = 0$ より，$y = -x$

演習問題 6　　　　　　　　　　　　　　　　　　　　　　　169

となる．よって $f_x(x,-x) = 4x(x^2-2) = 0$ より，$x = 0, \sqrt{2}, -\sqrt{2}$. このとき，それぞれ，$y = 0, -\sqrt{2}, \sqrt{2}$. よって，臨界点は，$(x,y) = (0,0), (\sqrt{2}, -\sqrt{2}), (-\sqrt{2}, \sqrt{2})$ となる．$D(0,0) = 0$. ここで，$x \neq 0$ のとき，$f(x,x) = 2x^4 > 0$. また，$0 < |x| < 2$ のとき，$f(x,-x) = 2x^4 - 8x^2 = 2x^2(x+2)(x-2) < 0$ だから，(3) と同様な理由により，$(0,0)$ で極値をとらない．$D(\sqrt{2}, -\sqrt{2}) = D(-\sqrt{2}, \sqrt{2}) < 0$, $f_{xx}(\sqrt{2}, -\sqrt{2}) > 0$, $f_{xx}(-\sqrt{2}, \sqrt{2}) > 0$ より，点 $(\sqrt{2}, -\sqrt{2}), (-\sqrt{2}, \sqrt{2})$ で極小値 -8 をとる．　■

8. 次の関数 $f(x,y)$ の点 $(0,0)$ での全微分可能性を調べよ．

   (1)　$f(x,y) = e^x \cos y$

   (2)　$f(x,y) = \begin{cases} xy \sin \dfrac{1}{x^2+y^2} & (x,y) \neq (0,0) \\ 0 & (x,y) = (0,0) \end{cases}$

   (3)　$f(x,y) = \begin{cases} \dfrac{x^2 y}{x^2+y^2} & (x,y) \neq (0,0) \\ 0 & (x,y) = (0,0) \end{cases}$

解

(1) f_x も f_y もともに連続関数なので全微分可能である．

(2) $f(h,0) = 0$, $f(0,k) = 0$ より $f_x(0,0) = 0$, $f_y(0,0) = 0$. よって，$(h,k) \neq (0,0)$ に対して，$\left| \dfrac{f(h,k) - f(0,0)}{\sqrt{h^2+k^2}} \right| = \left| \dfrac{hk}{\sqrt{h^2+k^2}} \sin \dfrac{1}{h^2+k^2} \right| \leq \left| \dfrac{hk}{\sqrt{h^2+k^2}} \right| \leq \sqrt{h^2+k^2}$. よって，$\lim_{(h,k) \to (0,0)} \dfrac{f(h,k) - f(0,0)}{\sqrt{h^2+k^2}} = 0$. 故に，関数は点 $(0,0)$ で全微分可能である．

(3) $f(h,0) = 0$, $f(0,k) = 0$ より $f_x(0,0) = 0$, $f_y(0,0) = 0$. よって，$h > 0$ に対して $k = mh$ とおくと，
$$\dfrac{f(h,mh) - f(0,0)}{\sqrt{h^2+(mh)^2}} = \dfrac{h^2(mh)}{(h^2+(mh)^2)\sqrt{h^2+(mh)^2}} = \dfrac{m}{(1+m^2)\sqrt{1+m^2}}$$
である．$h \to +0$ のとき，この値は m の値によって相異なる値に収束するの

で，$\displaystyle\lim_{(h,k)\to(0,0)} \frac{f(h,k)-f(0,0)}{\sqrt{h^2+k^2}}$ は存在しない．故に，関数は点 $(0,0)$ で全微分可能ではない． ■

9. 関数 $f(x,y)$ が $\mathbb{R}^2$ で C^1 級とするとき，次を証明せよ．
   (1) $\mathbb{R}^2$ で $f_x = 0$ ならば，$f(x,y) = g(y)$ である．
   (2) $\mathbb{R}^2$ で $f_y = 0$ ならば，$f(x,y) = h(x)$ である．
   (3) $\mathbb{R}^2$ で $f_x = 0$ かつ $f_y = 0$ ならば，$f(x,y)$ は定数である．
   ここで，$g(y)$ は y の関数，$h(x)$ は x の関数である．

解

(1) $n=1$ でテーラーの定理 6.17 を使用すると，$f(x,y) - f(a,b) = f_x(a+\theta(x-a), b+\theta(y-b))(x-a) + f_y(a+\theta(x-a), b+\theta(y-b))(y-b)$ となる θ が存在する．a を定数とし，$b=y$ として，x, y を変数とすると，$f(x,y) - f(a,y) = f_x(a+\theta(x-a), y)(x-a) = 0$．故に $f(x,y) = f(a,y)$ であるから $f(x,y)$ は x によらない関数である．よって $f(x,y) = g(y)$ である．

(2) 上の (1) と同様に $n=1$ でテーラーの定理 6.17 を使用すると，$f(x,y) - f(a,b) = f_x(a+\theta(x-a), b+\theta(y-b))(x-a) + f_y(a+\theta(x-a), b+\theta(y-b))(y-b)$ となる θ が存在する．b を定数とし，$a=x$ として，x, y を変数とすると，$f(x,y) - f(x,b) = f_y(x, b+\theta(y-b))(y-b) = 0$．故に $f(x,y) = f(x,b)$ であるから $f(x,y)$ は y によらない関数である．よって $f(x,y) = h(x)$ である．

(3) a, b を定数とし，x, y を変数とすると，$f(x,y) - f(a,b) = f_x(a+\theta(x-a), b+\theta(y-b))(x-a) + f_y(a+\theta(x-a), b+\theta(y-b))(y-b) = 0$．故に $f(x,y) = f(a,b)$．すなわち，$f(x,y)$ は定数 $f(a,b)$ に常に等しい． ■

第7章 重積分

7.1 2重積分の定義

Ω を $\mathbb{R}^2$ の有界な閉領域とするとき，Ω 上で定義された有界な関数 $z = f(x,y)$ について，1変数関数の定積分と同様にして，Ω における $f(x,y)$ の 2 重積分 $\iint_\Omega f(x,y)\,dxdy$ が定義される．

注 7.1. 同様にして，3 変数，4 変数，$\cdots$ の関数についてもその積分（正確には，3 重積分，4 重積分，$\cdots$）

$$\iiint_\Omega f(x,y,z)\,dxdydz, \quad \iiiint_\Omega f(x,y,z,u)\,dxdydzdu, \cdots$$

が考えられる．

定理 7.2. 関数 $f(x,y)$ が有界閉領域 Ω で連続であれば，$f(x,y)$ は Ω で積分可能である．

定理 7.3.

1. $\iint_\Omega \{f(x,y) \pm g(x,y)\}\,dxdy = \iint_\Omega f(x,y)\,dxdy \pm \iint_\Omega g(x,y)\,dxdy$ （複号同順）

2. $\iint_\Omega c\,f(x,y)\,dxdy = c \iint_\Omega f(x,y)\,dxdy$ （c は定数）

3. Ω が Ω_1 と Ω_2 に分割されている（つまり，$\Omega = \Omega_1 \cup \Omega_2$ であり，$\Omega_1 \cap \Omega_2$ の面積が 0）ならば，

$$\iint_\Omega f(x,y)\,dxdy = \iint_{\Omega_1} f(x,y)\,dxdy + \iint_{\Omega_2} f(x,y)\,dxdy$$

4. Ω のすべての点 (x,y) において $f(x,y) \leq g(x,y)$ ならば，

$$\iint_\Omega f(x,y)\,dxdy \leq \iint_\Omega g(x,y)\,dxdy$$

さらに，$f(x,y)$, $g(x,y)$ がともに連続のとき，等号が成立するのは，常に $f(x,y) = g(x,y)$ が成立するときに限る．

5. $\left|\iint_\Omega f(x,y)\,dxdy\right| \leq \iint_\Omega |f(x,y)|\,dxdy$

問 7.1.1. $\Omega = \{(x,y) \mid 0 \leq x \leq 1,\ 0 \leq y \leq 1\}$ とし，Ω を

$$\Omega_{i,j} = \left\{(x,y) \ \middle|\ \frac{i-1}{n} \leq x \leq \frac{i}{n},\ \frac{j-1}{n} \leq y \leq \frac{j}{n}\right\}$$

によって n^2 個の小領域に分割する．つまり，

$$\Omega = \bigcup_{i,j=1,2,\cdots,n} \Omega_{i,j}.$$

さらに，$(\xi_{i,j}, \eta_{i,j}) = \left(\dfrac{i}{n}, \dfrac{j}{n}\right)$ とおく．このとき，2 重積分の定義に従って，$\iint_\Omega xy\,dxdy$ を求めよ．

解

$$\sum_{i,j=1,2,\cdots,n} f(\xi_{i,j}, \eta_{i,j})\mu(\Omega_{i,j}) = \sum_{i,j=1,2,\cdots,n} \left(\frac{i}{n} \cdot \frac{j}{n}\right)\frac{1}{n^2}$$

$$= \sum_{i=1,2,\cdots,n} \left(\sum_{j=1,2,\cdots,n} ij \cdot \frac{1}{n^4}\right)$$

$$= \sum_{i=1,2,\cdots,n} \frac{i}{n^4} \cdot \frac{n(n+1)}{2} = \frac{n(n+1)}{2} \cdot \frac{n+1}{2n^3} = \frac{(n+1)^2}{4n^2}$$ だから，

$$\iint_\Omega xy\,dxdy = \lim_{n\to\infty} \frac{(n+1)^2}{4n^2} = \frac{1}{4}.$$

∎

7.2 2重積分の計算方法

2重積分は以下のような累次積分によって計算される．

$\boxed{x \text{ 軸に垂直な平面での切り口の面積を積分する方法}}$

$\Omega = \{(x,y) \mid a \leq x \leq b,\ \varphi_1(x) \leq y \leq \varphi_2(x)\}$ のとき，

$$\iint_\Omega f(x,y)\,dxdy = \int_a^b \left(\int_{\varphi_1(x)}^{\varphi_2(x)} f(x,y)\,dy \right) dx.$$

$\boxed{y \text{ 軸に垂直な平面での切り口の面積を積分する方法}}$

$\Omega = \{(x,y) \mid c \leq y \leq d,\ \psi_1(y) \leq x \leq \psi_2(y)\}$ のとき，

$$\iint_\Omega f(x,y)\,dxdy = \int_c^d \left(\int_{\psi_1(y)}^{\psi_2(y)} f(x,y)\,dx \right) dy.$$

注 7.4. 以上2通りの方法のうち，どちらを使ったほうが良いのかを一般的に決定する方法はない．与えられた問題の諸条件（Ω の形や f の形など）を見極めて総合的に判断していかなくてはならない．

注 7.5. 3変数以上の関数の積分についても，同様にして累次積分が考えられる．たとえば，

$$\Omega = \{(x,y,z) \mid a \leq x \leq b,\ \varphi_1(x) \leq y \leq \varphi_2(x),\ \psi_1(x,y) \leq z \leq \psi_2(x,y)\}$$

と書かれているとき，

$$\iiint_\Omega f(x,y,z)\,dxdydz = \int_a^b \left(\int_{\varphi_1(x)}^{\varphi_2(x)} \left(\int_{\psi_1(x,y)}^{\psi_2(x,y)} f(x,y,z)\,dz \right) dy \right) dx.$$

例 7.1. $\Omega = \{(x,y) \mid x \geq 0,\ y \geq x-1,\ y \leq -x+1\}$ のとき，この領域は $\Omega = \{(x,y) \mid 0 \leq x \leq 1,\ x-1 \leq y \leq -x+1\}$ のように書けるから，

$$\iint_\Omega x^2 + y\,dxdy = \int_0^1 \left(\int_{x-1}^{-x+1} x^2 + y\,dy \right) dx = \int_0^1 \left[x^2 y + \frac{y^2}{2} \right]_{y=x-1}^{y=-x+1} dx$$
$$= \int_0^1 2x^2 - 2x^3\,dx = \frac{1}{6}.$$

注 7.6. 上の例において，$\int_{x-1}^{-x+1} x^2 + y\, dy$ を $\left[x^2y + \dfrac{y^2}{2}\right]_{y=x-1}^{y=-x+1}$ のように表している．普通，定積分では，$\left[x^2y + \dfrac{y^2}{2}\right]_{x-1}^{-x+1}$ のように "$y=$" という部分を書かないが，累次積分では変数が 2 つあるため，どちらの変数に値を代入しているかを明示したほうが誤りが少なくなる．

注 7.7. 積分領域を，累次積分で使用するような表示に書き換える場合には，必ず，その領域を図示して考えるようにしてもらいたい．

例 7.2. $\Omega = \{(x,y) \mid y \geq x^2, x \geq y^2\}$ のとき，この領域は
$\Omega = \{(x,y) \mid 0 \leq x \leq 1, x^2 \leq y \leq \sqrt{x}\}$ のように書けるから，
$$\iint_\Omega xy\, dxdy = \int_0^1 \left(\int_{x^2}^{\sqrt{x}} xy\, dy\right) dx = \int_0^1 \left[\frac{xy^2}{2}\right]_{y=x^2}^{y=\sqrt{x}} dx = \int_0^1 \frac{x^2}{2} - \frac{x^5}{2}\, dx$$
$$= \frac{1}{12}.$$

注 7.8. よくある間違い

$(x,y) \in \Omega$ のとき，x の最小値・最大値（それらを a, b とする）と，y の最小値・最大値（それらを c, d とする）を求め，
$$\iint_\Omega f(x,y)\, dxdy = \int_c^d \left(\int_a^b f(x,y)\, dx\right) dy \quad \leftarrow \text{間違い!!}$$
としてしまう人が時々見られる．この右辺は，$\{(x,y) \mid a \leq x \leq b, c \leq y \leq d\}$ という長方形の領域上で $f(x,y)$ を積分していることになり，Ω での積分とはまったく違うことに注意して欲しい．

$\boxed{\text{積分順序の交換}}$

Ω が次のように 2 通りに表される場合を考える：
$$\Omega = \{(x,y) \mid a \leq x \leq b, \varphi_1(x) \leq y \leq \varphi_2(x)\}$$
$$= \{(x,y) \mid c \leq y \leq d, \psi_1(y) \leq x \leq \psi_2(y)\}.$$
このとき，次のように積分順序を交換できる：
$$\int_a^b \left(\int_{\varphi_1(x)}^{\varphi_2(x)} f(x,y)\, dy\right) dx = \int_c^d \left(\int_{\psi_1(y)}^{\psi_2(y)} f(x,y)\, dx\right) dy.$$

7.2. 2重積分の計算方法

例 7.3. $\int_0^1 \left(\int_x^1 e^{-y^2} \, dy \right) dx$ の積分領域は,

$$\Omega = \{(x,y) \mid 0 \leq x \leq 1,\ x \leq y \leq 1\} = \{(x,y) \mid 0 \leq y \leq 1,\ 0 \leq x \leq y\}$$

と表せるから, $\int_0^1 \left(\int_x^1 e^{-y^2} \, dy \right) dx = \int_0^1 \left(\int_0^y e^{-y^2} \, dx \right) dy = \int_0^1 y e^{-y^2} \, dy$
$= \left[-\frac{1}{2} e^{-y^2} \right]_0^1 = \frac{1}{2} \left(1 - \frac{1}{e} \right).$

注 7.9. 積分の順序を交換する場合は,必ず積分領域 Ω の図を描くことが重要である.

注 7.10. 関数 e^{-x^2} の不定積分を"普通の"関数の組み合わせでは決して書き表すことができないということが証明されている.よって,積分の順序を交換しないで上の例 7.3 を計算することはできない.

問 7.2.1. 次を求めよ.また,積分領域を図示せよ.

1. $\iint_\Omega (x^2 + xy + 2y^2)\, dxdy, \quad \Omega = \{(x,y) \mid 0 \leq x \leq 2,\ 0 \leq y \leq 1\}$

2. $\iint_\Omega y \sin x \, dxdy, \quad \Omega = \{(x,y) \mid 0 \leq x \leq \pi,\ \sin x \leq y \leq 2\sin x\}$

3. $\iint_\Omega \cos y \, dxdy, \quad \Omega = \left\{ (x,y) \left| -\frac{\pi}{2} \leq y \leq \frac{\pi}{2},\ -\cos y \leq x \leq \cos y \right. \right\}$

4. $\iint_\Omega \frac{x}{\sqrt{x^2 + y^2}}\, dxdy, \quad \Omega = \{(x,y) \mid 0 \leq x \leq 1,\ 0 \leq y \leq x\}$

5. $\iint_\Omega \frac{y}{\sqrt{4 - x^2}}\, dxdy, \quad \Omega = \{(x,y) \mid 0 \leq y \leq 2,\ 0 \leq x \leq y\}$

6. $\iint_\Omega x^2 \cos y \, dxdy, \quad \Omega = \{(x,y) \mid 0 \leq y \leq \pi,\ 0 \leq x \leq \sin y\}$

7. $\iint_\Omega \exp(x+y)\, dxdy, \quad \Omega = \{(x,y) \mid 1 \leq x \leq 2,\ 0 \leq y \leq \log x\}$

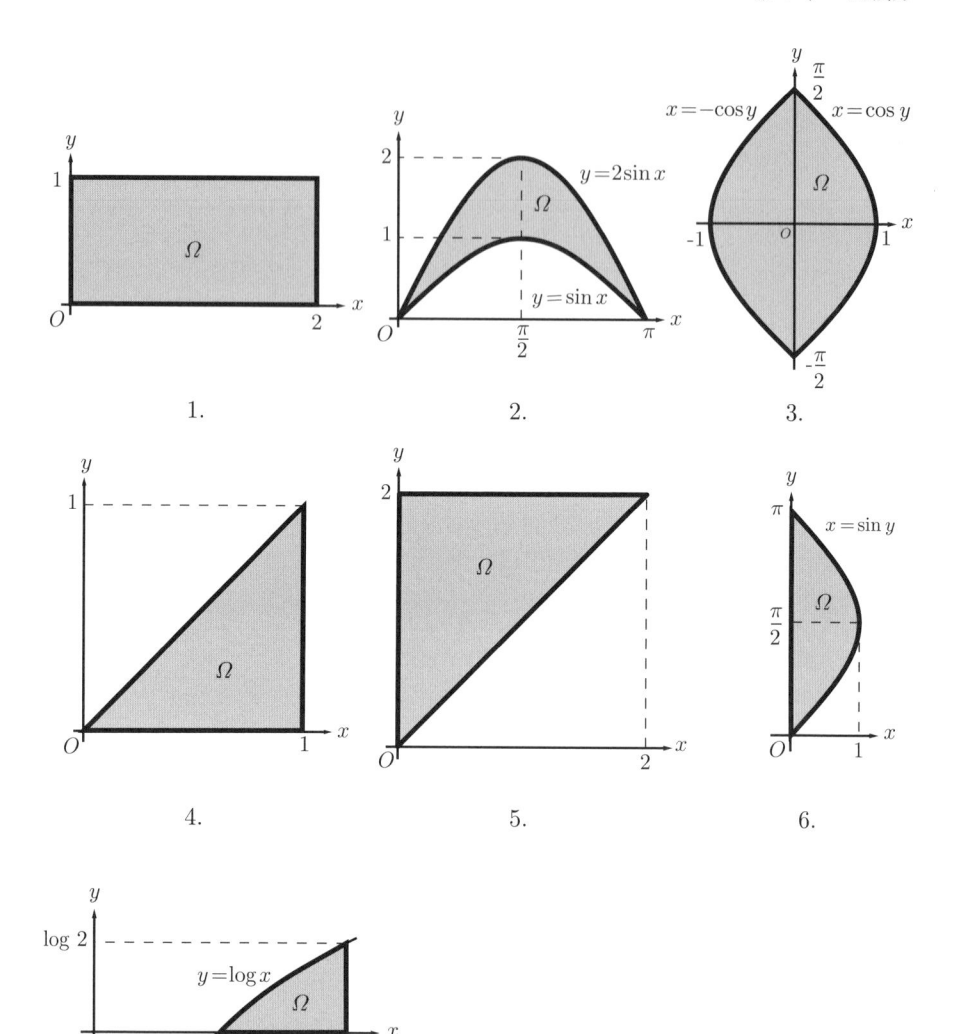

図 7.1: 問 7.2.1. の積分領域

解

1. $\displaystyle\iint_\Omega (x^2+xy+2y^2)\,dxdy = \int_0^2\left(\int_0^1 (x^2+xy+2y^2)\,dy\right)dx$

   $\displaystyle = \int_0^2 \left[x^2 y + \frac{xy^2}{2} + \frac{2y^3}{3}\right]_{y=0}^{y=1} dx = \int_0^2 x^2 + \frac{x}{2} + \frac{2}{3}\,dx = 5.$

2. $\displaystyle\iint_\Omega y\sin x\,dxdy = \int_0^\pi \left(\int_{\sin x}^{2\sin x} y\sin x\,dy\right)dx$

   $\displaystyle = \int_0^\pi \left[\frac{1}{2}y^2 \sin x\right]_{y=\sin x}^{y=2\sin x} dx = \int_0^\pi \frac{3}{2}\sin^3 x\,dx = 2.$

3. $\displaystyle\iint_\Omega \cos y\,dxdy = \int_{-\frac{\pi}{2}}^{\frac{\pi}{2}} \left(\int_{-\cos y}^{\cos y} \cos y\,dx\right)dy$

   $\displaystyle = \int_{-\frac{\pi}{2}}^{\frac{\pi}{2}} [x\cos y]_{x=-\cos y}^{x=\cos y}\,dy = \int_{-\frac{\pi}{2}}^{\frac{\pi}{2}} 2\cos^2 y\,dy = \pi.$

4. $\displaystyle\iint_\Omega \frac{x}{\sqrt{x^2+y^2}}\,dxdy = \int_0^1\left(\int_0^x \frac{x}{\sqrt{x^2+y^2}}\,dy\right)dx$

   $\displaystyle = \int_0^1 \left[x\log\left(y+\sqrt{x^2+y^2}\right)\right]_{y=0}^{y=x} dx = \log\left(1+\sqrt{2}\right)\int_0^1 x\,dx$

   $\displaystyle = \frac{1}{2}\log\left(1+\sqrt{2}\right).$

5. $\displaystyle\iint_\Omega \frac{y}{\sqrt{4-x^2}}\,dxdy = \int_0^2\left(\int_0^y \frac{y}{\sqrt{4-x^2}}\,dx\right)dy$

   $\displaystyle = \int_0^2 \left[y\sin^{-1}\frac{x}{2}\right]_{x=0}^{x=y} dy = \int_0^2 y\sin^{-1}\frac{y}{2}\,dy$

   $\displaystyle = \left[\frac{y}{2}\sqrt{1-\frac{y^2}{4}} + \left(\frac{y^2}{2}-1\right)\sin^{-1}\frac{y}{2}\right]_0^2 = \frac{\pi}{2}.$

6. $\displaystyle\iint_\Omega x^2\cos y\,dxdy = \int_0^\pi \left(\int_0^{\sin y} x^2\cos y\,dx\right)dy$

   $\displaystyle = \int_0^\pi \left[\frac{x^3}{3}\cos y\right]_{x=0}^{x=\sin y} dy = \int_0^\pi \frac{1}{3}\cos y \sin^3 y\,dy = 0.$

7. $\displaystyle\iint_\Omega \exp(x+y)\,dxdy = \int_1^2 \left(\int_0^{\log x} \exp(x+y)\,dy\right)dx$
$\displaystyle = \int_1^2 [\exp(x+y)]_{y=0}^{y=\log x}\,dx = \int_1^2 x\exp x - \exp x\,dx = e.$ ∎

問 7.2.2. 次の積分順序を交換せよ．また，積分の値を求めよ．積分領域も図示せよ．

1. $\displaystyle\int_0^1 \left(\int_{x^2}^x xy\,dy\right)dx$

2. $\displaystyle\int_0^1 \left(\int_{\sqrt{x}}^1 x^2+y^2\,dy\right)dx$

3. $\displaystyle\int_0^{\frac{1}{\sqrt{2}}} \left(\int_{\sin^{-1}x}^{\cos^{-1}x} \sin y\,dy\right)dx$

4. $\displaystyle\int_0^1 \left(\int_x^1 e^{y^2}\,dy\right)dx$

解

積分領域を Ω とする．

1. $\Omega = \{(x,y) \mid 0 \le x \le 1,\ x^2 \le y \le x\} = \{(x,y) \mid 0 \le y \le 1,\ y \le x \le \sqrt{y}\}$ であるから，積分順序を交換すると，$\displaystyle\int_0^1 \left(\int_y^{\sqrt{y}} xy\,dx\right)dy.$ 積分の値は，$\displaystyle\int_0^1 \left(\int_{x^2}^x xy\,dy\right)dx = \int_0^1 \left[\frac{xy^2}{2}\right]_{y=x^2}^{y=x}dx = \int_0^1 \frac{1}{2}(x^3 - x^5)\,dx = \frac{1}{24}.$

2. $\Omega = \{(x,y) \mid 0 \le x \le 1,\ \sqrt{x} \le y \le 1\} = \{(x,y) \mid 0 \le y \le 1,\ 0 \le x \le y^2\}$ であるから，積分順序を交換すると，
$\displaystyle\int_0^1 \left(\int_0^{y^2} x^2+y^2\,dx\right)dy.$ 積分の値は，$\displaystyle\int_0^1 \left(\int_0^{y^2} x^2+y^2\,dx\right)dy$
$\displaystyle = \int_0^1 \left[\frac{x^3}{3} + xy^2\right]_{x=0}^{x=y^2}dy = \int_0^1 \frac{y^6}{3} + y^4\,dy = \frac{26}{105}.$

7.2. 2重積分の計算方法

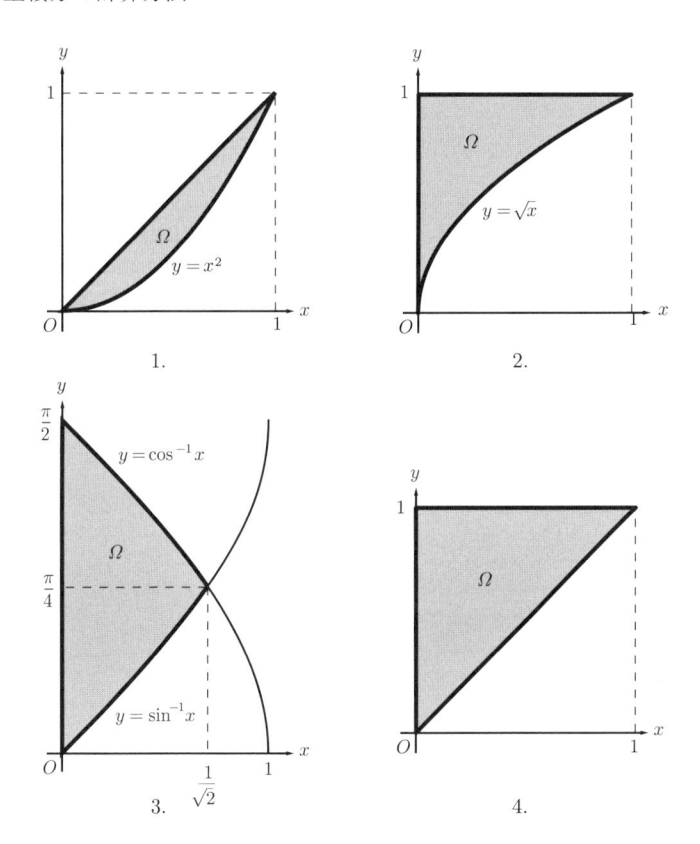

図 7.2: 問 7.2.2 の積分領域

3. $\Omega = \{(x,y) \mid 0 \leq x \leq \dfrac{1}{\sqrt{2}},\ \sin^{-1} x \leq y \leq \cos^{-1} x\}$

$= \left\{ (x,y) \ \middle| \ \begin{array}{l} 0 \leq y \leq \frac{\pi}{4} \text{のとき } 0 \leq x \leq \sin y, \\ \frac{\pi}{4} \leq y \leq \frac{\pi}{2} \text{のとき } 0 \leq x \leq \cos y \end{array} \right\}$

であるから,積分順序を交換すると,

$\displaystyle\int_0^{\frac{\pi}{4}} \left(\int_0^{\sin y} \sin y\, dx \right) dy + \int_{\frac{\pi}{4}}^{\frac{\pi}{2}} \left(\int_0^{\cos y} \sin y\, dx \right) dy$. 積分の値は,

$\displaystyle\int_0^{\frac{\pi}{4}} \left(\int_0^{\sin y} \sin y\, dx \right) dy + \int_{\frac{\pi}{4}}^{\frac{\pi}{2}} \left(\int_0^{\cos y} \sin y\, dx \right) dy =$

$$\int_0^{\frac{\pi}{4}} \sin^2 y \, dy + \int_{\frac{\pi}{4}}^{\frac{\pi}{2}} \cos y \sin y \, dy = \left(\frac{\pi}{8} - \frac{1}{4}\right) + \left(\frac{1}{4}\right) = \frac{\pi}{8}.$$

4. $\Omega = \{(x,y) \mid 0 \leq x \leq 1, \, x \leq y \leq 1\} = \{(x,y) \mid 0 \leq y \leq 1, \, 0 \leq x \leq y\}$ であるから，積分順序を交換すると，

$$\int_0^1 \left(\int_0^y e^{y^2} dx\right) dy. \text{ 積分の値は，} \int_0^1 \left(\int_0^y e^{y^2} dx\right) dy = \int_0^1 y e^{y^2} dy = \frac{1}{2}(e-1).$$ ∎

7.3 変数変換：重積分の置換積分

1変数関数の置換積分においては，単に変数を代入したものではなく，それに「変数変換による長さの拡大率」を掛けたものを積分しなくてはならなかった．それと同様に，2変数関数の置換積分においては，「変数変換による面積の拡大率」を掛けたものを積分しなくてはならない．

注 7.11. 長さと異なり，面積の場合にはその正負を考えることができない．そのため，拡大率を考える場合には，下記の定理 7.13 において，ヤコビアンに絶対値をつけなくてはならない．

注 7.12. 実は，面積にもその正負を考えるという立場がある．この立場にたてば，絶対値を考える必要はない．しかし，面積の正負を考えるためには平面の"向き"を考える必要があり，本書の扱うべき範囲を超えてしまうため，ここでは触れないことにする．

定理 7.13 (2変数関数の積分の変数変換)．uv 平面上の領域 D が，変換

$$x = x(u,v), \quad y = y(u,v)$$

(x, y は u, v の C^1 級の関数) によって xy 平面上の領域 Ω に1対1に写されているとする．このとき，

$$\iint_\Omega f(x,y) \, dxdy = \iint_D f(x(u,v), y(u,v)) \left|\frac{\partial(x,y)}{\partial(u,v)}\right| dudv.$$

7.3. 変数変換：重積分の置換積分

ただし，ここで，$\dfrac{\partial(x,y)}{\partial(u,v)} = \left(\begin{bmatrix} \frac{\partial x}{\partial u} & \frac{\partial x}{\partial v} \\ \frac{\partial y}{\partial u} & \frac{\partial y}{\partial v} \end{bmatrix}$ の行列式 $\right) = \dfrac{\partial x}{\partial u}\dfrac{\partial y}{\partial v} - \dfrac{\partial x}{\partial v}\dfrac{\partial y}{\partial u}$ であ

り，x,y の u,v に関するヤコビアンと呼ぶ．

注 7.14. 実は，D から Ω への対応が 1 対 1 でなくても，「1 対 1 でないような D の点全体の面積が 0 である」（たとえば，D 内の曲線が Ω の中の 1 点に写されているような場合）という条件を満たしていれば，この定理が成立する．

例 7.4. Ω を，3 点 $(0,0), (\pi,0), (0,\pi)$ を頂点とする 3 角形の周および内部とするとき，$u = x+y$, $v = x-y$ とおくと，対応する (u,v) の動く領域は，$D = \{(u,v) \mid v \geq -u, \ v \leq u, \ u \leq \pi\} = \{(u,v) \mid 0 \leq u \leq \pi, \ -u \leq v \leq u\}$ であり，$\left|\dfrac{\partial(x,y)}{\partial(u,v)}\right| = \left|-\dfrac{1}{2}\right| = \dfrac{1}{2}$ だから，

$$\iint_\Omega (x+y)^2 \cos(x^2 - y^2)\, dxdy = \iint_D u^2 \cos(uv) \cdot \frac{1}{2}\, dudv$$

$$= \frac{1}{2}\int_0^\pi \left(\int_{-u}^u u^2 \cos(uv)\, dv\right) du = \frac{1}{2}\int_0^\pi [u\sin(uv)]_{v=-u}^{v=u}\, du$$

$$= \frac{1}{2}\int_0^\pi 2u\sin(u^2)\, du = \left[-\frac{1}{2}\cos(u^2)\right]_0^\pi = \frac{1}{2}(1 - \cos(\pi^2)).$$

注 7.15. どのように変数変換すべきかは，積分しようとする関数の形や Ω の形などを十分に考慮して決定しなくてはいけない．

また，変数変換をする場合には，先ず Ω を不等式などで表現し，その式ひとつひとつを新しい変数を用いて丁寧に書き直していくという方法が，面倒ではあるが最も確実で間違いが少ない．面倒さを嫌って，安直な方法で D を求めようとすると失敗する場合が多いので注意を要する．

注 7.16. 3 変数関数についても，同様にして

$$\iiint_\Omega f(x,y,z)\, dxdydz$$
$$= \iiint_D f(x(u,v,w), y(u,v,w), z(u,v,w)) \left|\dfrac{\partial(x,y,z)}{\partial(u,v,w)}\right| dudvdw$$

が成立する．ここで，

$$\frac{\partial(x,y,z)}{\partial(u,v,w)} = \begin{bmatrix} x_u & x_v & x_w \\ y_u & y_v & y_w \\ z_u & z_v & z_w \end{bmatrix} \text{ の行列式}$$

$$= x_u y_v z_w + x_v y_w z_u + x_w y_u z_v - x_w y_v z_u - x_v y_u z_w - x_u y_w z_v$$

である．4 変数以上の場合も同様．

定理 7.17 (極座標を用いた座標変換)．xy 平面上の領域 Ω が極座標を用いて $r\theta$ 平面上の領域 D に対応しているとき，

$$\iint_\Omega f(x,y)\,dxdy = \iint_D f(r\cos\theta, r\sin\theta)\cdot r\,drd\theta.$$

例 7.5. $\Omega = \{(x,y) \mid x^2+y^2 \leq 1,\ y \geq x\}$ のとき，$x = r\cos\theta,\ y = r\sin\theta$ ($r \geq 0,\ 0 \leq \theta \leq 2\pi$) とおくと，対応する (r,θ) の動く領域 D は，

$$D = \left\{ (r,\theta) \;\middle|\; (r=0,\ 0 \leq \theta \leq 2\pi) \text{ または } (0 \leq r \leq 1,\ \frac{\pi}{4} \leq \theta \leq \frac{5\pi}{4}) \right\}$$

となる．ここで，"$r=0,\ 0 \leq \theta \leq 2\pi$" の部分の面積は 0 であるから，積分の値には影響しない．よって，

$$\iint_\Omega x\,dxdy = \iint_D r\cos\theta \cdot r\,drd\theta = \int_{\frac{1}{4}\pi}^{\frac{5}{4}\pi} \left(\int_0^1 r^2 \cos\theta\,dr \right) d\theta = -\frac{\sqrt{2}}{3}.$$

例 7.6. $\Omega = \{(x,y) \mid x^2+y^2 \leq 2x\}$ のとき，$x = r\cos\theta,\ y = r\sin\theta$ ($r \geq 0,\ -\pi \leq \theta \leq \pi$) とおくと，対応する領域 D は，

$$D = \{(r,\theta) \mid (r=0,\ -\pi \leq \theta \leq \pi) \text{ または } (0 \leq r \leq 2\cos\theta)\}$$

となる．ここで，"$r=0,\ -\pi \leq \theta \leq \pi$" の部分の面積は 0 であるから，積分の値には影響しない．また，$0 \leq r \leq 2\cos\theta$ となるのは，$-\frac{\pi}{2} \leq \theta \leq \frac{\pi}{2}$ のときに限る．よって，

$$\iint_\Omega x\,dxdy = \iint_D r\cos\theta \cdot r\,drd\theta = \int_{-\frac{\pi}{2}}^{\frac{\pi}{2}} \left(\int_0^{2\cos\theta} r^2\cos\theta\,dr \right) d\theta$$

$$= \int_{-\frac{\pi}{2}}^{\frac{\pi}{2}} \left[\frac{r^3}{3}\cos\theta \right]_{r=0}^{r=2\cos\theta} d\theta = \int_{-\frac{\pi}{2}}^{\frac{\pi}{2}} \frac{8}{3}\cos^4\theta\,d\theta = \pi.$$

7.3. 変数変換：重積分の置換積分

重要な空間座標

1. **円柱座標**

   点 $P(x,y,z)$ に対して，$x = r\cos\theta, y = r\sin\theta, z = z$ のとき，(r, θ, z) を P の **円柱座標** という．ただし，$r \geq 0$ であり，θ は長さ 2π の範囲を動く．このとき，$\dfrac{\partial(x,y,z)}{\partial(r,\theta,z)} = r \ (\geq 0)$ である．

2. **球面座標**

   点 $P(x,y,z)$ に対して，$x = r\sin\theta\cos\varphi, y = r\sin\theta\sin\varphi, z = r\cos\theta$ のとき，(r, θ, φ) を P の **球面座標** という．ただし，$r \geq 0$, $0 \leq \theta \leq \pi$ であり，φ は長さ 2π の範囲を動く．このとき，$\dfrac{\partial(x,y,z)}{\partial(r,\theta,\varphi)} = r^2 \sin\theta \ (\geq 0)$ である．

注 7.18. 球面座標が (r, θ, φ) であるような点 P は，

- θ と φ を固定して r のみを動かすと，原点を端点とする半直線上を動く．

- r と φ を固定して θ のみを動かすと，原点を中心とする半径 r の球面の経線（北極と南極を通る縦方向の円）上を動く．

- r と θ を固定して φ のみを動かすと，原点を中心とする半径 r の球面の緯線（赤道と平行な横方向の円）上を動く．

- r を固定して θ と φ を動かすと，点 P は原点を中心とする半径 r の球面上を動く．

例 7.7. $\Omega = \{(x,y,z) \mid x^2 + y^2 + z^2 \leq 1\}$ のとき，Ω を球面座標で表すと，$D = \{(r, \theta, \varphi) \mid 0 \leq r \leq 1, 0 \leq \theta \leq \pi, 0 \leq \varphi \leq 2\pi\}$ となる．よって，

$$\iiint_\Omega \sqrt{x^2+y^2+z^2}\,dxdydz = \iiint_D r \cdot r^2 \sin\theta \, drd\theta d\varphi = \pi.$$

問 7.3.1. 次の積分の値を，変数変換 $x = \dfrac{1}{2}(u+v)$, $y = \dfrac{1}{2}(u-v)$ を用いて求めよ．また，積分領域 Ω と，対応する uv 平面内の積分領域 D を共に図示せよ．

1. $\iint_\Omega (x-y)\sin(x+y)\,dxdy, \quad \Omega = \{(x,y) \mid 0 \le x+y \le \pi,\ 0 \le x-y \le \pi\}$

2. $\iint_\Omega (x+y)\exp(x+y)\,dxdy, \quad \Omega = \{(x,y) \mid x \ge 0,\ y \ge 0,\ x+y \le 1\}$

3. $\iint_\Omega (x^2-y^2)\sin(xy)\,dxdy, \quad \Omega = \{(x,y) \mid y \ge 0,\ y-x \le \pi,\ x+y \le \pi\}$

4. $\iint_\Omega (x^2+2xy+y^2)\exp(x-y)\,dxdy, \quad \Omega = \{(x,y) \mid |x|+|y| \le 1\}$

解
$x = \dfrac{1}{2}(u+v),\ y = \dfrac{1}{2}(u-v)$ であるから，$u = x+y,\ v = x-y$.
また，$\left|\dfrac{\partial(x,y)}{\partial(u,v)}\right| = \dfrac{1}{2}$ である．

1. $x+y = u,\ x-y = v$ であるから，$D = \{(u,v) \mid 0 \le u \le \pi,\ 0 \le v \le \pi\}$. よって，

$$\iint_\Omega (x-y)\sin(x+y)\,dxdy = \iint_D v\sin u \cdot \frac{1}{2}\,dudv$$
$$= \frac{1}{2}\int_0^\pi \left(\int_0^\pi v\sin u\,dv\right)du = \frac{1}{2}\pi^2.$$

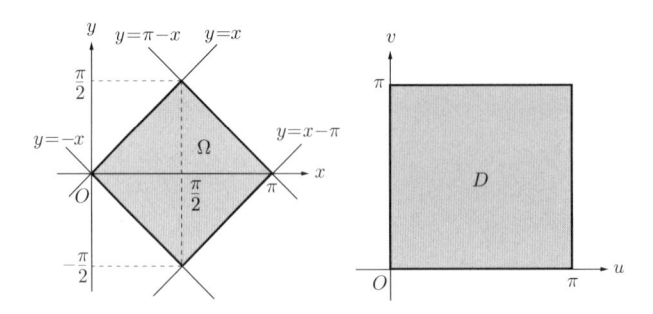

図 7.3: 問 7.3.1. の 1. の積分領域

2. $x \ge 0 \Leftrightarrow u+v \ge 0;\ y \ge 0 \Leftrightarrow u-v \ge 0;\ x+y \le 1 \Leftrightarrow u \le 1$ であるから，$D = \{(u,v) \mid 0 \le u \le 1,\ -u \le v \le u\}$. よって，

7.3. 変数変換：重積分の置換積分

$$\iint_\Omega (x+y)\exp(x+y)\,dxdy = \iint_D u\exp u \cdot \frac{1}{2}\,dudv$$
$$= \frac{1}{2}\int_0^1 \left(\int_{-u}^u u\exp u\,dv\right)du = \frac{1}{2}\int_0^1 2u^2\exp u\,du = e-2.$$

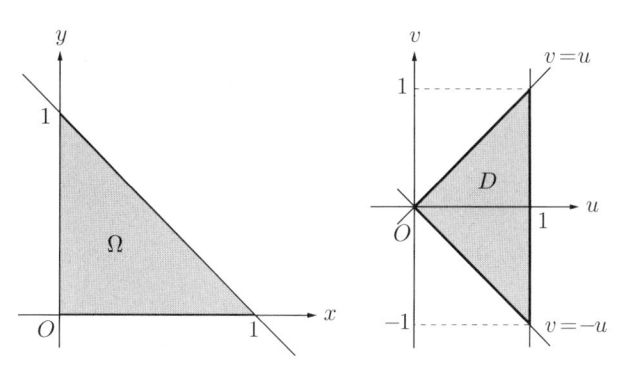

図 7.4: 問 7.3.1. の 2. の積分領域

3. $y \geq 0 \Leftrightarrow u - v \geq 0$; $y - x \leq \pi \Leftrightarrow -v \leq \pi$; $x + y \leq \pi \Leftrightarrow u \leq \pi$ であるから，$D = \{(u,v) \mid -\pi \leq v \leq \pi,\ v \leq u \leq \pi\}$. よって，

$$\iint_\Omega (x^2-y^2)\sin(xy)\,dxdy = \iint_D uv\sin\left(\frac{1}{4}(u^2-v^2)\right)\cdot\frac{1}{2}\,dudv$$
$$= \frac{1}{2}\int_{-\pi}^\pi \left(\int_v^\pi uv\sin\left(\frac{1}{4}(u^2-v^2)\right)du\right)dv$$
$$= \int_{-\pi}^\pi v\left(1-\cos\left(\frac{1}{4}(\pi^2-v^2)\right)\right)dv = 0.$$

4. $x \geq 0,\ y \geq 0$ のとき，$|x|+|y| \leq 1 \Leftrightarrow x+y \leq 1$.
   $x \leq 0,\ y \geq 0$ のとき，$|x|+|y| \leq 1 \Leftrightarrow -x+y \leq 1$.
   $x \geq 0,\ y \leq 0$ のとき，$|x|+|y| \leq 1 \Leftrightarrow x-y \leq 1$.
   $x \leq 0,\ y \leq 0$ のとき，$|x|+|y| \leq 1 \Leftrightarrow -x-y \leq 1$.
   以上あわせると，$\Omega = \{(x,y) \mid -1 \leq x+y \leq 1,\ -1 \leq x-y \leq 1\}$. 故に，$D = \{(u,v) \mid -1 \leq u \leq 1,\ -1 \leq v \leq 1\}$. よって，
   $$\iint_\Omega (x^2+2xy+y^2)\exp(x-y)\,dxdy = \iint_D u^2\exp v \cdot \frac{1}{2}\,dudv$$

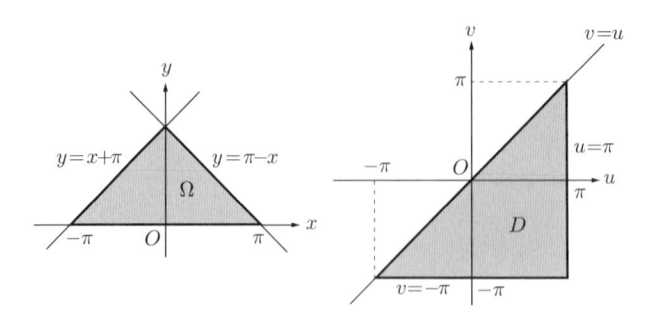

図 7.5: 問 7.3.1. の 3. の積分領域

$$= \frac{1}{2}\int_{-1}^{1}\left(\int_{-1}^{1} u^2 \exp v\, du\right) dv = \int_{-1}^{1} \frac{1}{3}\exp v\, dv = \frac{1}{3}\left(e - \frac{1}{e}\right).\quad\blacksquare$$

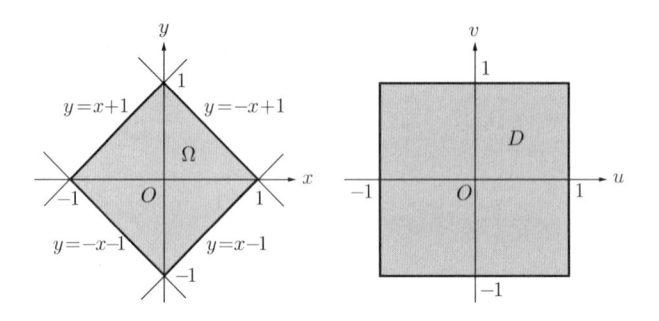

図 7.6: 問 7.3.1. の 4. の積分領域

問 7.3.2. 次の積分の値を，極座標 (r,θ) を用いて求めよ．また，積分領域 Ω と，対応する $r\theta$ 平面内の積分領域 D を共に図示せよ．

1. $\displaystyle\iint_{\Omega} x+y\,dxdy,\ \ \Omega = \{(x,y)\mid x^2+y^2 \leq 1,\ x \geq 0,\ y \geq 0\}$

2. $\displaystyle\iint_{\Omega} \frac{dxdy}{y},\ \ \Omega = \left\{(x,y)\,\bigg|\, x^2+y^2 \leq 1,\ y \geq \frac{1}{2}\right\}$

3. $\displaystyle\iint_{\Omega} \log(x^2+y^2)\,dxdy,\ \ \Omega = \{(x,y)\mid 1 \leq x^2+y^2 \leq 4\}$

7.3. 変数変換：重積分の置換積分

4. $\iint_\Omega y\,dxdy$, $\Omega = $ (点 $(0,2)$ を中心とする半径 2 の円板)

解

1. $x = r\cos\theta$, $y = r\sin\theta$ $(r \geq 0,\ 0 \leq \theta \leq 2\pi)$ とすると,

   - $x^2 + y^2 \leq 1 \Leftrightarrow r \leq 1$.
   - $x \geq 0 \Leftrightarrow (r = 0)$ または $(r > 0$ かつ $(0 \leq \theta \leq \dfrac{\pi}{2}$ または $\dfrac{3}{2}\pi \leq \theta \leq 2\pi))$.
   - $y \geq 0 \Leftrightarrow (r = 0)$ または $(r > 0$ かつ $0 \leq \theta \leq \pi)$.

   だから，積分に影響を与えない部分を無視すると,
   $D = \left\{(r,\theta)\ \Big|\ 0 \leq r \leq 1, 0 \leq \theta \leq \dfrac{\pi}{2}\right\}$. よって,

   $$\iint_\Omega x + y\,dxdy = \iint_D (r\cos\theta + r\sin\theta)r\,drd\theta$$
   $$= \int_0^1 \left(\int_0^{\frac{\pi}{2}} r^2(\cos\theta + \sin\theta)\,d\theta\right) dr$$
   $$= \int_0^1 2r^2\,dr = \frac{2}{3}.$$

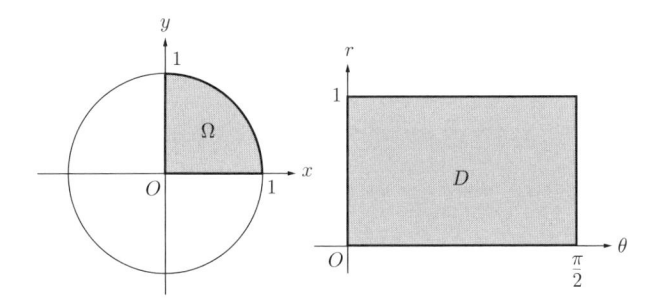

図 7.7: 問 7.3.2. の 1. の積分領域

2. $y \geq \dfrac{1}{2}$ だから, $r > 0$, $0 < \theta < \pi$ と仮定してよい. 特に, $\sin\theta > 0$. このとき,

- $x^2 + y^2 \leq 1 \Leftrightarrow r \leq 1$.
- $y \geq \dfrac{1}{2} \Leftrightarrow r \geq \dfrac{1}{2\sin\theta}$.

だから, $D = \left\{(r,\theta) \,\middle|\, \dfrac{\pi}{6} \leq \theta \leq \dfrac{5\pi}{6},\ \dfrac{1}{2\sin\theta} \leq r \leq 1\right\}$. よって,

$$\iint_\Omega \frac{dxdy}{y} = \iint_D \frac{1}{r\sin\theta} r\,drd\theta = \int_{\frac{\pi}{6}}^{\frac{5\pi}{6}} \left(\int_{\frac{1}{2\sin\theta}}^{1} \frac{1}{\sin\theta}\,dr\right)d\theta$$

$$= \int_{\frac{\pi}{6}}^{\frac{5\pi}{6}} \frac{1}{\sin\theta} - \frac{1}{2\sin^2\theta}\,d\theta$$

$$= 2\log\left(\sqrt{3}+1\right) - 2\log\left(\sqrt{3}-1\right) - \sqrt{3}.$$

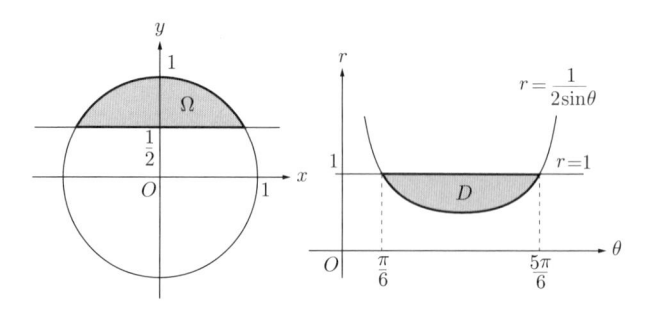

図 7.8: 問 7.3.2. の 2. の積分領域

3. $D = \{(r,\theta) \mid 1 \leq r \leq 2,\ 0 \leq \theta \leq 2\pi\}$ である. よって,

$$\iint_\Omega \log(x^2+y^2)\,dxdy = \iint_D \log(r^2) r\,drd\theta$$

$$= \int_0^{2\pi}\left(\int_1^2 2r\log r\,dr\right)d\theta = \int_0^{2\pi} \frac{1}{2}(8\log 2 - 3)\,d\theta$$

$$= (8\log 2 - 3)\pi.$$

7.3. 変数変換：重積分の置換積分

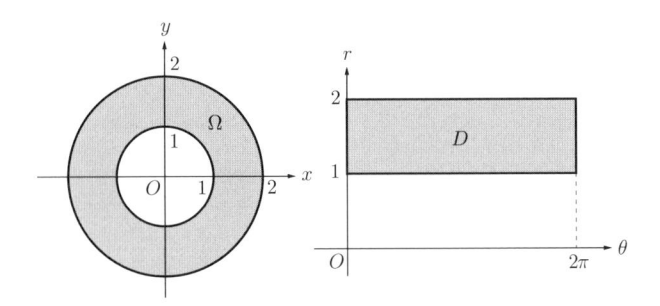

図 7.9: 問 7.3.2. の 3. の積分領域

4. $\Omega = \{(x,y) \mid x^2 + (y-2)^2 \leq 4\}$ である．ここで，$0 \leq \theta \leq 2\pi$ の範囲で θ を考えると，

$x^2 + (y-2)^2 \leq 4 \Leftrightarrow x^2 + y^2 - 4y \leq 0 \Leftrightarrow r(r - 4\sin\theta) \leq 0$
$\Leftrightarrow (r = 0)$ または $(r > 0$ かつ $r \leq 4\sin\theta)$

だから，積分に影響を与えない部分を無視すると，$D = \{(r,\theta) \mid 0 \leq \theta \leq \pi, 0 \leq r \leq 4\sin\theta\}$ である．よって，

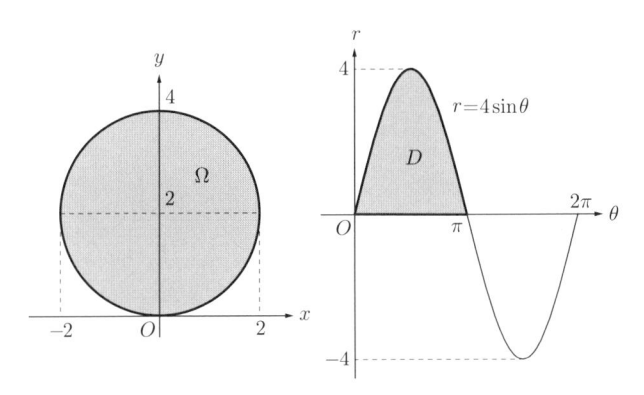

図 7.10: 問 7.3.2. の 4. の積分領域

$$\iint_\Omega y\,dxdy = \iint_D r^2 \sin\theta\,drd\theta = \int_0^\pi \left(\int_0^{4\sin\theta} r^2 \sin\theta\,dr \right) d\theta$$

$$= \int_0^\pi \frac{64}{3} \sin^4 \theta\, d\theta = 8\pi.$$

■

問 7.3.3. 球面座標を用いて，半径 $a > 0$ の球の体積を求めよ．

解

原点を中心とする半径 a の球を Ω とすると，

$$\Omega = \{(x, y, z) \mid x^2 + y^2 + z^2 \leq a^2\}$$

と表される．球面座標で表せば，対応する領域 D は

$$D = \{(r, \theta, \varphi) \mid 0 \leq r \leq a\}$$

となる．一般に領域 Ω の体積は，定数関数 $f(x, y, z) = 1$ を Ω で積分することによって求められるから，求める球の体積は，

$$\iiint_\Omega dxdydz = \iiint_D r^2 \sin\theta\, drd\theta d\varphi$$
$$= \int_0^{2\pi} \left(\int_0^\pi \left(\int_0^a r^2 \sin\theta\, dr \right) d\theta \right) d\varphi$$
$$= \frac{4\pi}{3} a^3.$$

■

7.4 広義積分

Ω が有界閉領域でない場合や f が有界でない場合にも，1 変数の場合と同様に，f の **広義積分** が定義できる．

定理 7.19. $f(x, y)$ が Ω で定義された非負連続関数であり，Ω の一つの近似増加集合列 Ω_n に対して $\displaystyle\lim_{n\to\infty} \iint_{\Omega_n} f(x, y)\, dxdy$ が存在するならば，$f(x, y)$ は Ω で広義積分可能である．

7.4. 広義積分

例 7.8.

1. $\Omega = \{(x,y) \mid x^2 + y^2 < 1\}$ のとき，$\displaystyle\iint_\Omega \frac{1}{\sqrt{1-x^2-y^2}}\,dxdy = 2\pi$.

2. $\Omega = \{(x,y) \mid x \geq 0,\, y \geq 0\}$ のとき，$\displaystyle\iint_\Omega \frac{1}{(1+x^2+y^2)^2}\,dxdy = \frac{\pi}{4}$.

注 7.20. 1 変数の場合と同様に，実際の計算では，定義通りに lim の計算をしていることを意識しつつ，lim を省いた簡便な表記を用いてもよいことにする.

例 7.9. $\Omega = \{(x,y) \mid x \geq 0,\, y \geq 0\}$ のとき，$\displaystyle\iint_\Omega e^{-x^2-y^2}\,dxdy = \frac{\pi}{4}$.

例 7.10. 例 7.9 を用いると，$\displaystyle\int_0^\infty e^{-x^2}\,dx = \frac{\sqrt{\pi}}{2}$ が得られる．

例 7.11. $\Omega = \mathbb{R}^2$ のとき，$\displaystyle\iint_\Omega e^{-x^2-2xy-5y^2}\,dxdy = \frac{\pi}{2}$.

問 7.4.1. 次の広義積分の値を求めよ．

1. $\displaystyle\iint_\Omega \exp(\alpha x + \beta y)\,dxdy,\ \Omega = \{(x,y) \mid x \geq 0,\, y \geq 0\}\ (\alpha < 0,\, \beta < 0)$

2. $\displaystyle\iint_\Omega \frac{dxdy}{\sqrt{xy}},\ \Omega = \{(x,y) \mid x > 0,\, y > 0,\, x+y < 1\}$

解

1. $\displaystyle\iint_\Omega \exp(\alpha x + \beta y)\,dxdy = \int_0^\infty \left(\int_0^\infty \exp(\alpha x + \beta y)\,dx\right) dy$
$\displaystyle = \int_0^\infty \left[\frac{1}{\alpha}\exp(\alpha x + \beta y)\right]_{x=0}^{x=\infty} dy = \int_0^\infty -\frac{1}{\alpha}\exp\beta y\,dy = \frac{1}{\alpha\beta}$.

2. $\displaystyle\iint_\Omega \frac{dxdy}{\sqrt{xy}} = \int_0^1 \left(\int_0^{1-x} \frac{1}{\sqrt{xy}}\,dy\right) dx = \int_0^1 \left[\frac{2\sqrt{y}}{\sqrt{x}}\right]_{y=0}^{y=1-x} dx$
$\displaystyle = \int_0^1 2\sqrt{\frac{1-x}{x}}\,dx = 2\left[\sqrt{x(1-x)} + \sin^{-1}\sqrt{x}\right]_0^1 = \pi$.

7.5 立体の体積

定理 7.21. 領域 Ω においてつねに $f(x,y) \geq g(x,y)$ が成立している場合，Ω 上で，$z = f(x,y)$ のグラフと $z = g(x,y)$ のグラフで挟まれる部分，つまり，

$$\{(x,y,z) \mid g(x,y) \leq z \leq f(x,y),\ (x,y) \in \Omega\}$$

の体積は，

$$\iint_\Omega \{f(x,y) - g(x,y)\}\,dxdy$$

で与えられる．

例 7.12. $f(x,y) = x^2 + 2y^2$，$g(x,y) = 12 - 2x^2 - y^2$ とするとき，$z = f(x,y)$ のグラフと $z = g(x,y)$ のグラフで囲まれる部分は，$\Omega = \{(x,y) \mid x^2 + y^2 \leq 4\}$ 上にあり，その体積は，

$$\iint_\Omega \{g(x,y) - f(x,y)\}\,dxdy = \iint_\Omega 12 - 3x^2 - 3y^2\,dxdy = 24\pi.$$

問 7.5.1. $f(x,y) = 5x^2 + 3y^2 - 17$，$g(x,y) = x^2 - 6y^2 + 19$ とするとき，$z = f(x,y)$ のグラフと $z = g(x,y)$ のグラフで囲まれる部分の体積を求めよ．

解 $f(x,y) \geq g(x,y) \Leftrightarrow 5x^2 + 3y^2 - 17 \geq x^2 - 6y^2 + 19 \Leftrightarrow 4x^2 + 9y^2 \geq 36$ であることを考慮すると，求める部分は領域

$$\Omega = \left\{(x,y) \mid 4x^2 + 9y^2 \leq 36\right\} = \left\{(x,y) \,\bigg|\, \left(\frac{x}{3}\right)^2 + \left(\frac{y}{2}\right)^2 \leq 1\right\}$$

上にあり，Ω において，$f(x,y) \leq g(x,y)$ である．よって，求める体積は，

$$\iint_\Omega \{g(x,y) - f(x,y)\}\,dxdy = \iint_\Omega \{36 - 4x^2 - 9y^2\}\,dxdy$$

である．ここで，$x = 3r\cos\theta, y = 2r\sin\theta$ $(r \geq 0,\ 0 \leq \theta \leq 2\pi)$ と変数変換すると，対応する $r\theta$ 平面の領域 D は，

$$D = \{(r,\theta) \mid 0 \leq r \leq 1,\ 0 \leq \theta \leq 2\pi\}$$

となり，また，$\dfrac{\partial(x,y)}{\partial(r,\theta)} = 6r$ だから，求める体積は，

$$\iint_D 36(1-r^2) \cdot 6r\,drd\theta = 108\pi.$$

■

7.6　曲面積

定理 7.22. Ω を uv 平面内の領域とし，S を
$$S = \{(x,y,z) \mid x = x(u,v), y = y(u,v), z = z(u,v) \ ((u,v) \in \Omega)\}$$
で定義された xyz 空間内の曲面とする．このとき，S の面積 $\mu(S)$ は，
$$\mu(S) = \iint_\Omega \sqrt{\left(\frac{\partial(y,z)}{\partial(u,v)}\right)^2 + \left(\frac{\partial(z,x)}{\partial(u,v)}\right)^2 + \left(\frac{\partial(x,y)}{\partial(u,v)}\right)^2} \, dudv.$$

注 7.23. 実は，この定理の計算式は**曲面の面積の定義**なのであるが，ここでは定理として扱った．

定理 7.24. 領域 Ω で定義された関数 $z = f(x,y)$ のグラフとして表される曲面の面積は，
$$\iint_\Omega \sqrt{1 + \{f_x(x,y)\}^2 + \{f_y(x,y)\}^2} \, dxdy.$$

定理 7.25. 円柱座標によって与えられた曲面
$$S = \{(x,y,z) \mid z = f(x,y), x = r\cos\theta, y = r\sin\theta \ ((r,\theta) \in \Omega)\}$$
の面積は，
$$\mu(S) = \iint_\Omega \sqrt{1 + \{z_r\}^2 + \frac{1}{r^2}\{z_\theta\}^2} \cdot r \, drd\theta.$$

定理 7.26. xy 平面上の曲線 $y = f(x) \ (a \leq x \leq b)$ を x 軸のまわりに回転して得られる回転面 S の面積は，
$$\mu(S) = 2\pi \int_a^b |f(x)| \sqrt{1 + \{f'(x)\}^2} \, dx.$$

例 7.13. 半径 $R > 0$ の球面の面積は $4\pi R^2$ である．

問 7.6.1. 次の曲面の面積を求めよ．

1. $z = x^2 - y^2 \ (x^2 + y^2 \leq 1)$

2. xy 平面上の円 $x^2 + (y-a)^2 = b^2 \ (0 < b < a)$ を x 軸のまわりに 1 回転して得られる曲面（このような曲面を円環面［トーラス］という．）

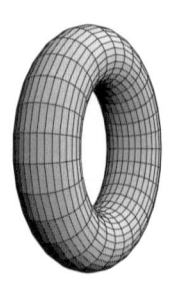

図 7.11: 円環面（トーラス）

解

1. 円柱座標で表示すると，$z = r^2(\cos^2\theta - \sin^2\theta)$ $(0 \leq r \leq 1,\ 0 \leq \theta \leq 2\pi)$ と表される．このとき，$z_r = 2r(\cos^2\theta - \sin^2\theta)$, $z_\theta = -4r^2\cos\theta\sin\theta$ である．よって，求める面積は，

$$\int_0^1 \left(\int_0^{2\pi} \sqrt{1 + \{2r(\cos^2\theta - \sin^2\theta)\}^2 + \frac{1}{r^2}\{-4r^2\cos\theta\sin\theta\}^2} \cdot r\,d\theta \right) dr$$
$$= \int_0^1 \left(\int_0^{2\pi} \sqrt{1 + 4r^2} \cdot r\,d\theta \right) dr = 2\pi \int_0^1 r\sqrt{1+4r^2}\,dr = \frac{1}{6}(5\sqrt{5} - 1)\pi.$$

2. $f_1(x) = a + \sqrt{b^2 - x^2}, f_2(x) = a - \sqrt{b^2 - x^2}$ とおくと，求める曲面は，$y = f_1(x)$ と $y = f_2(x)$ $(-b \leq x \leq b)$ を回転して得られる 2 つの回転面を合わせたものである．$y = f_1(x)$ を回転して得られる回転面の面積は，

$$2\pi \int_{-b}^{b} (a + \sqrt{b^2 - x^2})\sqrt{1 + \left(\frac{-x}{\sqrt{b^2 - x^2}}\right)^2}\,dx$$
$$= 2b\pi \int_{-b}^{b} \left(\frac{a}{\sqrt{b^2 - x^2}} + 1\right) dx = 2b(a\pi + 2b)\pi.$$

同様に $y = f_2(x)$ を回転して得られる回転面の面積は，$2b(a\pi - 2b)\pi$. よって，求める面積は，$2b(a\pi + 2b)\pi + 2b(a\pi - 2b)\pi = 4ab\pi^2$. ■

演習問題 7

1. 次の 2 重積分の値を求めよ．

演習問題 7

(1) $\iint_\Omega \sqrt{x}\,dxdy$, $\Omega = \{(x,y) \mid x^2 + y^2 \leq 4x\}$

(2) $\iint_\Omega \dfrac{y^2}{x}\,dxdy$, $\Omega = \{(x,y) \mid x^2 - 2x + y^2 \leq 0,\ |y| \leq x\}$

(3) $\iint_\Omega \dfrac{dxdy}{\sqrt{x+y}}$, $\Omega = $ (点 $(1,1)$ を中心とする半径 $\sqrt{2}$ の円板)

(4) $\iint_\Omega x+y\,dxdy$,

$\Omega = $ (原点を中心とする半径 2 の円板から点 $(1,0)$ を中心とする半径 1 の円板を除いた領域)

(5) $\iint_\Omega \dfrac{x}{y}\,dxdy$, $\Omega = \{(x,y) \mid x^2 + y^2 \leq x,\ x^2 + y^2 \leq y\}$

(6) $\iint_\Omega \dfrac{dxdy}{x}$, $\Omega = \{(x,y) \mid x^2 - 4x + y^2 \leq 0,\ x^2 + y^2 \geq 4\}$

(7) $\iint_\Omega \exp\left(\dfrac{x-y}{x+y}\right)\,dxdy$,

$\Omega = $ (3 点 $(0,0), (2,0), (0,2)$ を頂点とする 3 角形の内部)

(8) $\iint_\Omega (2x^2 - 3xy + y^2 + 2x - y)\sin\left(\dfrac{\pi}{2}(2x-y)^2\right)\,dxdy$,

$\Omega = $ (3 点 $(0,0), (1,1), (1,2)$ を頂点とする 3 角形とその内部)

(9) $\iint_\Omega (x^2 - 9y^2)\exp(-x^2 - 6xy - 9y^2)\,dxdy$,

$\Omega = $ (3 点 $(-3,0), (3,0), (0,1)$ を頂点とする 3 角形とその内部)

(10) $\iint_\Omega (4x^2 - y^2)\exp(4x^2 + 4xy + y^2)\,dxdy$,

$\Omega = \{(x,y) \mid 2|x| + |y| \leq 1,\ y \geq 0\}$

(11) $\iint_\Omega \exp(-5x^2 + 4xy - y^2)\,dxdy$, $\Omega = \mathbb{R}^2$

(12) $\iint_\Omega xy\,dxdy$, $\Omega = \{(x,y) \mid 2x^2 - 10xy + 13y^2 \leq 1\}$

(13) $\iint_\Omega 2xy - y^2\,dxdy$, $\Omega = \{(x,y) \mid 2x^2 + 2xy + 5y^2 \leq 9\}$

解

(1) 極座標 (r, θ) $(-\pi \leq \theta \leq \pi)$ を用いると，$(x, y) \in \Omega \Leftrightarrow (r = 0$ または $0 \leq r \leq 4\cos\theta)$ である．よって，対応する $r\theta$ 平面上での積分領域（積分に影響しない部分を除く：以下同様）D は，

$$D = \left\{(r, \theta) \,\middle|\, -\frac{\pi}{2} \leq \theta \leq \frac{\pi}{2},\ 0 \leq r \leq 4\cos\theta\right\}.$$

よって，

$$\iint_\Omega \sqrt{x}\,dxdy = \iint_D \sqrt{r\cos\theta} \cdot r\,drd\theta$$
$$= \int_{-\frac{\pi}{2}}^{\frac{\pi}{2}} \left(\int_0^{4\cos\theta} \sqrt{r\cos\theta} \cdot r\,dr\right) d\theta = \int_{-\frac{\pi}{2}}^{\frac{\pi}{2}} \frac{64}{5}\cos^3\theta\,d\theta = \frac{256}{15}.$$

(2) 極座標 (r, θ) $(-\pi \leq \theta \leq \pi)$ を用いると，$x^2 - 2x + y^2 \leq 0 \Leftrightarrow (r = 0$ または $0 \leq r \leq 2\cos\theta)$ である．よって，対応する $r\theta$ 平面上での積分領域 D は，$-\frac{\pi}{2} \leq \theta \leq \frac{\pi}{2}$ に含まれる．この範囲内では，$|y| \leq x \Leftrightarrow -\frac{\pi}{4} \leq \theta \leq \frac{\pi}{4}$ である．故に，

$$D = \left\{(r, \theta) \,\middle|\, -\frac{\pi}{4} \leq \theta \leq \frac{\pi}{4},\ 0 \leq r \leq 2\cos\theta\right\}.$$

よって，

$$\iint_\Omega \frac{y^2}{x}\,dxdy = \iint_D r\frac{\sin^2\theta}{\cos\theta} \cdot r\,drd\theta$$
$$= \int_{-\frac{\pi}{4}}^{\frac{\pi}{4}} \left(\int_0^{2\cos\theta} r^2\frac{\sin^2\theta}{\cos\theta}\,dr\right) d\theta = \int_{-\frac{\pi}{4}}^{\frac{\pi}{4}} \frac{8}{3}\cos^2\theta\sin^2\theta\,d\theta = \frac{\pi}{6}.$$

(3) $\Omega = \{(x, y) \mid (x-1)^2 + (y-1)^2 \leq 2\}$ と表せる．極座標 (r, θ) $(-\pi \leq \theta \leq \pi)$ を用いると，

$$(x-1)^2 + (y-1)^2 \leq 2 \Leftrightarrow r = 0 \text{ または } 0 \leq r \leq 2(\cos\theta + \sin\theta)$$
$$\Leftrightarrow r = 0 \text{ または } 0 \leq r \leq 2\sqrt{2}\sin\left(\theta + \frac{\pi}{4}\right)$$

である．ここで，$\sin\left(\theta + \frac{\pi}{4}\right) \geq 0 \Leftrightarrow -\frac{\pi}{4} \leq \theta \leq \frac{3\pi}{4}$ だから，

$$D = \left\{(r, \theta) \,\middle|\, -\frac{\pi}{4} \leq \theta \leq \frac{3\pi}{4},\ 0 \leq r \leq 2(\cos\theta + \sin\theta)\right\}.$$

よって，
$$\iint_\Omega \frac{dxdy}{\sqrt{x+y}} = \iint_D \frac{1}{\sqrt{r\cos\theta + r\sin\theta}} \cdot r\,drd\theta$$
$$= \int_{-\frac{\pi}{4}}^{\frac{3\pi}{4}} \left(\int_0^{2(\cos\theta + \sin\theta)} \frac{\sqrt{r}}{\sqrt{\cos\theta + \sin\theta}}\,dr \right) d\theta$$
$$= \int_{-\frac{\pi}{4}}^{\frac{3\pi}{4}} \frac{4\sqrt{2}}{3} \sqrt{(\cos\theta + \sin\theta)^2}\,d\theta$$
$$= \int_{-\frac{\pi}{4}}^{\frac{3\pi}{4}} \frac{4\sqrt{2}}{3} (\cos\theta + \sin\theta)\,d\theta = \frac{16}{3}.$$

（注）考えている範囲で $\cos\theta + \sin\theta \geq 0$ であることを使った．

(4) $\Omega = \{(x,y) \mid x^2 + y^2 \leq 4,\ (x-1)^2 + y^2 \geq 1\}$ と表せる．極座標 (r,θ) $(-\frac{\pi}{2} \leq \theta \leq \frac{3\pi}{2})$ を用いると，

- $(x-1)^2 + y^2 \geq 1 \Leftrightarrow (r = 0$ または $(r > 0$ かつ $r \geq 2\cos\theta))$
- $x^2 + y^2 \leq 4 \Leftrightarrow 0 \leq r \leq 2$

である．故に，
$$D = \left\{ (r,\theta) \,\middle|\, 0 \leq r \leq 2,\ r \geq 2\cos\theta,\ -\frac{\pi}{2} \leq \theta \leq \frac{3\pi}{2} \right\}$$
$$= \left\{ (r,\theta) \,\middle|\, \begin{cases} 2\cos\theta \leq r \leq 2 & (-\frac{\pi}{2} \leq \theta \leq \frac{\pi}{2} \text{ のとき}) \\ 0 \leq r \leq 2 & (\frac{\pi}{2} \leq \theta \leq \frac{3\pi}{2} \text{ のとき}) \end{cases} \right\}.$$

よって，
$$\iint_\Omega x + y\,dxdy = \iint_D r\cos\theta + r\sin\theta \cdot r\,drd\theta$$
$$= \int_{-\frac{\pi}{2}}^{\frac{\pi}{2}} \left(\int_{2\cos\theta}^{2} r^2(\cos\theta + \sin\theta)\,dr \right) d\theta$$
$$+ \int_{\frac{\pi}{2}}^{\frac{3\pi}{2}} \left(\int_0^2 r^2(\cos\theta + \sin\theta)\,dr \right) d\theta$$
$$= \left(\frac{16}{3} - \pi \right) + \left(-\frac{16}{3} \right) = -\pi.$$

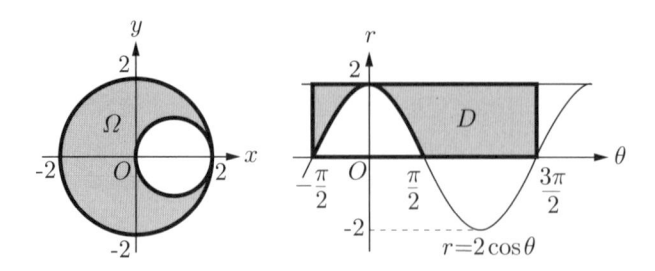

図 7.12: 演習問題 7 の 1.(4) の積分領域

(5) 極座標 (r, θ) $(-\pi \leq \theta \leq \pi)$ を用いると,

- $x^2 + y^2 \leq x \Leftrightarrow (r = 0$ または $(r > 0$ かつ $r \leq \cos\theta))$
- $x^2 + y^2 \leq y \Leftrightarrow (r = 0$ または $(r > 0$ かつ $r \leq \sin\theta))$

である. 故に,

$$D = \{(r, \theta) \mid r \geq 0,\ r \leq \cos\theta,\ r \leq \sin\theta,\ -\pi \leq \theta \leq \pi\}$$
$$= \left\{(r, \theta) \,\middle|\, \begin{cases} 0 \leq r \leq \sin\theta & (0 \leq \theta \leq \frac{\pi}{4} \text{ のとき}) \\ 0 \leq r \leq \cos\theta & (\frac{\pi}{4} \leq \theta \leq \frac{\pi}{2} \text{ のとき}) \end{cases} \right\}.$$

よって,

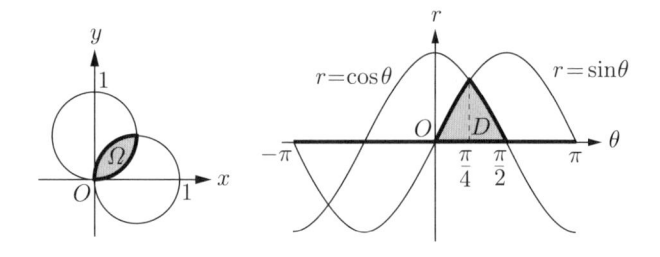

図 7.13: 演習問題 7 の 1.(5) の積分領域

$$\iint_\Omega \frac{x}{y}\,dxdy = \iint_D \frac{\cos\theta}{\sin\theta}\cdot r\,drd\theta$$
$$= \int_0^{\frac{\pi}{4}}\left(\int_0^{\sin\theta}\frac{\cos\theta}{\sin\theta}r\,dr\right)d\theta + \int_{\frac{\pi}{4}}^{\frac{\pi}{2}}\left(\int_0^{\cos\theta}\frac{\cos\theta}{\sin\theta}r\,dr\right)d\theta$$
$$= \int_0^{\frac{\pi}{4}}\frac{1}{2}\cos\theta\sin\theta\,d\theta + \int_{\frac{\pi}{4}}^{\frac{\pi}{2}}\frac{\cos^3\theta}{2\sin\theta}\,d\theta$$
$$= \frac{1}{8} + \left(\frac{1}{8}(2\log 2 - 1)\right) = \frac{1}{4}\log 2.$$

(6) 極座標 (r,θ) $(-\pi \leq \theta \leq \pi)$ を用いると,

- $x^2 - 4x + y^2 \leq 0 \Leftrightarrow (r = 0$ または $(r > 0$ かつ $r \leq 4\cos\theta))$
- $x^2 + y^2 \geq 4 \Leftrightarrow r \geq 2$

である. 故に,
$$D = \{(r,\theta) \mid r \geq 2,\ r \leq 4\cos\theta,\ -\pi \leq \theta \leq \pi\}$$
$$= \left\{(r,\theta) \,\Big|\, -\frac{\pi}{3} \leq \theta \leq \frac{\pi}{3},\ 2 \leq r \leq 4\cos\theta\right\}.$$

よって,

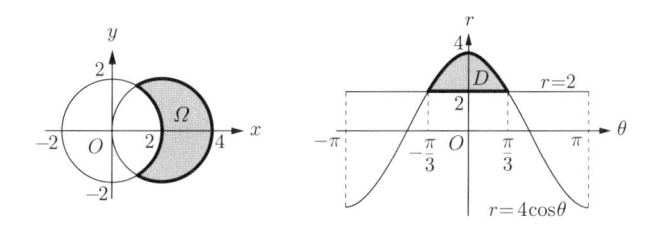

図 7.14: 演習問題 7 の 1.(6) の積分領域

$$\iint_\Omega \frac{1}{x}\,dxdy = \iint_D \frac{1}{r\cos\theta}\cdot r\,drd\theta = \int_{-\frac{\pi}{3}}^{\frac{\pi}{3}}\left(\int_2^{4\cos\theta}\frac{1}{\cos\theta}\,dr\right)d\theta$$
$$= \int_{-\frac{\pi}{3}}^{\frac{\pi}{3}}\left(4 - \frac{2}{\cos\theta}\right)d\theta = \frac{8}{3}\pi + 4\log\frac{\sqrt{3}-1}{\sqrt{3}+1}.$$

(7) $\Omega = \{(x,y) \mid x > 0, \, y > 0, \, x + y < 2\}$ と表せる．よって，$u = x + y, \, v = x - y$ とおくと，$x = \dfrac{1}{2}(u+v), \, y = \dfrac{1}{2}(u-v)$ であり，

- $x > 0 \Leftrightarrow u + v > 0 \Leftrightarrow v > -u$
- $y > 0 \Leftrightarrow u - v > 0 \Leftrightarrow v < u$
- $x + y < 2 \Leftrightarrow u < 2$

である．故に，
$$D = \{(u,v) \mid v > -u, \, v < u, \, u < 2\}$$
$$= \{(u,v) \mid 0 < u < 2, \, -u < v < u\}.$$

ここで，$\left|\dfrac{\partial(x,y)}{\partial(u,v)}\right| = \dfrac{1}{2}$ だから，

$$\iint_\Omega \exp\left(\frac{x-y}{x+y}\right) dxdy = \iint_D \exp\left(\frac{v}{u}\right) \cdot \frac{1}{2} \, dudv$$
$$= \int_0^2 \left(\int_{-u}^u \frac{1}{2} \exp\left(\frac{v}{u}\right) dv\right) du = \int_0^2 \left(\frac{1}{2}\left(e - \frac{1}{e}\right)u\right) du = e - \frac{1}{e}.$$

(8) $\Omega = \{(x,y) \mid y \geq x, \, y \leq 2x, \, x \leq 1\}$ と表せる．さらに，$2x^2 - 3xy + y^2 + 2x - y = (2x-y)(x-y+1)$ であることに注意して，$u = 2x - y, \, v = x - y + 1$ とおくと，$x = u - v + 1, \, y = u - 2v + 2$ であり，

- $y \geq x \Leftrightarrow u - 2v + 2 \geq u - v + 1 \Leftrightarrow v \leq 1$
- $y \leq 2x \Leftrightarrow u - 2v + 2 \leq 2(u-v+1) \Leftrightarrow u \geq 0$
- $x \leq 1 \Leftrightarrow u - v + 1 \leq 1 \Leftrightarrow v \geq u$

である．故に，
$$D = \{(u,v) \mid v \leq 1, \, u \geq 0, \, v \geq u\}$$
$$= \{(u,v) \mid 0 \leq v \leq 1, \, 0 \leq u \leq v\}.$$

ここで，$\left|\dfrac{\partial(x,y)}{\partial(u,v)}\right| = 1$ だから，

$$\iint_\Omega (2x^2 - 3xy + y^2 + 2x - y)\sin\left(\frac{\pi}{2}(2x-y)^2\right) dxdy$$
$$= \iint_D uv\sin\left(\frac{\pi}{2}u^2\right) dudv = \int_0^1 \left(\int_0^v uv\sin\left(\frac{\pi}{2}u^2\right) du\right) dv$$
$$= \int_0^1 \frac{v}{\pi}\left(1 - \cos\frac{\pi}{2}v^2\right) dv = \frac{\pi - 2}{2\pi^2}.$$

(9) $\Omega = \{(x,y) \mid x - 3y \geq -3,\ x + 3y \leq 3,\ y \geq 0\}$ と表せる．さらに，$x^2 - 9y^2 = (x-3y)(x+3y)$, $-x^2 - 6xy - 9y^2 = -(x+3y)^2$ であることに注意して，$u = x + 3y$, $v = x - 3y$ とおくと，$x = \frac{1}{2}(u+v)$, $y = \frac{1}{6}(u-v)$ であり，

- $x - 3y \geq -3 \Leftrightarrow v \geq -3$
- $x + 3y \leq 3 \Leftrightarrow u \leq 3$
- $y \geq 0 \Leftrightarrow u - v \geq 0 \Leftrightarrow v \leq u$

である．故に，
$$D = \{(u,v) \mid v \geq -3,\ u \leq 3,\ v \leq u\}$$
$$= \{(u,v) \mid -3 \leq v \leq 3,\ v \leq u \leq 3\}.$$

ここで，$\left|\dfrac{\partial(x,y)}{\partial(u,v)}\right| = \dfrac{1}{6}$ だから，

$$\iint_\Omega (x^2 - 9y^2)\exp(-x^2 - 6xy - 9y^2) dxdy$$
$$= \iint_D vu\exp(-u^2)\cdot\frac{1}{6} dudv = \frac{1}{6}\int_{-3}^3 \left(\int_v^3 vu\exp(-u^2) du\right) dv$$
$$= \frac{1}{6}\int_{-3}^3 \left(-\frac{v}{2e^9} + \frac{1}{2}v\exp(-v^2)\right) dv = 0.$$

(10) $\Omega = \{(x,y) \mid 2x - y \geq -1,\ 2x + y \leq 1,\ y \geq 0\}$ と表せる．さらに，$4x^2 - y^2 = (2x-y)(2x+y)$, $4x^2 + 4xy + y^2 = (2x+y)^2$ であるこ

とに注意して，$u = 2x + y$, $v = 2x - y$ とおくと，前問 (9) と同様にして，
$$\iint_\Omega (4x^2 - y^2) \exp(4x^2 + 4xy + y^2)\, dxdy = 0.$$

(11) $-5x^2 + 4xy - y^2 = -x^2 - (2x-y)^2$ であるので，$u = x$, $v = 2x - y$ とおくと，この対応によって xy 平面全体と uv 平面全体とは 1 対 1 に対応している．さらに，$x = u$, $y = 2u - v$, $\left|\dfrac{\partial(x,y)}{\partial(u,v)}\right| = 1$ だから，例 7.9 と同様にして，
$$\iint_{\mathbb{R}^2} \exp(-5x^2 + 4xy - y^2)\, dxdy = \iint_{\mathbb{R}^2} \exp(-u^2 - v^2)\, dudv = \pi.$$

(12) $\Omega = \{(x,y) \mid 2x^2 - 10xy + 13y^2 \leq 1\} = \{(x,y) \mid (x-2y)^2 + (x-3y)^2 \leq 1\}$ と書かれるので，$u = x - 2y$, $v = x - 3y$ とおくと，$x = 3u - 2v$, $y = u - v$ であり，$\left|\dfrac{\partial(x,y)}{\partial(u,v)}\right| = 1$. また，
$$D = \{(u,v) \mid u^2 + v^2 \leq 1\}.$$

よって，$\iint_\Omega xy\, dxdy = \iint_D (3u^2 - 5uv + 2v^2)\, dudv$. ここでさらに uv 平面の極座標を用いて変数変換して計算すると，この値は $\dfrac{5}{4}\pi$ となる．

(13) $\Omega = \{(x,y) \mid 2x^2 + 2xy + 5y^2 \leq 9\} = \{(x,y) \mid (x+2y)^2 + (x-y)^2 \leq 9\}$ と書かれるので，$u = x + 2y$, $v = x - y$ とおくと，$x = \dfrac{1}{3}(u + 2v)$, $y = \dfrac{1}{3}(u - v)$ であり，$\left|\dfrac{\partial(x,y)}{\partial(u,v)}\right| = \dfrac{1}{3}$. また，
$$D = \{(u,v) \mid u^2 + v^2 \leq 9\}.$$

よって，$\iint_\Omega 2xy - y^2\, dxdy = \iint_D \dfrac{1}{9}(u^2 + 4uv - 5v^2) \cdot \dfrac{1}{3}\, dudv$. ここでさらに uv 平面の極座標を用いて変数変換して計算すると，この値は -3π となる． ∎

演習問題 7

2. 次の 3 重積分の値を求めよ．

(1) $\iiint_\Omega \dfrac{dxdydz}{(x+y+z+1)^2}$,

$\Omega = \{(x,y,z) \mid x \geq 0,\ y \geq 0,\ z \geq 0,\ x+y+z \leq 1\}$

(2) $\iiint_\Omega \dfrac{dxdydz}{z}$, $\Omega = \{(x,y,z) \mid x^2+y^2+z^2 < z\}$

(3) $\iiint_\Omega \sqrt{x^2+y^2+z^2}\,dxdydz$, $\Omega = \{(x,y,z) \mid x^2+y^2+z^2 \leq 2z\}$

(4) $\iiint_\Omega \dfrac{x^2}{z}\,dxdydz$,

$\Omega =$ (点 $(0,0,2)$ を中心とする半径 2 の球の内部)

(5) $\iiint_\Omega z^2\,dxdydz$,

$\Omega =$ (底面が xy 平面上の原点を中心とする半径 1 の円板であり，頂点が点 $(0,0,1)$ であるような円錐)

解

(1) $(x,y,z) \in \Omega$ とすると，$0 \leq z \leq 1-x-y$ であるから，$1-x-y \geq 0$ でなくてはならない．よって，

$$D = \{(x,y) \mid x \geq 0,\ y \geq 0,\ 1-x-y \geq 0\}$$
$$= \{(x,y) \mid 0 \leq x \leq 1,\ 0 \leq y \leq 1-x\}$$

とすると，$\Omega = \{(x,y,z) \mid 0 \leq z \leq 1-x-y,\ (x,y) \in D\}$ と書くことができる．すなわち，

$$\Omega = \{(x,y,z) \mid 0 \leq x \leq 1,\ 0 \leq y \leq 1-x,\ 0 \leq z \leq 1-x-y\}$$

と書ける．よって，

$$\iiint_\Omega \dfrac{dxdydz}{(x+y+z+1)^2}$$

$$= \int_0^1 \left(\int_0^{1-x} \left(\int_0^{1-x-y} \frac{1}{(x+y+z+1)^2} \, dz \right) dy \right) dx$$
$$= \int_0^1 \left(\int_0^{1-x} \left(-\frac{1}{2} + \frac{1}{x+y+1} \right) dy \right) dx$$
$$= \int_0^1 \left(\frac{1}{2}(x-1) + \log 2 - \log|x+1| \right) dx$$
$$= \frac{3}{4} - \log 2.$$

(2) 球面座標 $x = r\sin\theta\cos\varphi$, $y = r\sin\theta\sin\varphi$, $z = r\cos\theta$, $(r \geq 0, 0 \leq \theta \leq \pi, 0 \leq \varphi \leq 2\pi)$ を用いて表すと, $x^2 + y^2 + z^2 < z \Leftrightarrow 0 < r < \cos\theta$ であるから, 対応する $r\theta\varphi$ 空間での積分領域 D は,

$$D = \left\{ (r, \theta, \varphi) \;\middle|\; 0 \leq \theta < \frac{\pi}{2}, \; 0 < r < \cos\theta, \; 0 \leq \varphi \leq 2\pi \right\}$$

となる. よって,

$$\iiint_\Omega \frac{dxdydz}{z} = \iiint_D \frac{1}{r\cos\theta} \cdot r^2 \sin\theta \, drd\theta d\varphi$$
$$= \int_0^{2\pi} \left(\int_0^{\frac{\pi}{2}} \left(\int_0^{\cos\theta} r \frac{\sin\theta}{\cos\theta} \, dr \right) d\theta \right) d\varphi$$
$$= \frac{1}{2}\pi.$$

(3) 前問 (2) と同様に球面座標用いると, 対応する $r\theta\varphi$ 空間での積分領域 D は,

$$D = \left\{ (r, \theta, \varphi) \;\middle|\; 0 \leq \theta \leq \frac{\pi}{2}, \; 0 \leq r \leq 2\cos\theta, \; 0 \leq \varphi \leq 2\pi \right\}$$

となる. よって,

$$\iiint_\Omega \sqrt{x^2+y^2+z^2} \, dxdydz = \iiint_D r \cdot r^2 \sin\theta \, drd\theta d\varphi$$
$$= \int_0^{2\pi} \left(\int_0^{\frac{\pi}{2}} \left(\int_0^{2\cos\theta} r^3 \sin\theta \, dr \right) d\theta \right) d\varphi = \frac{8}{5}\pi.$$

(4) $\Omega = \{(x,y,z) \mid x^2 + y^2 + (z-2)^2 < 4\} = \{(x,y,z) \mid x^2+y^2+z^2-4z < 0\}$ である. よって, 球面座標を用いると, 前問と同様にして, 対応

する $r\theta\varphi$ 空間での積分領域 D は,
$$D = \left\{(r,\theta,\varphi) \;\middle|\; 0 < r < 4\cos\theta,\; 0 \leq \theta < \frac{\pi}{2},\; 0 \leq \varphi \leq 2\pi\right\}$$
となる. よって,
$$\iiint_\Omega \frac{x^2}{z}\,dxdydz = \iiint_D \frac{r\cos^2\varphi \sin^2\theta}{\cos\theta} \cdot r^2\sin\theta\,drd\theta d\varphi$$
$$= \int_0^{2\pi}\left(\int_0^{\frac{\pi}{2}}\left(\int_0^{4\cos\theta}\frac{r^3\cos^2\varphi\sin^3\theta}{\cos\theta}\,dr\right)d\theta\right)d\varphi = \frac{16}{3}\pi.$$

(5) Ω を円柱座標で表すと,
$$D = \{(r,\theta,z) \mid 0 \leq r \leq 1,\; 0 \leq \theta \leq 2\pi,\; 0 \leq z \leq 1-r\}$$
となる. よって,
$$\iiint_\Omega z^2\,dxdydz = \iiint_D z^2 \cdot r\,drd\theta dz$$
$$= \int_0^{2\pi}\left(\int_0^1\left(\int_0^{1-r} z^2\,dz\right)dr\right)d\theta = \int_0^{2\pi}\left(\int_0^1 \frac{1}{3}r(1-r)^3\,dr\right)d\theta$$
$$= \frac{\pi}{30}. \qquad\blacksquare$$

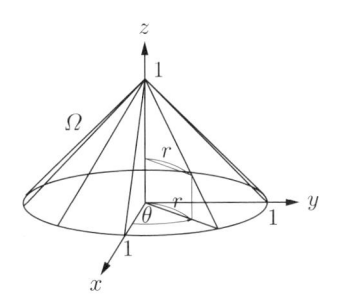

図 7.15: 演習問題 7 の 2.(5) の積分領域

3. 次の立体の体積を求めよ．

    (1) 2つの曲面 $z = x^2 + 3y^2$ と $z = 4 - x^2 - y^2$ で囲まれる領域
    (2) 2つの曲面 $z = (9x^2 + y^2)(7 - 4x^2)$ と $z = (9x^2 + y^2)(5x^2 + y^2 - 2)$ で囲まれる領域
    (3) 球 $x^2 + y^2 + z^2 \leq 4$ と円柱 $(x-1)^2 + y^2 \leq 1$ との共通部分

解

(1) $f(x,y) = x^2 + 3y^2$, $g(x,y) = 4 - x^2 - y^2$ とおくと，$f(x,y) \geq g(x,y) \Leftrightarrow 2x^2 + 4y^2 \geq 4$ だから，囲まれる領域があるのは，

$$\Omega = \{(x,y) \mid 2x^2 + 4y^2 \leq 4\} = \left\{(x,y) \,\middle|\, \left(\frac{x}{\sqrt{2}}\right)^2 + y^2 \leq 1\right\}$$

上であり，Ω 上で $f(x,y) \leq g(x,y)$ である．ここで，$x = \sqrt{2}r\cos\theta$, $y = r\sin\theta$ $(0 \leq r, 0 \leq \theta \leq 2\pi)$ とすると，Ω に対応する $r\theta$ 平面上の領域 D は，$D = \{(r,\theta) \mid 0 \leq r \leq 1, 0 \leq \theta \leq 2\pi\}$. であり，$\left|\dfrac{\partial(x,y)}{\partial(u,v)}\right| = \sqrt{2}r$. よって，求める体積は，

$$\iint_{\Omega} \{(4 - x^2 - y^2) - (x^2 + 3y^2)\}\,dxdy = \iint_{D} (4 - 4r^2) \cdot \sqrt{2}r\,drd\theta$$
$$= 4\sqrt{2} \int_{0}^{2\pi} \left(\int_{0}^{1} (1-r^2)r\,dr\right) d\theta = 2\sqrt{2}\pi.$$

(2) $f(x,y) = (9x^2 + y^2)(7 - 4x^2)$, $g(x,y) = (9x^2 + y^2)(5x^2 + y^2 - 2)$ とおくと，$f(x,y) \geq g(x,y) \Leftrightarrow (9x^2 + y^2)(9 - 9x^2 - y^2) \geq 0$ だから，囲まれる領域があるのは，

$$\Omega = \{(x,y) \mid 9 - 9x^2 - y^2 \geq 0\} = \left\{(x,y) \,\middle|\, x^2 + \left(\frac{y}{3}\right)^2 \leq 1\right\}$$

上であり，Ω 上，$f(x,y) \geq g(x,y)$ である．ここで，$x = r\cos\theta$, $y = 3r\sin\theta$ $(r \geq 0, 0 \leq \theta \leq 2\pi)$ とおくと，Ω に対応する $r\theta$ 平面上の領域 D は，$D = \{(r,\theta) \mid 0 \leq r \leq 1, 0 \leq \theta \leq 2\pi\}$. であり，$\left|\dfrac{\partial(x,y)}{\partial(u,v)}\right| = 3r$. よって，求める体積は，

$$\iint_\Omega (9x^2+y^2)\{(7-4x^2)-(5x^2+y^2-2)\}\,dxdy$$
$$=\iint_D 81r^2(1-r^2)\cdot 3r\,drd\theta = \int_0^{2\pi}\left(\int_0^1 243r^3(1-r^2)\,dr\right)d\theta$$
$$=\frac{81}{2}\pi.$$

(3) 球の xy 平面による切り口は，原点を中心とする半径 2 の円板であり，これは，円柱の xy 平面による切り口，つまり，点 $(1,0)$ を中心とする半径 1 の円板を含む．

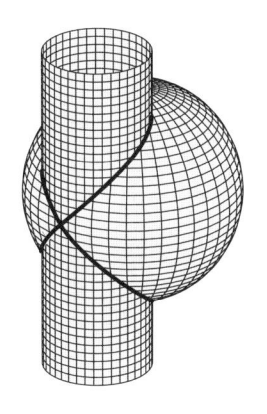

図 7.16: 演習問題 7 の 3.(3)

よって，求める体積は，図形の xy 平面に関する対称性を考慮すると，

$$\Omega = \{(x,y) \mid (x-1)^2 + y^2 \leq 1\}$$

上で定義された関数 $z = \sqrt{4-x^2-y^2}$ のグラフと xy 平面で挟まれた部分の体積の 2 倍である．よって，求める体積は，

$$2\iint_\Omega \sqrt{4-x^2-y^2}\,dxdy.$$

上の問題にあるように，円柱座標を用いてこの値を計算すると，体積は，$\dfrac{16}{3}\pi - \dfrac{64}{9}$. ∎

4. 次の曲面の面積を求めよ．

   (1) $z = \dfrac{1}{2}x^2$ $(x \geq 0,\ y \geq 0,\ x + y \leq 1)$ で与えられる曲面

   (2) 楕円 $x^2 + \dfrac{y^2}{4} = 1$ を x 軸のまわりに 1 回転させてできる曲面

   (3) $0 \leq t \leq 2\pi$ について，xyz 空間内の 2 点 $P_t(0,0,t)$, $Q_t(\cos t, \sin t, t)$ を考える．このとき線分 $P_t Q_t$ が通過してできる，螺旋階段状の曲面

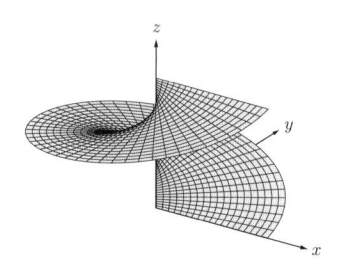

図 7.17: 演習問題 7 の 4.(3)

解

(1) $z_x = x$, $z_y = 0$ であるから，求める面積は，
$$\int_0^1 \left(\int_0^{1-x} \sqrt{1 + x^2}\, dy \right) dx = \int_0^1 (1-x)\sqrt{1+x^2}\, dx$$
$$= \frac{\sqrt{2}-1}{3\sqrt{2}} + \frac{1}{2} \log\left(\sqrt{2}+1\right).$$

(2) この曲面は，$y = 2\sqrt{1-x^2}$ $(-1 \leq x \leq 1)$ のグラフを x 軸のまわりに 1 回転させてできる曲面である．よって，その面積は，
$$2\pi \int_{-1}^1 2\sqrt{1-x^2} \sqrt{1 + \left(\frac{-2x}{\sqrt{1-x^2}}\right)^2}\, dx$$
$$= 4\pi \int_{-1}^1 \sqrt{1+3x^2}\, dx$$
$$= 4\pi \left(2 + \frac{1}{\sqrt{3}} \log\left(2+\sqrt{3}\right) \right).$$

(3) 線分 $P_t Q_t$ 上の, z 軸から距離 r の点の xyz 座標は, $(r\cos t, r\sin t, t)$ で与えられる. よって, 円柱座標 (r, t, z) を用いると, この曲面は $z = t$ $(0 \leq r \leq 1,\ 0 \leq t \leq 2\pi)$ で与えられる. $z_r = 0$, $z_t = 1$ だから, この曲面の面積は,
$$\int_0^{2\pi} \left(\int_0^1 \sqrt{1 + \frac{1}{r^2}} \cdot r\, dr \right) dt = \left(\sqrt{2} + \log\left(\sqrt{2} + 1\right) \right) \pi. \qquad\blacksquare$$

第8章 微分方程式

8.1 序

　x を独立変数とする未知関数 y に関する 1 階の微分方程式 $F(x, y, y') = 0$ と 2 階の微分方程式 $y'' + ay' + by = f(x)$ (a, b は定数) の解の求め方を考える．n 階の微分方程式の解で，独立な n 個の任意定数を含むものを**一般解**，任意定数に特定の値を代入した解を**特解**という．微分方程式の解を求めることを**微分方程式を解く**という．

8.2 変数分離形

　1 階の微分方程式 $\dfrac{dy}{dx} = f(x)g(y)$ を**変数分離形**という．微分方程式の両辺を $g(y)$ で割ると $\dfrac{1}{g(y)}\dfrac{dy}{dx} = f(x)$ を得る．この両辺を x に関して積分すると解は

$$\int \frac{1}{g(y)} dy = \int f(x) dx + C \quad (C \text{ は任意の定数}).$$

ただし，$g(\alpha) = 0$ なる定数 α があると定数関数 $y = y(x) \equiv \alpha$ も解である．
　上の不定積分の計算を実行すると，出てくる結果は，一般には，x, y の関係式 $\phi(x, y, C) = 0$ (C は任意の定数) である．ここで，任意定数 C が変わると関係式 $\phi(x, y, C) = 0$ で定まる点 (x, y) の集合は平面上での曲線群を表す．

例 8.1. 放射性物質の量が時間 x の関数として $y = f(x)$ で表されるとき，放射性物質の量はつねにその量に比例して崩壊すると仮定すると，Δx 時間変化での物質の変化量が $f(x + \Delta x) - f(x) = -kf(x)\Delta x$ (k は定数) で与えられる．これから，f は $\dfrac{df}{dx} = -kf$ (k は正定数) を満たす．これは変数分離形で，これを区間

8.2. 変数分離形

$[a, t]$ 上で積分すると, $\log \dfrac{f(t)}{f(a)} = -k(t-a)$, すなわち, $f(t) = f(a)e^{-k(t-a)}$ を得る.

これより, $f(T) = \dfrac{f(a)}{2}$ となる時間 T (この T を放射性物質の**半減期**という) は $e^{k(T-a)} = 2$ より, $T = a + \dfrac{\log 2}{k}$ となる. ■

例 8.2. 微分方程式 $\dfrac{dy}{dx} = y - y^2$ を解け.

解 $\dfrac{y}{y-1} = Ce^x$ ($C(\neq 0)$ は任意定数). また, $y^2 - y = 0$ なる定数 $y = 1, y = 0$ より, 定数関数 $y(x) = 1, y(x) = 0$ も解である. ■

例 8.3. 次の微分方程式を解け. ただし, $\exp t = e^t$ とする.
 1. $(9 + y^2) - (y + x^2 y)y' = 0$ 2. $\dfrac{\sin y}{1 + \cos y} y' = 2x \exp(x^2)$

解

 1. 求める解は $\sqrt{9 + y^2} = C \exp(\tan^{-1} x)$ (C は任意定数).

 2. 求める解は $1 + \cos y = C \exp(-\exp(x^2))$ (C は任意定数). ■

問 8.2.1. 次の微分方程式を解け. ただし, $e^t = \exp t$ とする.

(1) $\dfrac{1}{9 - x^2} + \dfrac{1}{1 + y^2} \dfrac{dy}{dx} = 0$ (2) $x\sqrt{9 + y^2} + y\sqrt{4 + x^2}\dfrac{dy}{dx} = 0$

(3) $(9 - x^2)\dfrac{dy}{dx} + x(y^2 + 4) = 0$ (4) $ye^x + (e^x + 3)\dfrac{dy}{dx} = 0$

(5) $\dfrac{e^x}{e^x + 1} + y\dfrac{dy}{dx} = 0$ (6) $\dfrac{1}{1 - x^2} + \dfrac{y}{1 - y^2}\dfrac{dy}{dx} = 0$

(7) $\dfrac{dy}{dx} = \dfrac{e^y}{\sqrt{100 - x^2}}$ (8) $(x^3 + x)(1 + \tan y) + x(\sec^2 y)\dfrac{dy}{dx} = 0$

(9) $-\dfrac{x^3 + 2}{\sqrt{x}} + \dfrac{1}{y^2}\dfrac{dy}{dx} = 0$ (10) $(1 + e^x)\sin^2 y + (e^{2x} \cos y)\dfrac{dy}{dx} = 0$

解 以下 C_1, C は任意定数とする.

(1) 変数分離すると $\dfrac{1}{1+y^2}\dfrac{dy}{dx} = \dfrac{1}{x^2-9}$. $\dfrac{1}{x^2-9} = (-\dfrac{1}{6})\left(\dfrac{1}{x+3} - \dfrac{1}{x-3}\right)$ より，この両辺を x について積分すると
$\tan^{-1} y = (-\dfrac{1}{6})(\log|\dfrac{x+3}{x-3}|) + C$. $\therefore\ y = \tan\left((-\dfrac{1}{6})(\log|\dfrac{x+3}{x-3}|) + C\right)$

(2) 変数分離すると $\dfrac{y}{\sqrt{y^2+9}}\dfrac{dy}{dx} = -\dfrac{x}{\sqrt{x^2+4}}$. この両辺を x について積分すると $\sqrt{y^2+9} = -\sqrt{4+x^2} + C$. $\therefore\ \sqrt{y^2+9} + \sqrt{4+x^2} = C$

(3) 変数分離すると $\dfrac{1}{y^2+4}\dfrac{dy}{dx} = \dfrac{x}{x^2-9}$. この両辺を x について積分すると $\dfrac{1}{2}\tan^{-1}\dfrac{y}{2} = \dfrac{1}{2}\log|x^2-9| + C$. $\therefore\ y = 2\tan\left(\log|x^2-9| + C\right)$

(4) 変数分離すると $-\dfrac{1}{y}\dfrac{dy}{dx} = \dfrac{e^x}{e^x+3}$. この両辺を x について積分すると $-\log|y| = \log(e^x+3) + C_1$. $\log|y(e^x+3)| + C_1 = 0$ で log を外すと $y(e^x+3) = C$. $\therefore\ y = \dfrac{C}{e^x+3}$

(5) 変数分離すると $y\dfrac{dy}{dx} = -\dfrac{e^x}{e^x+1}$. この両辺を x について積分すると $\dfrac{1}{2}y^2 = -\log(1+e^x) + C_1$. $\therefore\ y^2 + 2\log(1+e^x) = C$

(6) 変数分離すると $\dfrac{y}{1-y^2}\dfrac{dy}{dx} = \dfrac{1}{x^2-1}$. この両辺を x について積分すると $-\log|y^2-1| = \log|\dfrac{x-1}{x+1}| + C_1$，$\log|\dfrac{(y^2-1)(x-1)}{x+1}| = -C_1$ で log を外すと $\therefore\ \dfrac{(y^2-1)(x-1)}{1+x} = C$

(7) 変数分離すると $e^{-y}\dfrac{dy}{dx} = \dfrac{1}{\sqrt{100-x^2}}$. この両辺を x について積分すると $-e^{-y} = \sin^{-1}\dfrac{x}{10} + C_1$. $\therefore\ y = -\log|C - \sin^{-1}\dfrac{x}{10}|$

(8) 変数分離すると $\sec^2 y \dfrac{1}{1+\tan y}\dfrac{dy}{dx} = -(x^2+1)$. この両辺を x について積分すると $\log|(1+\tan y)| = -\dfrac{x^3}{3} - x + C_1$. $\therefore\ (1+\tan y) = C\exp(-\dfrac{x^3}{3} - x)$

(9) 変数分離すると $\dfrac{1}{y^2}\dfrac{dy}{dx} = \dfrac{x^3+2}{\sqrt{x}}$. この両辺を x について積分すると $-\dfrac{1}{y} =$

$\dfrac{2}{7}x^{7/2} + 4\sqrt{x} + C_1$. $\therefore y = \left(C - \dfrac{2}{7}x^{7/2} - 4\sqrt{x}\right)^{-1}$

(10) 変数分離すると $\dfrac{\cos y}{\sin^2 y}\dfrac{dy}{dx} = -(e^{-2x} + e^{-x})$. この両辺を x について積分すると $\dfrac{-1}{\sin y} = \dfrac{1}{2e^{2x}} + \dfrac{1}{e^x} + C$. $\therefore \sin y = -\left(\dfrac{1}{2e^{2x}} + \dfrac{1}{e^x} + C\right)^{-1}$ ∎
また, $\sin n\pi = 0 (n = 0, \pm 1, \cdots)$ であるから, $y = n\pi (n = 0, \pm 1 \cdots)$ も解.

8.3 同次形

1階の微分方程式 $\dfrac{dy}{dx} = f(\dfrac{y}{x})$ を**同次形**という. ここで, $u = \dfrac{y}{x}$ $(y = ux)$ とおくと $\dfrac{dy}{dx} = x\dfrac{du}{dx} + u$ であるから, $\dfrac{dy}{dx} = f(\dfrac{y}{x})$ は $\dfrac{du}{dx} = \dfrac{f(u) - u}{x}$ となる. これは変数分離形であるから,

$$\int \dfrac{1}{f(u) - u}du = \log x + C \qquad u = \dfrac{y}{x} \qquad (C \text{ は任意定数}).$$

ただし, $f(\alpha) = \alpha$ なる定数 α があるとき, 解 $y = \alpha x$ を**直線解**という.

例 8.4. 次の微分方程式を解け.

$$\dfrac{dy}{dx} = \dfrac{y^2}{x^2} + 4\dfrac{y}{x} + 2$$

解 $u = \dfrac{y}{x}$ とおくと, 与式は $\dfrac{du}{dx} = \dfrac{u^2 + 4u + 2 - u}{x} = \dfrac{(u+2)(u+1)}{x}$ となる. これは変数分離形なので, 変数分離して, 両辺を x について積分すると $\log\left|\dfrac{u+1}{u+2}\right| = \log|x| + C_1$ (C_1 は任意定数). $\log$ を外すと $\dfrac{y+x}{(y+2x)x} = C$ (C は任意定数). また, $u = -1, u = -2$ より, 直線解は $y = -x, y = -2x$ である. ∎

例 8.5. 次の微分方程式を解け (ただし, a, b, c, p, q, r は定数である).

$$\dfrac{dy}{dx} = f(\dfrac{ax + by + c}{px + qy + r}) \qquad (aq - bp \neq 0)$$

解 $aq - bp \neq 0$ より，$a\alpha + b\beta + c = 0, p\alpha + q\beta + r = 0$ を満たす解 (α, β) が唯一組存在する．いま，$x = u + \alpha$，$y = v + \beta$ と変数変換すると

$$\frac{dv}{du} = \frac{dy}{dx} = f\left(\frac{au + bv}{pu + qv}\right) = f\left(\frac{a + b\frac{v}{u}}{p + q\frac{v}{u}}\right).$$

これは同次形の微分方程式である． ∎

問 8.3.1. 上の例 8.5 で $aq - bp = 0$ のとき，与えられた微分方程式は変数分離形に帰着されることを示せ．次の 3 つの場合を考察せよ．
(i) $p = 0, a = 0$ (ii) $p = 0, q = 0$ (iii) $p \neq 0$

証明 以下のようにすべて変数分離形に帰着される：

(i) $p = 0, a = 0$ より $\dfrac{dy}{dx} = f\left(\dfrac{by + c}{qy + r}\right)$.

(ii) $p = 0, q = 0$ より $\dfrac{dy}{dx} = f\left(\dfrac{ax + by + c}{r}\right)$. ここで，$u = ax + by + c$ とおくと，$\dfrac{du}{dx} = a + \dfrac{dy}{dx} = a + f\left(\dfrac{u}{r}\right)$.

(iii) $p \neq 0$ より，$b = \dfrac{aq}{p}$，$ax + by + c = ax + \dfrac{aq}{p}y + c = \dfrac{a}{p}\left(px + qy + \dfrac{pc}{a}\right)$

$\dfrac{ax + by + c}{px + qy + r} = \dfrac{a}{p} \cdot \dfrac{px + qy + \frac{pc}{a}}{px + qy + r}$. ここで，$u = px + qy + r$ とおくと，

$\dfrac{du}{dx} = p + q\dfrac{dy}{dx} = p + qf\left(\dfrac{a}{p}\left(1 + \dfrac{\frac{pc}{a} - r}{u}\right)\right)$. □

問 8.3.2. 次の微分方程式を解け．

(1) $(x^2 + y^2) + (x^2 - xy)\dfrac{dy}{dx} = 0$ (2) $(3x^2 + 4xy) + (2x^2 + 3y^2)\dfrac{dy}{dx} = 0$

(3) $\dfrac{dy}{dx} = \dfrac{\sqrt{x^2 + y^2}}{x} + \dfrac{y}{x}$ $(x > 0)$ (4) $\dfrac{dy}{dx} = \dfrac{y^2}{2x^2} + 4\dfrac{y}{x} + 4$

(5) $\dfrac{dy}{dx} = \dfrac{y + \sqrt{x^2 - y^2}}{x}$ $(x > 0)$ (6) $\dfrac{dy}{dx} = \dfrac{2x - y + 1}{x - 2y + 3}$

(7) $\dfrac{dy}{dx} = \dfrac{2x - y + 1}{x - 2y + 1}$ (8) $\dfrac{dy}{dx} = \dfrac{y - 3x - 4}{x - 3y}$

8.3. 同次形　　　　　　　　　　　　　　　　　　　　　　　　　　　　215

(9) $\dfrac{dy}{dx} = \dfrac{x+2y+1}{-2x-4y+2}$　　(10) $\dfrac{dy}{dx} = \dfrac{x-y-3}{6x-6y-3}$

解　以下 C, C_1, C_2 は任意定数とする.

(1) 両辺を x^2 で割ると $\left(1+\dfrac{y^2}{x^2}\right)+(1-\dfrac{y}{x})\dfrac{dy}{dx}=0$. $u=\dfrac{y}{x}$ とおくと $y=ux$, $\dfrac{dy}{dx}=u+x\dfrac{du}{dx}$ より与式は $(1+u^2)+(1-u)(u+x\dfrac{du}{dx})=0$ となる. よって $\dfrac{du}{dx}=\dfrac{1}{x}\dfrac{u+1}{u-1}$. すなわち, $\dfrac{u-1}{u+1}\dfrac{du}{dx}=\dfrac{1}{x}$ を得る. この両辺を積分すると, $-2\log|u+1|+u=\log|x|+C$, $u=\log|x|+\log(u+1)^2+C=\log\left|x(1+\dfrac{y}{x})^2\right|+C$. ここで, log を外すと $x\left(1+\dfrac{y}{x}\right)^2=C_1\exp\dfrac{y}{x}$.

(2) 両辺を x^2 で割ると　$\left(3+4\dfrac{y}{x}\right)+(2+3\dfrac{y^2}{x^2})\dfrac{dy}{dx}=0$. ここで, $u=\dfrac{y}{x}$ とおくと $y=ux$, $\dfrac{dy}{dx}=u+x\dfrac{du}{dx}$ より与式は $(3+4u)+(2+3u^2)(u+x\dfrac{du}{dx})=0$ となる. よって変数分離すると $\dfrac{(2+3u^2)}{(3u^3+6u+3)}\dfrac{du}{dx}=-\dfrac{1}{x}$. この両辺を x で積分すると $\dfrac{1}{3}\log|(3u^3+6u+3)|=-\log|x|+C_1$. $\log|(3u^3+6u+3)||x^3|=3C_1$, log を外すと $y^3+2yx^2+x^3=C$.

(3) $u=\dfrac{y}{x}$ とおくと $y=ux$, $\dfrac{dy}{dx}=u+x\dfrac{du}{dx}$ より与式は $(u+x\dfrac{du}{dx})=u+\sqrt{1+u^2}$ となる. よって変数分離すると $\dfrac{1}{\sqrt{1+u^2}}\dfrac{du}{dx}=\dfrac{1}{x}$. この両辺を x で積分すると $\log(u+\sqrt{u^2+1})=\log|x|+C_1$. ここで, log を外すと $y+\sqrt{x^2+y^2}=Cx^2$.

(4) $u=\dfrac{y}{x}$ とおくと $y=ux$, $\dfrac{dy}{dx}=u+x\dfrac{du}{dx}$ より与式は $(u+x\dfrac{du}{dx})=\dfrac{u^2}{2}+4u+4$ となる. よって, 変数分離すると $\dfrac{1}{u^2+6u+8}\dfrac{du}{dx}=\dfrac{1}{2x}$. この両辺を x で積分すると $\int(\dfrac{1}{u+2}-\dfrac{1}{u+4})du=\int\dfrac{1}{x}dx$. $\log\left|\dfrac{u+2}{u+4}\right|=\log|x|+C_1$, ここで, log を外すと $\dfrac{y+2x}{(y+4x)x}=C$.

(5) $u = \dfrac{y}{x}$ とおくと $y = ux$, $\dfrac{dy}{dx} = u + x\dfrac{du}{dx}$ より与式は $(u + x\dfrac{du}{dx}) = u + \sqrt{1-u^2}$ となる．よって，変数分離すると $\dfrac{1}{\sqrt{1-u^2}}\dfrac{du}{dx} = \dfrac{1}{x}$．両辺を x で積分すると $\sin^{-1} u = \log|x| + C$．$\therefore \sin^{-1}\dfrac{y}{x} = \log|x| + C$．

(6) 連立方程式 $2x - y + 1 = 0$, $x - 2y + 3 = 0$ を解くと $(x,y) = \left(\dfrac{1}{3}, \dfrac{5}{3}\right)$．ここで，$x = X + \dfrac{1}{3}$, $y = Y + \dfrac{5}{3}$ とおくと，与式は $\dfrac{dY}{dX} = \dfrac{2X - Y}{X - 2Y}$ で $u = \dfrac{Y}{X}$ とおくと $Y = uX$, $\dfrac{dY}{dX} = u + X\dfrac{du}{dX}$ より $u + X\dfrac{du}{dX} = \dfrac{2-u}{1-2u}$ となる．よって変数分離すると $\dfrac{1}{2}\dfrac{2u-1}{u^2 - u + 1}\dfrac{du}{dX} = -\dfrac{1}{X}$．この両辺を X で積分すると $\log(u^2 - u + 1) = -2\log|X| + C_1$．ここで，log を外すと $(u^2 - u + 1)X^2 = C$．故に $Y^2 - XY + X^2 = C$．ここでもとの変数 x, y に戻すと $\left(y - \dfrac{5}{3}\right)^2 - \left(y - \dfrac{5}{3}\right)\left(x - \dfrac{1}{3}\right) + \left(x - \dfrac{1}{3}\right)^2 = C$．$\therefore x^2 + y^2 - xy + x - 3y = C_2$．

(7) 連立方程式 $2x - y + 1 = 0$, $x - 2y + 1 = 0$ を解くと $(x,y) = \left(\dfrac{-1}{3}, \dfrac{1}{3}\right)$．ここで，$x = X + \dfrac{-1}{3}$, $y = Y + \dfrac{1}{3}$ とおくと，与式は $\dfrac{dY}{dX} = \dfrac{2X - Y}{X - 2Y}$ で $u = \dfrac{Y}{X}$ とおくと $Y = uX$, $\dfrac{dY}{dX} = u + X\dfrac{du}{dX}$ より $u + X\dfrac{du}{dX} = \dfrac{2-u}{1-2u}$ となる．よって変数分離すると $\dfrac{1}{2}\dfrac{2u-1}{u^2 - u + 1}\dfrac{du}{dX} = -\dfrac{1}{X}$．この両辺を X で積分すると $\log(u^2 - u + 1) = -2\log|X| + C_1$．ここで，log を外すと $(u^2 - u + 1)X^2 = C$．故に $Y^2 - XY + X^2 = C$．ここでもとの変数 x, y に戻すと $\left(y - \dfrac{1}{3}\right)^2 - \left(y - \dfrac{1}{3}\right)\left(x - \dfrac{-1}{3}\right) + \left(x - \dfrac{-1}{3}\right)^2 = C$．$\therefore x^2 + y^2 - xy + x - y = C_2$．

(8) 連立方程式 $y - 3x - 4 = 0$, $x - 3y = 0$ を解くと $(x,y) = \left(\dfrac{-3}{2}, \dfrac{-1}{2}\right)$．ここで，$x = X + \dfrac{-3}{2}$, $y = Y + \dfrac{-1}{2}$ とおくと，与式は $\dfrac{dY}{dX} = \dfrac{Y - 3X}{X - 3Y}$ で

8.4. 完全微分方程式 217

$u = \dfrac{Y}{X}$ とおくと $Y = uX$, $\dfrac{dY}{dX} = u + X\dfrac{du}{dX}$ より $u + X\dfrac{du}{dX} = \dfrac{u-3}{1-3u}$ となる．よって，変数分離すると $\dfrac{1-3u}{u^2-1}\dfrac{du}{dX} = \dfrac{3}{X}$．この両辺を X で積分すると $-\log|(u+1)^2(u-1)| = 3\log|X| + C_1$．ここで，log を外すと $(u+1)^2(u-1)X^3 = C_2$．故に $(X+Y)^2(Y-X) = C_2$．ここでもとの変数 x, y に戻すと $(x+1-y)(x+y+2)^2 = C$．

(9) 連立方程式 $x+2y+1 = 0$, $-2x-4y+2 = 0$ の解はない．ここで，$u = x+2y+1$ とおくと $-2x-4y+2 = -2u+4$ であるから，与式は $\dfrac{du}{dx} = 1 + 2\dfrac{dy}{dx} = 1 + 2\dfrac{u}{-2u+4} = \dfrac{2}{-u+2}$．これを変数分離すると $(-u+2)\dfrac{du}{dx} = 2$．この両辺を x で積分すると $-u^2 + 4u = 4x + C_1$．ここでもとの変数 x, y に戻すと $(x+2y+1)^2 = 8y + C$．

(10) $\dfrac{dy}{dx} = \dfrac{x-y-3}{6x-6y-3}$．ここで $\dfrac{x-y-3}{6x-6y-3} = \dfrac{1}{6} - \dfrac{5}{2}\dfrac{1}{6x-6y-3}$ であるから，$u = 6x - 6y$ とおくと，与式は $\dfrac{du}{dx} = 6 - 6\left(\dfrac{1}{6} - \dfrac{5}{2}\dfrac{1}{u-3}\right) = \dfrac{5u}{u-3}$．これを変数分離すると $\dfrac{u-3}{u}\dfrac{du}{dx} = 5$．両辺を x で積分すると $u - 3\log u = 5x + C_1$．ここでもとの変数 x, y に戻すと $x - 6y - \log|6x-6y|^3 = C$． ■

8.4 完全微分方程式

次の形の 1 階の微分方程式 $P(x,y)dx + Q(x,y)dy = 0$ を**全微分方程式**という．$P(x,y)dx + Q(x,y)dy$ がある関数 $f(x,y)$ の全微分 (6 章参照) になっているとき，$P(x,y)dx + Q(x,y)dy = 0$ を**完全微分方程式**という．

定理 8.1. 関数 $P(x,y), Q(x,y)$ が C^1 級で，$\dfrac{\partial P}{\partial y} = \dfrac{\partial Q}{\partial x}$ を満たす時，$P(x,y)dx + Q(x,y)dy = 0$ は完全微分方程式になる．

注 8.2. 定理 8.1 から，関数 $P(x,y), Q(x,y)$ が C^1 級で，$\dfrac{\partial P}{\partial y} = \dfrac{\partial Q}{\partial x}$ を満たすならば，$P(x,y)dx + Q(x,y)dy = 0$ の解は $\displaystyle\int_{x_0}^{x} P(t,y)dt + \int_{y_0}^{y} Q(x_0,t)dt = C$

で与えられる.

注 8.3. $P(x,y)dx + Q(x,y)dy = 0$ が完全微分方程式でないときは，適当な関数 $\lambda(x,y)$ を与式にかけて，$\lambda P dx + \lambda Q dy = 0$ が完全微分方程式になれば，上のやり方で解ける．この適当な関数 $\lambda(x,y)$ を探す考察は微分方程式の専門書に譲る．

例 8.6. 次の微分方程式を解け．

$$xdx + ydy = 0$$

解 $P(x,y) = x$, $Q(x,y) = y$ とおくと，$\dfrac{\partial P}{\partial y} = \dfrac{\partial Q}{\partial x} = 0$ を満たす．よって完全微分方程式であり，求める解は $x^2 + y^2 = C$ (C は任意定数)． ∎

問 8.4.1. 次の微分方程式を解け．

(1) $(x^2 + 2xy + y)dx + (x^2 + x + y^2)dy = 0$
(2) $(\tan y - 3x^2)dx + (x \sec^2 y)dy = 0$
(3) $(y + e^x \sin y)dx + (x + e^x \cos y)dy = 0$
(4) $(x - 2xy + y^2)dx + (-x^2 + 2xy + y)dy = 0$
(5) $(\sin y + y \sin x)dx + (x \cos y - \cos x)dy = 0$

解 以下 C_1, C は任意定数とする．与えられた微分方程式を $Pdx + Qdy = 0$ とおく．

(1) $\dfrac{\partial P}{\partial y} = 2x + 1 = \dfrac{\partial Q}{\partial x}$ を満たす．よって $f(x,y) = \displaystyle\int_{x_0}^{x}(t^2 + 2ty + y)dt + \displaystyle\int_{y_0}^{y}(x_0^2 + x_0 + s^2)ds$ とおくと $f(x,y) = \dfrac{x^3}{3} + x^2 y + xy + \dfrac{y^3}{3} + C_1$ を得る．求める解は $\dfrac{x^3}{3} + x^2 y + xy + \dfrac{y^3}{3} = C$.

(2) $\dfrac{\partial P}{\partial y} = \sec^2 y = \dfrac{\partial Q}{\partial x}$ を満たす．よって $f(x,y) = \displaystyle\int_{x_0}^{x}(\tan y - 3t^2)dt + \displaystyle\int_{y_0}^{y}(x_0 \sec^2 s)ds$ とおくと $f(x,y) = x\tan y - x^3 + C_1$ を得る．求める解は $x\tan y - x^3 = C$.

(3) $\dfrac{\partial P}{\partial y} = 1 + e^x \cos y = \dfrac{\partial Q}{\partial x}$ を満たす．よって $f(x,y) = \displaystyle\int_{x_0}^{x}(y + e^t \sin y)dt + \int_{y_0}^{y}(x_0 + e^{x_0}\cos s)ds$ とおくと $f(x,y) = xy + e^x \sin y + C_1$ を得る．求める解は $xy + e^x \sin y = C$．

(4) $\dfrac{\partial P}{\partial y} = -2x + 2y = \dfrac{\partial Q}{\partial x}$ を満たす．よって $f(x,y) = \displaystyle\int_{x_0}^{x}(t - 2ty + y^2)dt + \int_{y_0}^{y}(-x_0^2 + 2x_0 s + s)ds$ とおくと $f(x,y) = \dfrac{x^2}{2} - x^2 y + xy^2 + \dfrac{y^2}{2} + C_1$ を得る．求める解は $\dfrac{x^2}{2} - x^2 y + xy^2 + \dfrac{y^2}{2} = C$．

(5) $\dfrac{\partial P}{\partial y} = \cos y + \sin x = \dfrac{\partial Q}{\partial x}$ を満たす．よって $f(x,y) = \displaystyle\int_{x_0}^{x}(\sin y + y\sin t)dt + \int_{y_0}^{y}(x_0 \cos s - \cos x_0)ds$ とおくと $f(x,y) = x\sin y - y\cos x + C_1$ を得る．求める解は $x\sin y - y\cos x = C$．∎

8.5 　1階線形微分方程式

関数 $p(x), r(x)$ は区間 I で定義されている既知の連続関数とする．このとき微分方程式 $\dfrac{dy}{dx} + p(x)y = r(x)$ を **1階線形微分方程式**という．

この微分方程式の一般解は
$$y(x) = \exp\left(-\int p(x)dx\right)\left\{\int r(x)\left(\exp\left(\int p(x)dx\right)\right)dx + C\right\}.$$
ここで，C は任意定数である．

例 8.7. 微分方程式 $y' + y = \cos x$ を解け．

解　$p(x) = 1, r(x) = \cos x$ であるから，公式から
$$\begin{aligned}
y &= \exp\left(-\int 1 dx\right)\left\{\int \cos x \left(\exp\left(\int 1 dx\right)\right)dx + C\right\} \\
&= \exp(-x)\left\{\int \cos x \exp x\, dx + C\right\} = C\exp(-x) + \dfrac{\cos x + \sin x}{2}.
\end{aligned}$$

∎

例 8.8. (ベルヌーイの微分方程式)　$y' + p(x)\, y = r(x)\, y^n$ $(n \neq 0, n \neq 1)$ をベルヌーイの微分方程式という．これは $w = y^{1-n}$ とおくことにより，次の1階線形微分方程式に変換される：$w' + (1-n)\, p(x)\, w = (1-n)\, r(x)$.

例 8.9.　$y' + y = y^2 \cos x$ の解は，$p(x) = 1$, $r(x) = \cos x$, $n = 2$ であるから，$w = \dfrac{1}{y}$ とおくと $w' + (-1)w = (-1)\cos x$. よって，$w = Ce^x + \dfrac{\cos x - \sin x}{2}$. 故に，$y = \left\{ Ce^x + \dfrac{\cos x - \sin x}{2} \right\}^{-1}$.

微分方程式 $\dfrac{dy}{dx} = f(x,y)$ の解 $y = y(x)$ で，条件 $y(x_0) = y_0$ を満たすものを求める問題を**初期値問題**という．

例 8.10. 初期値問題 $y' - xy = x^3$, $y(0) = -1$ の解は $y = C\exp\left(\dfrac{x^2}{2}\right) - (x^2+2)$. $y(0) = -1$ となるように定数 C を定めると，求める解は，$y = \exp\left(\dfrac{x^2}{2}\right) - (x^2 + 2)$.

次の例はしばしば見かける間違い答案の例である．どこに間違いがあるのか．

例 8.11. 微分方程式 $y' - (\cos x)y = -\sin(2x)$ の解を求めよ．

誤答例．$y' - (\cos x)y = -\sin(2x)$ の両辺を積分すると
$$y - (\sin x)y = \frac{1}{2}\cos(2x) \quad (\text{ここが間違いである！}).$$
故に $y = \dfrac{\cos(2x)}{2(1 - \sin x)}$ である． ∎

問 8.5.1. 次の微分方程式を解け．

(1)　$y' + (\cos x)y = \dfrac{1}{2}\sin(2x)$　　　　(2)　$y' + \dfrac{y}{2x} = x^2$ $(x > 0)$

(3)　$y' + \dfrac{2x}{x^2+1}y = \dfrac{2x^2}{1+x^2}$　　　　(4)　$y' - \dfrac{1}{x+2}y = x^2 + 2x$ $(x > -2)$

(5)　$y' + (\tan x)y = \cos^2 x$ $\left(-\dfrac{\pi}{2} < x < \dfrac{\pi}{2}\right)$　(6)　$y' + 2y = \sin x$

　解　公式
$$y = \exp\left(-\int p(x)dx\right)\left\{\int r(x)\left(\exp\left(\int p(x)\, dx\right)\right)dx + C\right\}$$

8.5. 1階線形微分方程式

(C は任意定数) を用いる．

(1) $p(x) = \cos x$, $r(x) = \dfrac{1}{2}\sin 2x$ であるから，

$$y = \exp\left(-\int \cos x\,dx\right)\left\{\int \frac{1}{2}\sin 2x\left(\exp\left(\int \cos x\,dx\right)\right)dx + C\right\}$$

$$=\exp(-\sin x)\left\{\int \sin x\cos x\,(\exp \sin x)\,dx + C\right\}$$

$$=\exp(-\sin x)\left\{(\sin x - 1)\exp(\sin x) + C\right\} = C\exp(-\sin x) + (\sin x - 1).$$

(2) $p(x) = \dfrac{1}{2x}$, $r(x) = x^2$ であるから，

$$y = \exp\left(-\int \frac{1}{2x}dx\right)\left\{\int x^2 \exp\left(\int \frac{1}{2x}dx\right)dx + C\right\}$$

$$= \exp\left(-\frac{1}{2}\log x\right)\left\{\int x^2 \exp\left(\frac{1}{2}\log x\right)dx + C\right\}$$

$$= \frac{1}{\sqrt{x}}\left\{\int x^2\sqrt{x}\,dx + C\right\} = C\frac{1}{\sqrt{x}} + \frac{2}{7}x^3.$$

(3) $p(x) = \dfrac{2x}{x^2+1}$, $r(x) = \dfrac{2x^2}{1+x^2}$ であるから，

$$y = \exp\left(-\int \frac{2x}{x^2+1}dx\right)\left\{\int \frac{2x^2}{1+x^2}\exp\left(\int \frac{2x}{x^2+1}dx\right)dx + C\right\}$$

$$= \exp(-\log(x^2+1))\left\{\int \frac{2x^2}{1+x^2}\exp(\log(x^2+1))dx + C\right\}$$

$$= \frac{1}{x^2+1}\left\{\int 2x^2\,dx + C\right\} = C\frac{1}{x^2+1} + \frac{1}{1+x^2}\frac{2}{3}x^3.$$

(4) $p(x) = -\dfrac{1}{x+2}$, $r(x) = x^2 + 2x$ であるから，

$$y = \exp\left(\int \frac{1}{x+2}dx\right)\left\{\int (x^2+2x)\exp\left(-\int \frac{1}{x+2}dx\right)dx + C\right\}$$

$$= \exp(\log(x+2))\left\{\int (x^2+2x)\exp(-\log(x+2))dx + C\right\}$$

$$= (x+2)\left\{\int x\,dx + C\right\} = C(x+2) + \frac{x^2}{2}(x+2).$$

(5) $p(x) = \tan x$, $r(x) = (\cos x)^2$ であるから，

$$y = \exp\left(-\int \tan x\,dx\right)\left\{\int (\cos x)^2 \exp\left(\int \tan x\,dx\right)dx + C\right\}$$

$$= \exp\left(\log\left(\cos x\right)\right)\left\{\int \left(\cos x\right)^2 \exp\left(-\log\left(\cos x\right)\right) dx + C\right\}$$
$$= \cos x \left\{\int \cos x\, dx + C\right\} = C\cos x + \cos x \sin x.$$

(6) $p(x) = 2$, $r(x) = \sin x$ であるから,
$$y = \exp\left(-\int 2dx\right)\left\{\int \sin x \exp\left(\int 2dx\right) dx + C\right\}$$
$$= \exp(-2x)\left\{\int \sin x \exp(2x)\, dx + C\right\}$$
$$= \exp(-2x)\left\{-\frac{1}{5}\cos x \exp(2x) + \frac{2}{5}\sin x \exp(2x) + C\right\}$$
$$= C\exp(-2x) - \frac{1}{5}\cos x + \frac{2}{5}\sin x.\qquad\blacksquare$$

問 8.5.2. 次の微分方程式を解け.

(1) $y' - y = 2xy^2$ (2) $y' + y = \dfrac{x}{2}y^2$

(3) $y' + x\, y = (1+x)e^{-x}\, y^2$ (4) $y' + 2xy = 2x^3\, y^3$

(5) $y' - y = e^x\, y^2$ (6) $y' + y = x\, y^4$

解 これらはすべてベルヌーイ型の微分方程式である.

(1) $p(x) = -1$, $r(x) = 2x$, $n = 2$ であるから, $w = \dfrac{1}{y}$ とおくと $w' + w = (-1)2x$. 公式より $w = \exp(-x)\left(-\int 2xe^x dx + C\right) = Ce^{-x} + (-2x+2)$. ∴ $y = \left\{Ce^{-x} + (-2x+2)\right\}^{-1}$.

(2) $p(x) = 1$, $r(x) = \dfrac{x}{2}$, $n = 2$ であるから, $w = \dfrac{1}{y}$ とおくと $w' - w = (-1)\dfrac{x}{2}$. 公式より $w = (\exp x)\left(-\dfrac{1}{2}\int x\exp(-x)dx + C\right) = \dfrac{1}{2}(x+1) + Ce^x$. ∴ $y = \left\{\dfrac{1}{2}(x+1) + Ce^x\right\}^{-1}$.

(3) $p(x) = x$, $r(x) = (1+x)(\exp-x)$, $n = 2$ であるから, $w = \dfrac{1}{y}$ とおくと $w' - xw = (-1)(1+x)\exp(-x)$. 公式より $w = \exp\dfrac{x^2}{2}\left(-\int (1+x)\exp(-x)\exp(-\dfrac{x^2}{2})dx + C\right)$

$$= \exp\frac{x^2}{2}\left(\exp(-x-\frac{x^2}{2})+C\right) = \exp(-x)+C\exp\frac{x^2}{2}.$$
$$\therefore\ y = \left\{\exp(-x)+C\exp\frac{x^2}{2}\right\}^{-1}.$$

(4) $p(x)=2x$, $r(x)=2x^3$, $n=3$ であるから, $w=y^{-2}$ とおくと
$w' - 4x\,w = (-4)x^3$. 公式より $w = \exp(2x^2)\left(\int(-4)x^3\exp(-2x^2)dx+C\right)$
$= \exp(2x^2)\left(\exp(-2x^2)(x^2+1)+C\right) = x^2+\dfrac{1}{2}+C\exp(2x^2).$
$\therefore\ y^2 = \left\{x^2+\dfrac{1}{2}+C\exp(2x^2)\right\}^{-1}.$

(5) $p(x)=-1$, $r(x)=e^x$, $n=2$ であるから, $w=y^{-1}$ とおくと
$w' + w = (-1)e^x$. 公式より $w = \exp(-x)\left(\int(-1)\exp x\exp(x)dx+C\right)$
$= \exp(-x)\left(-\dfrac{1}{2}\exp(2x)+C\right) = -\dfrac{1}{2}e^x+C\exp(-x).$
$\therefore\ y = \left\{-\dfrac{1}{2}e^x+C\exp(-x)\right\}^{-1}.$

(6) $p(x)=1$, $r(x)=x$, $n=4$ であるから, $w=y^{-3}$ とおくと
$w' - 3\,w = (-3)x$. 公式より $w = \exp(3x)\left(\int(-3)x\exp(-3x)dx+C\right)$
$= \exp(3x)\left(\left(x+\dfrac{1}{3}\right)\exp(-3x)+C\right) = \left(x+\dfrac{1}{3}\right)+C\exp(3x).$
$\therefore\ y^{-3} = \left(x+\dfrac{1}{3}\right)+C\exp(3x).$ ∎

問 8.5.3. 次の初期値問題の解を求めよ.

(1) $y' - \dfrac{y}{x} = x^2$, $y(1)=1$ 　　(2) $y' - (\cos x)y = -\sin 2x$, $y(0)=1$

(3) $y' + x\,y = x^3$, $y(0)=1$ 　　(4) $y' + (\tan x)y = \cos x$, $y(0)=0$

(5) $y' + \dfrac{y}{x} = \sin x$, $y(\pi)=1$ 　　(6) $y' + y = y^2(\cos x - \sin x)$, $y(0)=1$

(7) $y' - xy = 2x^3\,y^3$, $y(0)=1$ 　　(8) $y' + \dfrac{y}{x} = y^3\dfrac{\log x}{x}$, $y(1)=1$

(9) $y' + y = x\,y^3$, $y(0)=1$ 　　(10) $y' + xy = x\sqrt{y}$, $y(0)=4$

解 (1) から (5) は線形微分方程式で，公式

$$y = \exp\left(-\int p(x)dx\right)\left\{\int r(x)\left(\exp(\int p(x)\,dx)\right)dx + C\right\}$$

(C は任意定数) を用いて y を求め，初期条件から定数 C を決定する．(6) から (10) はベルヌーイ型の微分方程式で，例 8.8 を用いて y を求め，初期条件を用いる．

(1) $p(x) = -\dfrac{1}{x}$, $r(x) = x^2$ であるから，

$$y = \exp\left(\int \frac{1}{x}dx\right)\left(\int x^2 \exp\left(\int \frac{-1}{x}dx\right)dx + C\right)$$

$$= \exp(\log x)\left(\int x^2 \exp(-\log x)dx + C\right) = x\left(\int x dx + C\right) = x\left(\frac{1}{2}x^2 + C\right).$$

よって $y = Cx + \dfrac{1}{2}x^3$, $y(1) = 1$ より, $C = \dfrac{1}{2}$. $\therefore y = \dfrac{x + x^3}{2}$.

(2) $p(x) = -\cos x$, $r(x) = -\sin 2x$ であるから

$$y = \exp(\sin x)\left(\int (-\sin 2x)\exp(-\sin x)dx + C\right)$$

$$= \exp(\sin x)\left(2\exp(-\sin x)(1 + \sin x) + C\right).$$

よって $y = 2(1 + \sin x) + C\exp(\sin x)$. $y(0) = 1$ より, $C = -1$.

$\therefore y = 2(1 + \sin x) - \exp(\sin x)$.

(3) $p(x) = x$, $r(x) = x^3$ であるから

$$y = \exp\left(-\frac{x^2}{2}\right)\left(\int (x^3)\exp\left(\frac{x^2}{2}\right)dx + C\right)$$

$$= \exp\left(-\frac{x^2}{2}\right)\left((x^2 - 2)\exp\left(\frac{x^2}{2}\right) + C\right).$$

よって $y = (x^2 - 2) + C\exp\left(-\dfrac{x^2}{2}\right)$. $y(0) = 1$ より, $C = 3$.

$\therefore y = (x^2 - 2) + 3\exp\left(-\dfrac{x^2}{2}\right)$.

(4) $p(x) = \tan x$, $r(x) = \cos x$ であるから

$$y = \exp\left(-\int \tan x dx\right)\left(\int \cos x \exp(\int \tan x dx)dx + C\right).$$

ここで, $\exp\left(\int \tan x dx\right) = \exp(-\log|\cos x|) = \dfrac{1}{|\cos x|}$ だから,

8.5. １階線形微分方程式

$$y = \left(-\frac{1}{|\cos x|}\right)\left(\int \cos x \frac{1}{|\cos x|}dx + C\right).$$

よって $y = x\cos x - C\dfrac{1}{|\cos x|}$. $y(0) = 0$ より, $C = 0$. ∴ $y = x\cos x$.

(5) $p(x) = \dfrac{1}{x}$, $r(x) = \sin x$ であるから

$$y = \exp(-\log x)\left(\int \sin x \exp(\log x)dx + C\right) = \frac{1}{x}(\sin x - x\cos x + C).$$

よって $y = \dfrac{\sin x}{x} - \cos x + \dfrac{C}{x}$. $y(\pi) = 1$ より, $C = 0$. ∴ $y = \dfrac{\sin x}{x} - \cos x$.

(6) これはベルヌーイ型微分方程式で, $p(x) = 1$, $r(x) = \cos x - \sin x$, $n = 2$ である. ここで, $w = y^{-1}$ とおくと $w' - w = -(\cos x - \sin x)$, $w(0) = 1$. これを解くと $w = e^x\left(\int (\sin x - \cos x)e^{-x}dx + C\right)$.

ここで, $\int (\sin x - \cos x)e^{-x}dx = -e^{-x}\sin x$ であるから,
$w = e^x(-\sin x e^{-x} + C) = Ce^x - \sin x$. $w(0) = 1$ より $C = 1$.
∴ $\dfrac{1}{y} = w = e^x - \sin x$.

(7) これはベルヌーイ型微分方程式で, $p(x) = -x$, $r(x) = 2x^3$, $n = 3$ である. ここで, $w = y^{-2}$ とおくと $w' + 2xw = -4x^3$, $w(0) = 1$. これを解くと
$w = \exp(-\int 2xdx)\left(\int (-4x^3)\exp(\int 2xdx)dx + C\right)$
$= \exp(-x^2)\left(\int (-4x^3)\exp x^2 dx + C\right)$. ここで, $\int (-4x^3)\exp(x^2)dx$
$= -2(x^2-1)\exp(x^2)$ であるから, $w = \exp(-x^2)(-2(x^2-1)\exp(x^2) + C)$
$= C\exp(-x^2) - 2(x^2-1)$. $w(0) = 1$ より $C = -1$. ∴ $\dfrac{1}{y^2} = w = -\exp(-x^2) - 2x^2 + 2$.

(8) これはベルヌーイ型微分方程式で, $p(x) = \dfrac{1}{x}$, $r(x) = \dfrac{\log x}{x}$, $n = 3$ である. ここで, $w = y^{-2}$ とおくと $w' - 2\dfrac{w}{x} = -2\dfrac{\log x}{x}$, $w(1) = 1$. これを解くと
$w = \exp\left(2\int \dfrac{1}{x}dx\right)\left(\int \left(-2\dfrac{\log x}{x}\right)\exp\left(-2\int \dfrac{1}{x}dx\right)dx + C\right)$

$= x^2 \left(\int -2\dfrac{\log x}{x}\dfrac{1}{x^2}dx + C \right)$. ここで, $\int -2\dfrac{\log x}{x^3}dx = x^{-2}\log x + \dfrac{x^{-2}}{2}$ であるから, $w = x^2 \left(x^{-2}\log x + \dfrac{x^{-2}}{2} + C \right) = Cx^2 + \left(\log x + \dfrac{1}{2} \right)$. $w(1) = 1$ より $C = \dfrac{1}{2}$. $\therefore \dfrac{1}{y^2} = w = \dfrac{1}{2}(x^2 + 1) + \log x$.

(9) これはベルヌーイ型微分方程式で, $p(x) = 1$, $r(x) = x$, $n = 3$ である. ここで, $w = y^{-2}$ とおくと $w' - 2w = -2x$, $w(0) = 1$. これを解くと
$w = \exp\left(\int 2dx \right) \left(\int (-2x)\exp\left(\int -2dx \right) dx + C \right)$
$= \exp(2x) \left(\int (-2x)\exp(-2x)\,dx + C \right)$. ここで, $\int (-2x)\exp(-2x)\,dx = \left(x + \dfrac{1}{2} \right)\exp(-2x)$ であるから, $w = \exp(2x) \left(\left(x + \dfrac{1}{2} \right)\exp(-2x) + C \right) = C\exp(2x) + \left(x + \dfrac{1}{2} \right)$. $w(0) = 1$ より $C = \dfrac{1}{2}$. $\therefore \dfrac{1}{y^2} = w = \dfrac{1}{2}(\exp(2x) + 1) + x$.

(10) これはベルヌーイ型微分方程式で, $p(x) = x$, $r(x) = x$, $n = \dfrac{1}{2}$ である. ここで, $w = \sqrt{y}$ とおくと $w' + \dfrac{1}{2}xw = \dfrac{1}{2}x$, $w(0) = 2$. これを解くと
$w = \exp\left(-\int \dfrac{1}{2}x\,dx \right) \left(\int \left(\dfrac{1}{2}x \right)\exp\left(\int \dfrac{1}{2}x\,dx \right) dx + C \right)$
$= \exp\left(-\dfrac{1}{4}x^2 \right) \left(\int \left(\dfrac{x}{2} \right)\exp\dfrac{x^2}{4}\,dx + C \right)$. ここで
$\int \left(\dfrac{x}{2} \right)\exp\dfrac{x^2}{4}\,dx = \exp\left(\dfrac{x^2}{4} \right)$ より, $w = \exp\left(-\dfrac{1}{4}x^2 \right) \left(\exp\left(\dfrac{1}{4}x^2 \right) + C \right) = C\exp\left(-\dfrac{1}{4}x^2 \right) + 1$. $w(0) = 2$ より $C = 1$. $\therefore \sqrt{y} = w = \exp\left(-\dfrac{1}{4}x^2 \right) + 1$. ∎

8.6 定数係数の2階線形微分方程式

定数係数の同次線形2階微分方程式 $\dfrac{d^2y}{dx^2} + a\dfrac{dy}{dx} + by = 0$ ($x \in I$)(a, b は定数) の解を考察する. 解の候補として, $y = e^{\alpha x}$ (α は定数) なる形のものを探

8.6. 定数係数の2階線形微分方程式

す．$y' = \alpha e^{\alpha x}, y'' = (\alpha)^2 e^{\alpha x}$ より，これらを代入すると $e^{\alpha x}(\alpha^2 + a\alpha + b) = 0$ を得る．2次方程式 $t^2 + at + b = 0$ を $y'' + ay' + by = 0$ の**特性方程式（補助方程式）**という．

簡単化のために $L(y) \equiv \dfrac{d^2 y}{dx^2} + a\dfrac{dy}{dx} + by$ とおく．

区間 I で定義されている $L(y) = 0$ の2つの解 $Y_1(x), Y_2(x)$ に対して $c_1 Y_1(x) + c_2 Y_2(x) = 0 \, (x \in I)$ を満たす定数 c_1, c_2 が $c_1 = c_2 = 0$ に限る，すなわち，$c_1 = c_2 = 0$ 以外に $c_1 Y_1(x) + c_2 Y_2(x) = 0 \, (x \in I)$ なる定数 c_1, c_2 は存在しない）とき，この二つの解 $Y_1(x), Y_2(x)$ は**1次独立**であるという．この1次独立な二つの解 $Y_1(x), Y_2(x)$ の組を $L(y) = 0$ の**基本解系**という．

補題 8.4. 基本解系の求め方　特性方程式 $t^2 + at + b = 0$ の解の分類から，次の3つの場合に帰着される．

(I)　$a^2 - 4b > 0$ ならば，特性方程式の2実解を α, β とおくと，$Y_1(x) = e^{\alpha x}$, $Y_2(x) = e^{\beta x}$ は $L(y) = 0$ の1次独立な解である．

(II)　$a^2 - 4b = 0$ ならば，特性方程式の重解を α とすると，$Y_1(x) = e^{\alpha x}$, $Y_2(x) = xe^{\alpha x}$ は $L(y) = 0$ の1次独立な解である．

(III)　$a^2 - 4b < 0$ ならば，特性方程式の虚数解を $\alpha \pm i\beta \, (\beta \neq 0)(i$ は虚数単位）とすると，$Y_1(x) = e^{\alpha x}\cos(\beta x)$, $Y_2(x) = e^{\alpha x}\sin(\beta x)$ は $L(y) = 0$ の1次独立な解である．

例 8.12. (I) $a^2 - 4b > 0$ ならば，特性方程式の相異なる2実解を α, β とおくと $Y_1(x) = e^{\alpha x}$, $Y_2(x) = e^{\beta x}$ は $L(y) = 0$ の1次独立な解である．

問 8.6.1. 上の補題の (II) と (III) を確かめよ．

解

(II)　α を重解とする $(a^2 - 4b = 0, a + 2\alpha = 0)$．$Y_1(x) = \exp(\alpha x)$ は $L(y) = 0$ の解であるのは自明である．$Y_2(x) = x\exp(\alpha x)$ とおくと，$(Y_2(x))' = \exp(\alpha x) + \alpha x \exp(\alpha x) = (1 + \alpha x)\exp(\alpha x)$, $(Y_2(x))'' = (2\alpha + \alpha^2 x)\exp(\alpha x)$, $(Y_2(x))'' + a(Y_2(x))' + bY_2(x) = (2\alpha + \alpha^2 x + a(1 + \alpha x) + bx)\exp(\alpha x) = (\alpha^2 + a\alpha + b)x\exp(\alpha x) + (a + 2\alpha)\exp(\alpha x) = 0$．故に $Y_2(x) = x\exp(\alpha x)$ は $L(y) = 0$ の解である．ここで，

$$c_1 \exp(\alpha x) + c_2 x \exp(\alpha x) = 0 \quad (x \in \mathbb{R}) \tag{i}$$

を満たす定数 c_1, c_2 を調べる．(i) を微分すると

$$c_1\alpha \exp(\alpha x) + c_2(\alpha x + 1)\exp(\alpha x) = 0 \quad (x \in \mathbb{R}) \qquad \text{(ii)}$$

連立方程式 (i), (ii) を解くと $c_1 + c_2 x = 0$, $c_1\alpha + c_2(1 + \alpha x) = 0$ より，$c_1 = c_2 = 0$ を得る．故に $Y_1(x)$ と $Y_2(x)$ は 1 次独立である．

(III) $a^2 - 4b < 0$. 特性多項式の虚数解を $\alpha \pm \beta$ ($\beta \neq 0$) とする．$Y_1(x) = \exp(\alpha x)\cos(\beta x)$ と $Y_2(x) = \exp(\alpha x)\sin(\beta x)$ は $L(y) = 0$ の解であるのは，これらを微分して代入すれば明らかである．$\exp(\alpha x) \neq 0$ より

$$c_1 \cos(\beta x) + c_2 \sin(\beta x) = 0 \quad (x \in \mathbb{R}) \qquad \text{(iii)}$$

を満たす定数 c_1, c_2 を調べる．(iii) を微分すると

$$-c_1\beta \sin(\beta x) + c_2\beta \cos(\beta x) = 0 \quad (x \in \mathbb{R}) \qquad \text{(iv)}$$

連立方程式 (iii),(iv) を解くと $\beta \neq 0$ より $c_1^2 + c_2^2 = 0$ から $c_1 = c_2 = 0$ を得る．よって $Y_1(x)$ と $Y_2(x)$ は 1 次独立である． ∎

注 8.5. 上の補題の (III) で特性方程式の解は $\alpha \pm i\beta$ である．第 3 章で述べたオイラーの関係式 $e^{it} = \cos t + i\sin t$ ($t \in \mathbb{R}$) から，(III) の場合には，形式的に 2 つの解

$$Z_1(x) = e^{(\alpha + \beta i)x} = e^{\alpha x} e^{i\beta x} = e^{\alpha x}\cos\beta x + ie^{\alpha x}\sin\beta x$$
$$Z_2(x) = e^{(\alpha - \beta i)x} = e^{\alpha x} e^{-i\beta x} = e^{\alpha x}\cos\beta x - ie^{\alpha x}\sin\beta x$$

を得る．これから $Y_1(x) = \frac{Z_1 + Z_2}{2} = e^{\alpha x}\cos(\beta x)$, $Y_2(x) = \frac{Z_1 - Z_2}{2i} = e^{\alpha x}\sin(\beta x)$ とおくと，$L(Z_1) = L(Z_2) = 0$ より，$L(Y_1) = L(Y_2) = 0$ が成り立つ．

定理 8.6. $\{Y_1(x), Y_2(x)\}$ を $L(y) = 0$ の基本解系とする．このとき，集合 S, T を，$S = \{y \mid y \text{ は } y'' + ay' + by = 0 \text{ の解}\}$, $T = \{c_1 Y_1(x) + c_2 Y_2(x) \mid c_1, c_2 \in R\}$ とおくと，$S = T$ が成り立つ．

次に定数係数をもつ非同次線形 2 階微分方程式

$$\frac{d^2 y}{dx^2} + a\frac{dy}{dx} + by = f(x) \ (a, b \text{ は定数}) \qquad (*)$$

の一般解を求める．

$y'' + ay' + by = 0$ の解の集合を $S_0 = \{y \mid L(y) = 0 \ (x \in I)\}$ とおく．また，$(*)$ の解 y の集合を $S = \{y \mid L(y) = f(x) \ (x \in I)\}$ とおく．

8.6. 定数係数の 2 階線形微分方程式

定理 8.7. y_p を (*) の一つの特解とすると次が成り立つ：

$$S = \{y_p + y_0 \mid y_0 \in S_0\}$$

定数係数をもつ非同次線形 2 階微分方程式の特解 y_p の求め方

定理 8.7 から，問題は非同次線形 2 階微分方程式 ($y'' + ay' + by = f(x)$ ($Ly = f$)) を満たす特解 $y_p(x)$ を如何に見つけるかである．いくつか特別な関数 $f(x)$ に応じて解 $y_p(x)$ の見つけ方が知られている．以下その典型的な方法を述べる．

α, β を特性方程式 $t^2 + at + b = 0$ の解とする．

1. $f(x) = b_n x^n + b_{n-1} x^{n-1} + \cdots + b_1 + b_0 (= n$ 次の多項式の場合$)$
   $y_p(x) = a_n x^n + a_{n-1} x^{n-1} + \cdots + a_1 x + a_0$ とおいて，これを $y'' + ay' + by = f(x)$ に代入して係数 $a_n, a_{n-1}, \cdots, a_1, a_0$ を決定する．

2. $f(x) = \exp(\gamma x)$ (γ は 0 でない実数)

    (1) $\gamma \neq \alpha, \gamma \neq \beta$ のとき，$y_p = \dfrac{\exp(\gamma x)}{(\gamma^2 + a\gamma + b)}$ である．

    (2) $\gamma = \alpha, \alpha \neq \beta$ のとき，$y_p = x \dfrac{\exp(\gamma x)}{(\alpha - \beta)}$ である．

    (3) $\gamma = \alpha = \beta$ のとき，$y_p = \dfrac{x^2}{2} \exp(\gamma x)$ である．

3. $f(x) = m \cos \lambda x + n \sin \lambda x$ ($\alpha \neq i\lambda, \beta \neq -i\lambda$) の場合
   $y_p(x) = A \cos \lambda x + B \sin \lambda x$ とおいて，これを $y'' + ay' + by = f(x)$ に代入して定数 A, B を決定する．

4. $f(x) = m \exp(sx) \cos(tx) + n \exp(sx) \sin(tx)$ (s, t は 0 でない実数)　($\alpha \neq s + it, \beta \neq s - it$) の場合
   $y_p(x) = A \exp(sx) \cos(tx) + B \exp(sx) \sin(tx)$ とおいて，これを $y'' + ay' + by = f(x)$ に代入して定数 A, B を決定する．

5. $f(x) = \exp(sx) \times (n$ 次の多項式$)$ (s は 0 でない実数) の場合

    (1) $s \neq \alpha, s \neq \beta$ のときは，
    $$y_p(x) = \exp(sx) \left(a_n x^n + a_{n-1} x^{n-1} + \cdots + a_1 x + a_0 \right)$$

(2) $s = \alpha, \alpha \neq \beta$ のときは、
$$y_p(x) = \exp(sx)\left(a_{n+1}x^{n+1} + a_n x^n + \cdots + a_1 x\right)$$
(3) $s = \alpha = \beta$ のときは、
$$y_p(x) = \exp(sx)\left(a_{n+2}x^{n+2} + a_{n+1}x^{n+1} + \cdots + a_2 x^2\right)$$

とそれぞれおいて、それぞれ $y'' + ay' + by = f(x)$ に代入して係数 a_{n+2}, a_{n+1}, $a_n, \cdots, a_2, a_1, a_0$ を決定する.

6. $\alpha = i\lambda$, $\beta = -i\lambda$ $(\lambda \neq 0)$ で $f(x) = n\cos\lambda x + m\sin\lambda x$ の場合
$y_p(x) = Ax\cos\lambda x + Bx\sin\lambda x$ とおいて、それを $y'' + ay' + by = f(x)$ に代入して定数 A, B を決定する.

例 8.13. 次の微分方程式を解け.
(1) $y'' + 4y' + 8y = x^2 + 9x + 1$ (2) $y'' + 6y' + 5y = e^{2x}$
(3) $y'' - y' - 2y = e^{-x}$ (4) $y'' + 2y' + 5y = \cos 2x$
(5) $y'' - 2y' + 5y = e^{-x}\sin 5x$ (6) $y'' + 2y' + y = (2x^2 + x + 5)e^x$
(7) $y'' + 4y = \sin 2x$

解 特解を $y_p(x)$ とする.
(1) 特性方程式 $t^2 + 4t + 8 = 0$ の解は $t = -2 \pm 2i$ である. $y'' + 4y' + 8y = 0$ の解 y_0 は $y_0 = c_1 e^{-2x}\cos 2x + c_2 e^{-2x}\sin 2x$. 特解は $y_p = \dfrac{1}{8}x^2 + x - \dfrac{13}{32}$, 求める解は $y = y_p + y_0 = \dfrac{1}{8}x^2 + x - \dfrac{13}{32} + c_1 e^{-2x}\cos 2x + c_2 e^{-2x}\sin 2x$

(2) 特性方程式 $t^2 + 6t + 5 = 0$ の解は $t = -5, t = -1$ である. $y'' + 6y' + 5y = 0$ の解 y_0 は $y_0 = c_1 e^{-5x} + c_2 e^{-x}$. 特解は $y_p = \dfrac{1}{21}e^{2x}$, 求める解は $y = y_p + y_0 = \dfrac{1}{21}e^{2x} + c_1 e^{-5x} + c_2 e^{-x}$

(3) 特性方程式 $t^2 - t - 2 = 0$ の解は $t = 2, t = -1$ である. $y'' - y' - 2y = 0$ の解 y_0 は $y_0 = c_1 e^{2x} + c_2 e^{-x}$. 特解は $y_p = -\dfrac{1}{3}xe^{-x}$, 求める解は $y = y_p + y_0 = -\dfrac{1}{3}xe^{-x} + c_1 e^{2x} + c_2 e^{-x}$

(4) 特性方程式 $t^2 + 2t + 5 = 0$ の解は $t = -1 \pm 2i$ である. $y'' + 2y' + 5y = 0$ の解 y_0 は $y_0 = c_1 e^{-x}\cos 2x + c_2 e^{-x}\sin 2x$. 特解 $y_p = \dfrac{1}{17}\cos 2x + \dfrac{4}{17}\sin 2x$, 求める解は $y = y_0 + y_p = \dfrac{1}{17}\cos 2x + \dfrac{4}{17}\sin 2x + c_1 e^{-x}\cos 2x + c_2 e^{-x}\sin 2x$

8.6. 定数係数の2階線形微分方程式

(5) 特性方程式 $t^2-2t+5=0$ の解は $t=1\pm 2i$ である．$y''-2y'+5y=0$ の解 y_0 は $y_0 = c_1 e^x \cos 2x + c_2 e^x \sin 2x$．特解 $y_p = -\dfrac{17}{689} e^{-x} \cos 5x - \dfrac{20}{689} e^{-x} \sin 5x$，求める解は $y = y_0 + y_p = -\dfrac{17}{689} e^{-x} \cos 5x - \dfrac{20}{689} e^{-x} \sin 5x + c_1 e^x \cos 2x + c_2 e^x \sin 2x$

(6) 特性方程式 $t^2+2t+1=0$ の解は $t=-1$(重解) である．$y''+2y'+y=0$ の解 y_0 は $y_0 = c_1 e^{-x} + c_2 x e^{-x}$．特解 $y_p = \left(\dfrac{1}{2}x^2 - \dfrac{3}{4}x + \dfrac{7}{4}\right)e^x$，求める解は $y = y_p + y_0 = (\dfrac{1}{2}x^2 - \dfrac{3}{4}x + \dfrac{7}{4})e^x + c_1 e^{-x} + c_2 x e^{-x}$

(7) 特性方程式 $t^2+4=0$ の解は $t=\pm 2i$ である．$y''+4y=0$ の解 y_0 は $y_0 = c_1 \cos 2x + c_2 \sin 2x$．特解 $y_p = -\dfrac{1}{4}x\cos 2x$．求める解は $y = y_p + y_0 = c_1 \cos 2x + c_2 \sin 2x - \dfrac{1}{4}x\cos 2x$．

∎

問 8.6.2. 次の微分方程式を解け．
(1) $y'' + 3y' + 2y = -x^2 + 1$　　(2) $y'' + 2y' - 3y = x^2 + x$
(3) $y'' - 4y' + 4y = e^x$　　(4) $y'' - 3y' + 2y = e^{2x}$
(5) $y'' + 2y' + 5y = \sin 2x$　　(6) $y'' - 4y' + 13y = \cos 3x$
(7) $y'' + 6y' + 13y = e^{3x}\sin 2x$　　(8) $y'' - 2y' + 5y = e^x \cos 4x$
(9) $y'' - 2y' + y = (2x^2 + 5)e^x$　　(10) $y'' - 3y' + 2y = (1 - 2x^2)e^x$

解　与式の特解を $y_p(x)$，同次方程式 $y'' + ay' + by = 0$ の一般解を $y_0(x)$ とおく．

(1) 特性方程式 $t^2 + 3t + 2 = 0$ の解は $t=-2, t=-1$ である．$y_p = Ax^2 + Bx + C$ とおいて，これを微分方程式に代入すると $2A + 3(2Ax + B) + 2(Ax^2 + Bx + C) = -x^2 + 1$ より $A = -\dfrac{1}{2}, B = \dfrac{3}{2}, C = -\dfrac{5}{4}$ から，$y_p = -\dfrac{1}{2}x^2 + \dfrac{3}{2}x - \dfrac{5}{4}$．同次方程式 $y''+3y'+2y=0$ の解は $y_0 = c_1 e^{-2x} + c_2 e^{-x}$．
∴ 求める解は $y = y_p + y_0 = -\dfrac{1}{2}x^2 + \dfrac{3}{2}x - \dfrac{5}{4} + c_1 e^{-2x} + c_2 e^{-x}$

(2) 特性方程式 $t^2 + 2t - 3 = 0$ の解は $t=-3, t=1$ である．$y_p = Ax^2 + Bx + C$ とおいて，これを微分方程式に代入すると $2A + 2(2Ax + $

$B) - 3(Ax^2 + Bx + C) = x^2 + x$ より $A = -\dfrac{1}{3}, B = -\dfrac{7}{9}, C = -\dfrac{20}{27}$ から, $y_p = -\dfrac{1}{3}x^2 - \dfrac{7}{9}x - \dfrac{20}{27}$. 同次方程式 $y'' + 2y' - 3y = 0$ の解は $y_0 = c_1 e^{-3x} + c_2 e^x$. $\therefore$ 求める解は $y = y_p + y_0 = -\dfrac{1}{3}x^2 - \dfrac{7}{9}x - \dfrac{20}{27} + c_1 e^{-3x} + c_2 e^x$

(3) 特性方程式 $t^2 - 4t + 4 = 0$ の解は $t = 2$(重解)である. $y_p = Ae^x$ とおいて,これを微分方程式に代入すると $(A - 4A + 4A)e^x = Ae^x = e^x$ より特解は $y_p = e^x$, 同次方程式 $y'' - 4y' + 4y = 0$ の解は $y_0 = c_1 e^{2x} + c_2 x e^{2x}$. $\therefore$ 求める解は $y = y_p + y_0 = e^x + c_1 e^{2x} + c_2 x e^{2x}$

(4) 特性方程式 $t^2 - 3t + 2 = 0$ の解は $t = 2, t = 1$ である. $y_p = Axe^{2x}$ とおいて,これを微分方程式に代入すると $Ae^{2x} = e^{2x}$ より $A = 1$ より,特解は $y_p = xe^{2x}$, 同次方程式 $y'' - 3y' + 2y = 0$ の解は $y_0 = c_1 e^{2x} + c_2 e^x$. $\therefore$ 求める解は $y = y_p + y_0 = xe^{2x} + c_1 e^{2x} + c_2 e^x$

(5) 特性方程式 $t^2 + 2t + 5 = 0$ の解は $t = -1 \pm 2i$ である. $y_p = A\cos 2x + B\sin 2x$ とおいて,これを微分方程式に代入すると $A + 4B = 0, -4A + B = 1$ より $A = -\dfrac{4}{17}, B = \dfrac{1}{17}$ $y_p = -\dfrac{4}{17}\cos 2x + \dfrac{1}{17}\sin 2x$, 同次方程式 $y'' + 2y' + 5y = 0$ の解は $y_0 = c_1 e^{-x}\cos 2x + c_2 e^{-x}\sin 2x$. $\therefore$ 求める解は $y = y_0 + y_p = -\dfrac{4}{17}\cos 2x + \dfrac{1}{17}\sin 2x + c_1 e^{-x}\cos 2x + c_2 e^{-x}\sin 2x$

(6) 特性方程式 $t^2 - 4t + 13 = 0$ の解は $t = 2 \pm 3i$ である. $y_p = A\cos 3x + B\sin 3x$ とおいて,これを微分方程式に代入すると $4A - 12B = 1, 12A + 4B = 0$ より $A = \dfrac{1}{40}, B = -\dfrac{3}{40}$. $y_p = \dfrac{1}{40}\cos 3x - \dfrac{3}{40}\sin 3x$, 同次方程式 $y'' - 4y' + 13y = 0$ の解は $y_0 = c_1 e^{2x}\cos 3x + c_2 e^{2x}\sin 3x$. $\therefore$ 求める解は $y = y_0 + y_p = \dfrac{1}{40}\cos 3x - \dfrac{3}{40}\sin 3x + c_1 e^{2x}\cos 3x + c_2 e^{2x}\sin 3x$

(7) 特性方程式 $t^2 + 6t + 13 = 0$ の解は $t = -3 \pm 2i$ である. $y_p = Ae^{3x}\cos 2x + Be^{3x}\sin 2x$ とおいて,これを微分方程式に代入し A, B を定めると $3A + 2B = 0, -2A + 3B = \dfrac{1}{12}$ より,$y_p = -\dfrac{1}{78}e^{3x}\cos 2x + \dfrac{1}{52}e^{3x}\sin 2x$, 同次方程式 $y'' + 6y' + 13y = 0$ の解は $y_0 = c_1 e^{-3x}\cos 2x + c_2 e^{-3x}\sin 2x$.

∴ 求める解は $y = y_0 + y_p = -\dfrac{1}{78}e^{3x}\cos 2x + \dfrac{1}{52}e^{3x}\sin 2x + c_1 e^{-3x}\cos 2x + c_2 e^{-3x}\sin 2x$

(8) 特性方程式 $t^2 - 2t + 5 = 0$ の解は $t = 1 \pm 2i$ である．
$y_p = Ae^x \cos 4x + Be^x \sin 4x$ とおいて，これを微分方程式に代入し A, B を定めると $A = -\dfrac{1}{12}, B = 0$. $y_p = -\dfrac{1}{12}e^x \cos 4x$. 同次方程式 $y'' - 2y' + 5y = 0$ の解は $y_0 = c_1 e^x \cos 2x + c_2 e^x \sin 2x$.

∴ 求める解は $y = y_0 + y_p = -\dfrac{1}{12}e^x \cos 4x + c_1 e^x \cos 2x + c_2 e^x \sin 2x$

(9) 特性方程式 $t^2 - 2t + 1 = 0$ の解は $t = 1$(重解) である．
$y_p = (Ax^4 + Bx^3 + Cx^2)e^x$ とおいて，これを微分方程式に代入し A, B, C を定めると $A = \dfrac{1}{6}, B = 0, C = \dfrac{5}{2}$. $y_p = (\dfrac{1}{6}x^4 + \dfrac{5}{2}x^2)e^x$.

同次方程式 $y'' + 2y' + y = 0$ の解は $y_0 = c_1 e^x + c_2 x e^x$.

∴ 求める解は $y = y_p + y_0 = (\dfrac{1}{6}x^4 + \dfrac{5}{2}x^2)e^x + c_1 e^x + c_2 x e^x$

(10) 特性方程式 $t^2 - 3t + 2 = 0$ の解は $t = 2, t = 1$ である．
$y_p = (Ax^3 + Bx^2 + Cx)e^x$ とおいて，これを微分方程式に代入し A, B, C を定めると $A = \dfrac{2}{3}, 3A - B = 0, 2B - C = 1$ から $y_p = (\dfrac{2}{3}x^3 + 2x^2 + 3x)e^x$.

同次方程式 $y'' + 2y' + y = 0$ の解は $y_0 = c_1 e^{2x} + c_2 e^x$.

∴ 求める解は $y = y_p + y_0 = (\dfrac{2}{3}x^3 + 2x^2 + 3x)e^x + c_1 e^{2x} + c_2 e^x$ ∎

8.7 解の一意性定理と存在定理

定理 8.8 (初期値問題の解の存在定理・一意性の定理)．関数 $f(t, y)$ は領域 $D = \{(t, y) \mid |t - t_0| < a, |y - y_0| < b\}$ で連続で，$|f(t, y)| \leq M$ ($(t, y) \in D$) なる定数 M が存在するとする．また，D 内の任意の t, y_1, y_2 に対して

$$|f(t, y_1) - f(t, y_2)| \leq L |y_2 - y_1| \qquad (**)$$

なる定数 L が存在するものとする．このとき，微分方程式
$$\frac{dy}{dt} = f(t,y)$$
の解 $y = y(t)$ で，初期条件
$$y(t_0) = y_0$$
を満たす解が，$|t - t_0| < \min\left\{a, \frac{1}{2L}\right\}$ なる t の範囲で，唯一つ存在する．

注 8.9. 条件 (**) をリプシッツ **(Lipshitz)** 条件という．$f(t,y)$ はリプシッツ **(Lipshitz)** 条件を満たすという．

演習問題 8

1. 次の微分方程式を解け．$a(\neq 0)$ は定数とする．$e^t = \exp t$ である．

(1) $\tan(ay)\dfrac{dy}{dx} = \dfrac{1}{x^2 + 3x + 2}$ (2) $\dfrac{\sin y}{1 + \cos y}\dfrac{dy}{dx} = 2x\exp(x^2)$

(3) $\cos y \sin^3 y \dfrac{dy}{dx} = \dfrac{(\log x)^2}{x}$ (4) $(x^3 + y^3) + 3xy^2\dfrac{dy}{dx} = 0 \ (x > 0)$

(5) $(1 + 2\exp(\dfrac{x}{y})) = 2\exp(\dfrac{x}{y})(\dfrac{x}{y} - 1)\dfrac{dy}{dx}$

(6) $\dfrac{dy}{dx} + (\cot x)y = 2\cos x \ (0 < x < \dfrac{\pi}{2})$

(7) $\dfrac{dy}{dx} + (\tan x)y = \sin 2x \ (0 < x < \dfrac{\pi}{2})$ (8) $\dfrac{dy}{dx} = \dfrac{1}{x + y^2}$

(9) $\dfrac{dy}{dx} - y = 3e^x y^3$ (10) $\dfrac{dy}{dx} + \dfrac{y}{x} = y^2 \dfrac{2\log x}{x} \ (x > 0)$

解 以下，C, C_1, C_2 は任意定数である．

(1) 変数分離形である．積分を行うと $\displaystyle\int (\tan ay)dy = \int \dfrac{1}{x^2 + 3x + 2}dx$

$= \displaystyle\int \left(\dfrac{1}{x+1} - \dfrac{1}{x+2}\right)dx$．∴ $-\dfrac{1}{a}\log|\cos(ay)| = \log|\dfrac{x+1}{x+2}| + C$

(2) 変数分離形である．積分を行うと $\displaystyle\int \dfrac{\sin y}{1 + \cos y}dy = \int 2xe^{x^2}dx$．

∴ $-\log|1 + \cos y| = e^{x^2} + C$

(3) 変数分離形である．積分を行うと $\dfrac{1}{4}\sin^4 y = \dfrac{1}{3}(\log x)^3 + C$

(4) 同次形である．$(x^3+y^3)+3xy^2\dfrac{dy}{dx}=0$. 両辺を x^3 で割ると $(1+(\dfrac{y}{x})^3)+3(\dfrac{y}{x})^2\dfrac{dy}{dx}=0$. ここで，$y=ux$ とおくと $\dfrac{dy}{dx}=u+x\dfrac{du}{dx}$. 与式は $(1+u^3)+3u^2(u+x\dfrac{du}{dx})=0$. よって $3u^2 x\dfrac{du}{dx}=-(1+4u^3)$. これは変数分離形である．$\dfrac{3u^2}{1+4u^3}\dfrac{du}{dx}=-\dfrac{1}{x}$. この両辺の積分を行うと $\dfrac{1}{4}\log|1+4u^3|=-\log|x|+C$. よって $\log|(1+4u^3)x^4|=C$. $\therefore\ x^4\left(1+4(\dfrac{y}{x})^3\right)=C_1$.

(5) 同次形である．$x=x(y)$ と考える．　$(1+2\exp(\dfrac{x}{y}))\dfrac{dx}{dy}+2\exp(\dfrac{x}{y})(1-\dfrac{x}{y})=0$ と書き直す．　$u=\dfrac{x}{y}$ とおくと $\dfrac{dx}{dy}=u+y\dfrac{du}{dy}$. 与式は $(1+2e^u)(u+y\dfrac{du}{dy})+2e^u(1-u)=0$ となり，整理すると次の変数分離形 $\dfrac{1+2e^u}{u+2e^u}\dfrac{du}{dy}=-\dfrac{1}{y}$ を得る．これを解くと $\log|y(u+2e^u)|=C$, $\log$ を外すと $x+2y\exp(\dfrac{x}{y})=C_1$.

(6) 1 階線形微分方程式である．$p(x)=\cot x$, $r(x)=2\cos x$ であるから，
$y=\exp(-\int \cot x dx)\left(\int 2\cos x \exp\left(\int \cot x dx\right)dx+C\right)$.
また，$\exp(\int \cot x dx)=\exp(\log|\sin x|)=|\sin x|$ より，
$y=\dfrac{1}{|\sin x|}\left(\int 2\cos x|\sin x|dx+C\right)=C\dfrac{1}{|\sin x|}+\dfrac{-\cos 2x}{2\sin x}$

(7) 1 階線形微分方程式である．$p(x)=\tan x$, $r(x)=\sin 2x$ であるから，
$y=\exp(-\int \tan x dx)\left(\int \sin 2x \exp(\int \tan x dx)dx+C\right)$.
また，$\exp(\int \tan x dx)=\exp(-\log|\cos x|)=\dfrac{1}{|\cos x|}$ より，
$y=|\cos x|\left(\int \sin 2x\dfrac{1}{|\cos x|}dx+C\right)=C_1\cos x-2(\cos x)^2$

(8) $\dfrac{dy}{dx}=\dfrac{1}{x+y^2}$. これを逆に書き直すと $\dfrac{dx}{dy}=x+y^2$ となる．これは x に関する 1 階線形微分方程式である．$p(y)=-1$, $r(y)=y^2$ であるから，
$x=\exp(\int dy)\left(\int y^2 \exp(-\int dy)+C\right)=e^y\left(\int y^2 e^{-y}dy+C\right)$.

また，$\int y^2 e^{-y} dy = -(y^2+2y+2)e^{-y}$ より，$\therefore x = -(y^2+2y+2) + Ce^y$．

(9) ベルヌーイ型の微分方程式である．$p(x) = -1, r(x) = 3e^x, n = 3$ である．$w = y^{-2}$ とおくと $w' + 2w = -6e^x$．これを解くと，
$w = e^{-2x}\left(\int(-6e^x)e^{2x}dx + C\right) = Ce^{-2x} - 2e^x$．$\therefore \quad y^{-2} = Ce^{-2x} - 2e^x$．

(10) ベルヌーイ型の微分方程式である．$p(x) = \dfrac{1}{x}, r(x) = \dfrac{2\log x}{x}, n = 2$ である．$w = y^{-1}$ とおくと $x > 0$ であるから，$w' - \dfrac{w}{x} = -\dfrac{2\log x}{x}$．
$w = \exp(\log x)\left(\int(-\dfrac{2\log x}{x})\exp(-\int\dfrac{1}{x}dx)dx + C\right) = x\left(\int(-\dfrac{2\log x}{x^2})dx + C\right)$
$= Cx + 2(1 + \log x)$．$\therefore y^{-1} = Cx + 2(1 + \log x)$． ∎

2. 次の微分方程式を解け．

(1) $y'' - y' - 2y = 6x^2 + 3x$ 　　(2) $y'' + 2y' + y = 4x^2 + x + 2$
(3) $y'' - 6y' + 9y = (x^2 + 5)e^{3x}$ 　(4) $y'' + 2y' + y = (x^2 + x + 2)e^{2x}$
(5) $y'' - 4y' + 13y = e^{2x}$ 　　　(6) $y'' - 2y' + 5y = e^x$
(7) $y'' + 2y' + 10y = \sin 3x$ 　　(8) $y'' + 4y' + 20y = \cos 4x$
(9) $y'' - 2y' + 10y = e^x \cos 2x$ 　(10) $y'' - 4y' + 20y = e^{2x}\sin 3x$

解 与式の特解を $y_p(x)$，$y'' + ay' + by = 0$ の一般解を $y_0(x)$ とおく．

(1) 特性方程式 $t^2 - t - 2 = 0$ の解は $t = 2, t = -1$ である．$y_p = Ax^2 + Bx + C$ とおいて，これを微分方程式に代入すると $2A - (2Ax + B) - 2(Ax^2 + Bx + C) = 6x^2 + 3x$ より $A = -3, B = \dfrac{3}{2}, C = -\dfrac{15}{4}$．
$y_p = -3x^2 + \dfrac{3}{2}x - \dfrac{15}{4}$，同次方程式 $y'' - y' - 2y = 0$ の解は $y_0 = c_1 e^{2x} + c_2 e^{-x}$．
$\therefore$ 求める解は $y = y_p + y_0 = -3x^2 + \dfrac{3}{2}x - \dfrac{15}{4} + c_1 e^{2x} + c_2 e^{-x}$．

(2) 特性方程式 $t^2 + 2t + 1 = 0$ の解は $t = -1$ （重解）である．$y_p = Ax^2 + Bx + C$ とおいて，これを微分方程式に代入すると $2A + 2(2Ax + B) + (Ax^2 + Bx + C) = 4x^2 + x + 2$ より $A = 4, B = -15, C = 24, y_p = 4x^2 - 15x + 24$，同次方程式 $y'' + 2y' + y = 0$ の解は $y_0 = c_1 e^{-x} + c_2 x e^{-x}$．
$\therefore$ 求める解は $y = y_p + y_0 = 4x^2 - 15x + 24 + c_1 e^{-x} + c_2 x e^{-x}$．

(3) 特性方程式 $t^2 - 6t + 9 = 0$ の解は $t = 3$ （重解）である．

$y_p = e^{3x}(Ax^4 + Bx^3 + Cx^2)$ とおいて，これを微分方程式に代入すると $2A + 2(2Ax + B) + (Ax^2 + Bx + C) = (x^2 + 5)$ より $A = \frac{1}{12}, B = 0, C = \frac{5}{2}$, $y_p = e^{3x}(\frac{1}{12}x^4 + \frac{5}{2}x^2)$, 同次方程式 $y'' - 6y' + 9y = 0$ の解は $y_0 = c_1 e^{3x} + c_2 x e^{3x}$.

∴ 求める解は $y = y_p + y_0 = e^{3x}(\frac{1}{12}x^4 + \frac{5}{2}x^2) + c_1 e^{3x} + c_2 x e^{3x}$.

(4) 特性方程式 $t^2 + 2t + 1 = 0$ の解は $t = -1$ （重解）である．
$y_p = e^{2x}(Ax^2 + Bx + C)$ とおいて，これを微分方程式に代入すると $9Ax^2 + (12A + 9B)x + (2A + 6B + 9C) = x^2 + x + 2$ より $A = \frac{1}{9}, B = -\frac{1}{27}, C = \frac{2}{9}$. $y_p = (\frac{1}{9}x^2 - \frac{1}{27}x + \frac{2}{9})e^{2x}$, 同次方程式 $y'' + 2y' + y = 0$ の解は $y_0 = c_1 e^{-x} + c_2 x e^{-x}$.
∴ 求める解は $y = y_p + y_0 = (\frac{1}{9}x^2 - \frac{1}{27}x + \frac{2}{9})e^{2x} + c_1 e^{-x} + c_2 x e^{-x}$.

(5) 特性方程式 $t^2 - 4t + 13 = 0$ の解は $t = 2 \pm 3i$ である．
$y_p = Ae^{2x}$ とおいて，これを微分方程式に代入すると，
$(4A - 8A + 13A)e^{2x} = 9Ae^{2x} = e^{2x}$ より $A = \frac{1}{9}$. $y_p = \frac{1}{9}e^{2x}$, 同次方程式 $y'' - 4y' + 13y = 0$ の解は $y_0 = c_1 e^{2x} \cos 3x + c_2 e^{2x} \sin 3x$.
∴ 求める解は $y = y_p + y_0 = \frac{1}{9}e^{2x} + c_1 e^{2x} \cos 3x + c_2 e^{2x} \sin 3x$.

(6) 特性方程式 $t^2 - 2t + 5 = 0$ の解は $t = 1 \pm 2i$ である．
$y_p = Ae^x$ とおいて，これを微分方程式に代入すると，
$(A - 2A + 5A)e^x = 4Ae^x = e^x$ より $A = \frac{1}{4}$. $y_p = \frac{1}{4}e^x$, 同次方程式 $y'' - 4y' + 13y = 0$ の解 $y_0 = c_1 e^x \cos 2x + c_2 e^x \sin 2x$.
∴ 求める解は $y = y_p + y_0 = \frac{1}{4}e^x + c_1 e^x \cos 2x + c_2 e^x \sin 2x$.

(7) 特性方程式 $t^2 + 2t + 10 = 0$ の解は $t = -1 \pm 3i$ である．
$y_p = A\cos 3x + B\sin 3x$ とおいて，これを微分方程式に代入すると，
$(A + 6B)\cos 3x + (B - 6A)\sin 3x = \sin 3x$ より，$A = -\frac{6}{37}$, $B = \frac{1}{37}$, $y_p = -\frac{6}{37}\cos 3x + \frac{1}{37}\sin 3x$, 同次方程式 $y'' + 2y' + 10y = 0$ の解 $y_0 = c_1 e^{-x} \cos 3x + c_2 e^{-x} \sin 3x$.

∴ 求める解は $y = y_p + y_0 = -\dfrac{6}{37}\cos 3x + \dfrac{1}{37}\sin 3x + c_1 e^{-x}\cos 3x + c_2 e^{-x}\sin 3x$.

(8) 特性方程式 $t^2 + 4t + 20 = 0$ の解は $t = -2 \pm 4i$ である．
$y_p = A\cos 4x + B\sin 4x$ とおいて，これを微分方程式に代入すると
$(4A + 16B)\cos 4x + (4B - 16A)\sin 4x = \cos 4x$ より，$A = \dfrac{1}{68}$, $B = \dfrac{1}{17}$, $y_p = \dfrac{1}{68}\cos 4x + \dfrac{1}{17}\sin 4x$，同次方程式 $y'' + 4y' + 20y = 0$ の解 $y_0 = c_1 e^{-2x}\cos 4x + c_2 e^{-2x}\sin 4x$.

∴ 求める解は $y = y_p + y_0 = \dfrac{1}{68}\cos 4x + \dfrac{1}{17}\sin 4x + c_1 e^{-2x}\cos 4x + c_2 e^{-2x}\sin 4x$.

(9) 特性方程式 $t^2 - 2t + 10 = 0$ の解は $t = 1 \pm 3i$ である．
$y_p = Ae^x\cos 2x + Be^x\sin 2x$ とおいて，これを微分方程式に代入すると
$5Ae^x\cos 2x + 5Be^x\sin 2x = e^x\cos 2x$. $A = \dfrac{1}{5}, B = 0$, $y_p = \dfrac{1}{5}e^x\cos 2x$, 同次方程式 $y'' - 2y' + 10y = 0$ の解 $y_0 = c_1 e^x\cos 3x + c_2 e^x\sin 3x$.

∴ 求める解は $y = y_p + y_0 = \dfrac{1}{5}e^x\cos 2x + c_1 e^x\cos 3x + c_2 e^x\sin 3x$.

(10) $y'' - 4y' + 20y = e^{2x}\sin 3x$

特性方程式 $t^2 - 4t + 20 = 0$ の解は $t = 2 \pm 4i$ である．
$y_p = Ae^{2x}\cos 3x + Be^{2x}\sin 3x$ とおいて，これを微分方程式に代入すると
$7Ae^{2x}\cos 3x + 7Be^{2x}\sin 3x = e^{2x}\sin 3x$. $A = 0, B = \dfrac{1}{7}$, $y_p = \dfrac{1}{7}e^{2x}\sin 3x$, 同次方程式 $y'' - 2y' + 10y = 0$ の解 $y_0 = c_1 e^{2x}\cos 4x + c_2 e^{2x}\sin 4x$.

∴ 求める解は $y = y_p + y_0 = \dfrac{1}{7}e^{2x}\sin 3x + c_1 e^{2x}\cos 4x + c_2 e^{2x}\sin 4x$. ∎

3. 次の初期条件を満たす微分方程式の解 $y = y(x)$ を求めよ．

(1) $y' = \dfrac{y}{1+x^2}$, $y(0) = 2$ (2) $y' = y - y^2$, $y(0) = 0.5$

(3) $y' = y - y^2$, $y(0) = 1.5$ (4) $y' = y - y^3$, $y(0) = 0.5$

(5) $y' = y - y^3$, $y(0) = 1.5$

解 C, C_1, C_2 は任意定数とする．

(1) $\dfrac{1}{y}\dfrac{dy}{dx} = \dfrac{1}{x^2+1}$. 両辺を積分して $\log|y| = \tan^{-1}x + C$. ここで，log を

外すと $y = C_1 \exp(\tan^{-1} x)$, $y(0) = 2$ より $C_1 = 2$. $\therefore y = 2\exp(\tan^{-1} x)$

(2) $\dfrac{1}{y-y^2} = \dfrac{1}{y} + \dfrac{1}{1-y}$ より, $\dfrac{1}{y-y^2}\dfrac{dy}{dx} = 1$ の両辺を積分すると $\log|\dfrac{y}{1-y}| = x + C$, ここで, $\log$ を外すと $\dfrac{y}{1-y} = C_1 e^x$. $y(0) = 0.5$ より, $C_1 = 1$. よって $\dfrac{y}{1-y} = e^x$. $y = (1-y)e^x$. $y(1+e^x) = e^x$. $\therefore y = \dfrac{e^x}{1+e^x}$

(3) $\dfrac{1}{y-y^2} = \dfrac{1}{y} + \dfrac{1}{1-y}$ より, $\dfrac{1}{y-y^2}\dfrac{dy}{dx} = 1$ の両辺を積分すると $\log|\dfrac{y}{1-y}| = x + C$, $\log$ を外すと $\dfrac{y}{1-y} = C_1 e^x$. $y(0) = 1.5$ より, $C_1 = -3$. よって $\dfrac{y}{1-y} = -3e^x$. $y = -3(1-y)e^x$. $y(3e^x - 1) = 3e^x$. $\therefore y = \dfrac{3e^x}{3e^x - 1}$

(4) $\dfrac{1}{y-y^3} = \dfrac{1}{y} + \dfrac{-1}{2}\dfrac{1}{1+y} + \dfrac{1}{2}\dfrac{1}{1-y}$ より, $\dfrac{1}{y-y^3}\dfrac{dy}{dx} = 1$ の両辺を積分すると $\log|\dfrac{y^2}{1-y^2}| = 2x + C$, $\log$ を外すと $\dfrac{y^2}{1-y^2} = C_1 e^{2x}$, $y(0) = 0.5$ より, $C_1 = \dfrac{1}{3}$. $\therefore \dfrac{y^2}{1-y^2} = \dfrac{1}{3}e^{2x}$. $y^2 = \dfrac{1}{3}(1-y^2)e^{2x}$, $y^2(\dfrac{1}{3}e^{2x}+1) = \dfrac{1}{3}e^{2x}$. よって $y = \sqrt{\dfrac{e^{2x}}{3+e^{2x}}}$

(5) $\dfrac{1}{y-y^3} = \dfrac{1}{y} + \dfrac{-1}{2}\dfrac{1}{1+y} + \dfrac{1}{2}\dfrac{1}{1-y}$ より, $\dfrac{1}{y-y^3}\dfrac{dy}{dx} = 1$ の両辺を積分すると $\log|\dfrac{y^2}{1-y^2}| = 2x + C$, $\log$ を外すと $\dfrac{y^2}{1-y^2} = C_1 e^{2x}$, $y(0) = 1.5$ より, $C_1 = -\dfrac{9}{5}$. $\therefore \dfrac{y^2}{1-y^2} = -\dfrac{9}{5}e^{2x}$. $y^2 = -\dfrac{9}{5}(1-y^2)e^{2x}$, $y^2(-\dfrac{9}{5}e^{2x}+1) = -\dfrac{9}{5}e^{2x}$. よって $y = \sqrt{\dfrac{e^{2x}}{e^{2x} - \frac{5}{9}}}$. ∎

4. (**グロンウオールの不等式**) a を含む区間 I で $f(x)$ は C^1 級の関数とする. K を定数とする. このとき,

(i) $$\dfrac{df}{dx} \leq Kf \quad (a \leq x, x \in I)$$

ならば，$f(x) \leq f(a)\exp(K(x-a))$ $(a \leq x, x \in I)$ が成り立つことを示せ．

(ii) $$Kf \leq \frac{df}{dx} \quad (x \leq a, x \in I)$$

ならば，$f(x) \leq f(a)\exp(K(x-a))$ $(x \leq a, x \in I)$ が成り立つことを示せ．

証明 $g(x) = f(x)\exp(-K(x-a))$ とおく．
$\frac{dg}{dx} = \frac{df}{dx}\exp(-K(x-a)) - Kf(x)\exp(-K(x-a))$ であるから，仮定 (i) より，

$$\frac{dg}{dx} \leq 0 \quad (a \leq x, x \in I) \tag{1}$$

また仮定 (ii) より

$$\frac{dg}{dx} \geq 0 \quad (x \leq a, x \in I) \tag{2}$$

(1) を x について区間 $[a, x]$ $(a < x)$ 上で積分すると

$$g(x) \leq g(a) = f(a) \quad (a \leq x, x \in I) \tag{3}$$

(2) を x について区間 $[x, a]$ $(x < a)$ 上で積分すると

$$f(a) = g(a) \geq g(x) \quad (x \leq a, x \in I) \tag{4}$$

(3) から，$f(x) \leq f(a)\exp(K(x-a)$ $(a \leq x, x \in I)$ を得る．さらに，(4) より $f(x)\exp(-k(x-a)) \leq f(a)$ $(x \leq a, x \in I)$ を得る． $\square$

5. $p(x), q(x)$ は点 a を含む有界な閉区間 I で連続な関数とする．このとき，次の事柄を証明せよ．

初期値問題 $\begin{cases} y' + p(x)y = 0 & (x \in I) \\ y(a) = 0 \end{cases}$

を満たす解 y は $y \equiv 0$ に限ることを示せ．

証明 $f(x) = y^2(x)$ とおく．$f(a) = 0$.
$\frac{df}{dx} = 2y\frac{dy}{dx} = -p(x)2yy = -2p(x)f$.
$\therefore \frac{df}{dx} \leq Kf$. ただし，$K = \max_{x \in I}|-2p(x)|$.
問 4 から，$0 \leq f(x) \leq f(a)\exp K(x-a) = 0$ $(a \leq x)$.

演習問題 8

$$\therefore f(x) = y(x) \equiv 0 \ (x \in I)$$

□

6. 点 p は区間 (α, β) の一つの点とする．このとき，

$$W'' + aW' + bW = 0 \quad (\alpha < x < \beta), \ W(p) = W'(p) = 0$$

の解は $W(x) = 0 \ (\alpha < x < \beta)$ であることを証明せよ．ただし，a, b は定数とする．

証明 $f(x) = (W(x))^2 + (W'(x))^2$ とおく．$f(x)$ を微分すると，

$$\frac{df}{dx} = 2W(x)W'(x) + 2W'(x)W''(x)$$
$$= 2W(x)W'(x) + 2W'(x)[-aW'(x) - bW(x)]$$
$$= (1-b)2W(x)W'(x) - a2(W'(x))^2.$$

$$\therefore \left|\frac{df}{dx}\right| \leq |1-b|[(W(x))^2 + (W'(x))^2] + |2a|(W'(x))^2$$
$$\leq (|2a| + |1-b|)[(W(x))^2 + (W'(x))^2] = (|2a| + |1-b|)f(x).$$

故に $c_1 = |2a| + |1-b|$ とおくと，$\left|\dfrac{df}{dx}\right| \leq c_1 f(x)$. 特に，

$$\frac{df(x)}{dx} \leq c_1 f(x) \qquad (p \leq x < \beta) \tag{1}$$

$$-c_1 f(x) \leq \frac{df(x)}{dx} \qquad (\alpha \leq x < p) \tag{2}$$

上の問 4 (i) と (1) から，$0 \leq f(x) \leq f(p) \exp(c_1 \ (x-p)) \quad (p \leq x < \beta)$.
また，問 4 (ii) と (2) から，$0 \leq f(x) \leq f(p) \exp(-c_1 \ (x-p) \quad (\alpha < x \leq p)$.
ここで，$f(p) = 0$ より，$f(x) = 0 \ (-\alpha < x < \beta)$ ．$\therefore W(x) = 0 \ (\alpha < x < \beta)$.

□

7. λ は定数とする．次の問題の定数でない解 $y(x)$ を求めよ：

$$\begin{cases} y'' = -\lambda y & (0 < x < L) \\ y(0) = y(L) = 0 \\ y(x) \neq 0 & (0 < x < L) \end{cases}$$

解 (i) $\lambda = 0$ のとき，$y'' = 0$ より $y = Ax + B$．$y(0) = y(L) = 0$ より $A = B = 0$ で $y \equiv 0 \ (0 \leq x \leq L)$ となり，これは不適当で解なし．

(ii) $\lambda = -a^2 (a > 0)$ のとき，$y = Ae^{-ax} + Be^{ax}$.
$y(0) = A + B = 0, y(L) = Ae^{-aL} + Be^{aL} = 0$ より，$A = B = 0$ で $y \equiv 0$ $(0 \leq x \leq L)$ となり，これは不適当で解なし．

(iii) $\lambda = a^2$ $(a > 0)$ のとき，$y = A\cos ax + B\sin ax$.
$y(0) = A = 0, Y(L) = B\sin aL = 0$，$y \neq 0$ より，$B \neq 0, a = \frac{n\pi}{L}$ のとき，$\lambda = (\frac{n\pi}{L})^2$ の時，$y = \sin\frac{n\pi}{L}x$ は上の問題の解として適する．
ここで，n は自然数である．よって，$\lambda = \lambda_n = (\frac{n\pi}{L})^2$ $(n = 1, 2, \cdots)$ のときに限り，問題は解 $y_n(x) = B_n \sin\frac{n\pi}{L}x$ $(B_n$ は任意定数である) をもつ． ■

8. λ は定数とする．次の問題の定数でない解 $y(x)$ を求めよ：

(1) $\begin{cases} y'' = -\lambda y & (0 < x < L) \\ y'(0) = y'(L) = 0 \\ y(x) \neq 0 & (0 < x < L) \end{cases}$ (2) $\begin{cases} y'' = -\lambda y & (0 < x < L) \\ y(0) = y'(L) = 0 \\ y(x) \neq 0 & (0 < x < L) \end{cases}$

解 問 7 と同様に考察すると，$\lambda = 0, \lambda = -a^2 (a > 0)$ の場合には $y \neq 0$ なる解 y は存在しない．$\lambda = a^2$ の場合に条件を満たす解は：

(1) $\lambda = \lambda_n = (\frac{n\pi}{L})^2$ $(n = 0, 1, 2, \cdots)$ のときのみ，解 $(y \neq 0)$ が存在し，各 λ_n に対応する解 $y_n(x)$ は $y_n(x) = A_n \cos(\frac{n\pi}{L}x)$ $(n = 0, 1, 2, \cdots)$ である．

(2) $\lambda = \lambda_n = (\frac{(2n-1)\pi}{2L})^2$ $(n = 1, 2, \cdots)$ のときのみ，解 $(y \neq 0)$ が存在し，各 λ_n に対応する解 $y_n(x)$ は $y_n(x) = A_n \sin(\frac{(2n-1)\pi}{2L}x)$ $(n = 1, 2, \cdots)$ である． ■

9. 次の微分方程式の解を求めよ．a は 0 でない定数とする．

$$\frac{d^2y}{dx^2} + \frac{a}{x}\frac{dy}{dx} = 0, \quad y = y(x) \quad (0 < x)$$

(1) $z = \frac{dy}{dx}$ とおくと z は

$$\frac{dz}{dx} + \frac{az}{x} = 0$$

を満たすことを示し，z を求めよ．

(2) $\frac{dy}{dx} = z$ より y を求めよ．

解 C, C_1, C_2 は任意定数とする．

(1) $z = \frac{dy}{dx}$ とおくと $\frac{dz}{dx} = \frac{d^2y}{dx^2}$ であるから，$\frac{d^2y}{dx^2} + \frac{a}{x}\frac{dy}{dx} = \frac{dz}{dx} + \frac{az}{x} = 0$.
$\frac{dz}{dx} + \frac{az}{x} = 0$ は変数分離形だから，これを解くと $z = Cx^{-a}$.

(2) $\dfrac{dy}{dx} = z = Cx^{-a}$ より，

(i) $a \neq 1$ ならば $y = C_1 x^{-a+1} + C_2$ ， (ii) $a = 1$ のとき，$y = C \log x + C_1$. ∎

10. a を正の定数とするとき，微分方程式 $x\dfrac{d^2y}{dx^2} + 2\dfrac{dy}{dx} + a^2 xy = 0,\ y = y(x)\ (0 < x)$ を次のようにして解け．

(1) $y = \dfrac{z}{x}$ とおくと z は $\dfrac{d^2z}{dx^2} + a^2 z = 0$ を満たすことを示し，z を求めよ．

(2) y を求めよ．

解

(1) $y' = \dfrac{z'}{x} - \dfrac{z}{x^2},\ y'' = \dfrac{z''}{x} - \dfrac{2}{x^2}z' + \dfrac{2}{x^3}z.$ $x\dfrac{d^2y}{dx^2} + 2\dfrac{dy}{dx} + a^2 xy = z'' + a^2 z.$ $z'' + a^2 z = 0$ より，$z = C_1 \cos(ax) + C_2 \sin(ax)$.

(2) $y = C_1 \dfrac{\cos(ax)}{x} + C_2 \dfrac{\sin(ax)}{x}$ ∎

11. 次の各問に答えよ．

(1) 微分方程式 $(1-x^2)\dfrac{d^2y}{dx^2} - x\dfrac{dy}{dx} = 0$ において，変数変換 $x = \cos t$ を行うと，y は微分方程式 $\dfrac{d^2y}{dt^2} = 0$ を満たすことを示せ．そして y を求めよ．

(2) 微分方程式 $x^2 \dfrac{d^2y}{dx^2} + 2x\dfrac{dy}{dx} + \dfrac{a^2}{x^2} y = 0 (a\ は定数)$ において，変数変換 $x = \dfrac{1}{t}$ を行うと，y は微分方程式 $\dfrac{d^2y}{dt^2} + a^2 y = 0$ を満たすことを示せ．そして y を求めよ．

(3) 微分方程式 $x^2 \dfrac{d^2y}{dx^2} + 2x\dfrac{dy}{dx} + y = 0$ において変数変換 $x = e^t$ を行うと，y は微分方程式 $\dfrac{d^2y}{dt^2} + \dfrac{dy}{dt} + y = 0$ を満たすことを示せ．そして y を求めよ．

(4) 微分方程式 $\dfrac{d^2y}{dx^2} - \dfrac{dy}{dx} - e^{2x} y = 0$ において，変数変換 $x = \log(1+t)$ を行うと，y は微分方程式 $\dfrac{d^2y}{dt^2} - y = 0$ を満たすことを示せ．そして y を求めよ．

解 C_1, C_2 は任意定数とする．

(1) 合成関数の微分法より $\dfrac{dy}{dt} = \dfrac{dy}{dx}(-\sin t),\ \dfrac{d^2y}{dt^2} = \dfrac{d^2y}{dx^2}(\sin t)^2 - \dfrac{dy}{dx}\cos t.$

$(1-x^2)\dfrac{d^2y}{dx^2} = (\sin t)^2 \dfrac{d^2y}{dx^2} = \dfrac{d^2y}{dt^2} + \dfrac{dy}{dx}\cos t, \quad -x\dfrac{dy}{dx} = \cos t \dfrac{dy}{dx}.$

$\therefore (1-x^2)\dfrac{d^2y}{dx^2} - x\dfrac{dy}{dx} = \dfrac{d^2y}{dt^2}. \quad \dfrac{d^2y}{dt^2} = 0$ を解くと, $y = C_1 t + C_2 = C_1 \cos^{-1} x + C_2$

(2) 合成関数の微分法より $\dfrac{dy}{dt} = \dfrac{dy}{dx}\dfrac{-1}{t^2}, \quad \dfrac{d^2y}{dt^2} = \dfrac{d^2y}{dx^2}\dfrac{1}{t^4} + \dfrac{dy}{dx}\dfrac{2}{t^3} = \dfrac{d^2y}{dx^2}x^4 + 2\dfrac{dy}{dx}x^3. \quad \therefore x^4\dfrac{d^2y}{dx^2} + 2x^3\dfrac{dy}{dx} + a^2y = \dfrac{d^2y}{dt^2} + a^2y.$ よって $\dfrac{d^2y}{dt^2} + a^2y = 0$ を解くと, $y = C_1 \cos(at) + C_2 \sin(at) = C_1 \cos(\dfrac{a}{x}) + C_2 \sin(\dfrac{a}{x}).$

(3) 合成関数の微分法より
$\dfrac{dy}{dt} = \dfrac{dy}{dx}e^t, \quad \dfrac{d^2y}{dt^2} = \dfrac{d^2y}{dx^2}e^{2t} + \dfrac{dy}{dx}e^t = \dfrac{d^2y}{dx^2}x^2 + \dfrac{dy}{dx}x. \therefore x^2\dfrac{d^2y}{dx^2} + 2x\dfrac{dy}{dx} + y = \dfrac{d^2y}{dt^2} + \dfrac{dy}{dt} + y = 0.$ よって $\dfrac{d^2y}{dt^2} + \dfrac{dy}{dt} + y = 0$ を解くと, $y = C_1 \exp(-\dfrac{t}{2})\cos(\dfrac{\sqrt{3}}{2}t) + C_2 \exp(-\dfrac{t}{2})\sin(\dfrac{\sqrt{3}}{2}t). \therefore y = C_1 \dfrac{1}{\sqrt{x}}\cos(\dfrac{\sqrt{3}}{2}\log x) + C_2 \dfrac{1}{\sqrt{x}}\sin(\dfrac{\sqrt{3}}{2}\log x)$

(4) 合成関数の微分法より
$\dfrac{dy}{dt} = \dfrac{dy}{dx}\dfrac{1}{t+1}, \quad \dfrac{d^2y}{dt^2} = \dfrac{d^2y}{dx^2}(\dfrac{1}{t+1})^2 - \dfrac{dy}{dx}(\dfrac{1}{t+1})^2,$
$\dfrac{d^2y}{dx^2} - \dfrac{dy}{dx} - e^{2x}y = e^{2x}\left(e^{-2x}\dfrac{d^2y}{dx^2} - e^{-2x}\dfrac{dy}{dx} - y\right) = e^{-2x}\left(\dfrac{d^2y}{dt^2} - y\right).$

$\therefore \dfrac{d^2y}{dt^2} - y = 0.$

これを解くと, $y = C_1 e^t + C_2 e^{-t} = C_1 \exp(e^x - 1) + C_2 \exp(-e^x + 1).$ ∎

12. κ を正の定数とする. 偏微分方程式 $\dfrac{\partial u}{\partial t} = \kappa^2 \dfrac{\partial^2 u}{\partial x^2}$ の解 $u = u(x,t) (\neq 0)$ が, $u(x,t) = X(x)T(t)$ という形に書かれていると仮定する. このとき,

(1) $X(x), T(t)$ は, α を定数とすると, $\dfrac{dT}{dt} = \alpha \kappa T, \quad \dfrac{d^2 X}{dx^2} = \alpha X$ を満たすことを示せ.

(2) (1) から, $u(x,t) = X(x)T(t) (\neq 0)$ という形の解を求めよ.

解

(1) $u(x,t) = X(x)T(t)$ を $\dfrac{\partial u}{\partial t} = \kappa^2 \dfrac{\partial^2 u}{\partial x^2}$ に代入すると $X(x)\dfrac{dT}{dt} = \kappa^2 T(t)\dfrac{d^2 X}{dx^2}.$

演習問題 8

$u(x,t) = X(x)T(t) \neq 0$ より，$\dfrac{1}{\kappa^2 T}\dfrac{dT}{dt} = \dfrac{1}{X}\dfrac{d^2 X}{dx^2}$ ここで，左辺は t の関数，右辺は x の関数であるから，α を任意定数とすると $\dfrac{1}{\kappa^2 T}\dfrac{dT}{dt} = \dfrac{1}{X}\dfrac{d^2 X}{dx^2} = \alpha$ が成り立つ．∴ $\dfrac{dT}{dt} = \alpha\kappa^2 T, \quad \dfrac{d^2 X}{dx^2} = \alpha X$ を得る．

(2) 2 つの微分方程式 $\dfrac{dT}{dt} = \alpha\kappa T, \dfrac{d^2 X}{dx^2} = \alpha X$ を解く．

以下，C, C_1, C_2 は任意定数とする．定数 α の場合分けをする．

 (i) $\alpha = a^2 \ (a > 0)$ のとき，
$T(t) = \exp(\kappa a^2 t), X(x) = C_1 \exp(ax) + C_2 \exp(-ax)$.
∴ $u(x,t) = X(x)T(t) = \exp(\kappa a^2 t)\left(C_1 \exp(ax) + C_2 \exp(-ax)\right)$

 (ii) $\alpha = -a^2 \ (a > 0)$ のとき，
$T(t) = \exp(-\kappa a^2 t), X(x) = C_1 \cos(ax) + C_2 \sin(ax)$. ∴ $u(x,t) = X(x)T(t) = \exp(-\kappa a^2 t)\left(C_1 \cos(ax) + C_2 \sin(ax)\right)$

 (iii) $\alpha = 0$ のとき，$T(t) = C, \ X(x) = C_1 x + C_2$. ∴ $u(x,t) = C(C_1 x + C_2)$ ∎

索　引

あ　行

アステロイド　122
1階線形微分方程式　219
1対1の上への関数　11
1対1の関数　11
1次近似　153
1次独立　227
一般解　210
陰関数　163
陰関数定理　163
上への関数　11
円環面　193
円柱座標　183
オイラーの関係式　65

か　行

開区間　1
カテナリー　120
関数　9
関数行列　157
関数行列式　157
完全微分方程式　217
基本解系　227
逆関数　11
逆三角関数　20
逆正弦関数　20
逆正接関数　20
逆余弦関数　20
級数　22
球面座標　183
極限　2

極限値　2, 35
極値　68, 161
区間　1
区分求積法　117
グラディエント　150
グロンウォールの不等式　239
元　1
原始関数　87
高位の無限小　38
広義積分　114, 190
高次導関数　53
高次偏導関数　151
合成関数　12
合成関数の微分　50, 54, 154
勾配　150
コーシーの平均値の定理　58
弧度法　14

さ　行

サイクロイド　119, 120
最小　41
最大　41
最大値-最小値の定理　41, 147
指数関数　17
自然対数　18
自然対数の底　18
重積分　171
収束　2, 22, 35
常用対数　18
初期値問題　220
振動　5
シンプソン公式　124

数値解　71
数列　2
整関数　10
正弦関数　15
正接関数　15
正割関数　15
積分可能　114
積分区間　114
積分順序の交換　174
積分定数　87
積分の平均値の定理　109
接線　47
絶対収束　22
接平面　154
線形近似　153
全微分　48, 153
全微分可能　152
全微分の不変性　155
全微分方程式　217
双曲線関数　21

た 行

台形公式　123
対数関数　18
対数微分法　50
多変数関数　145
単調関数　10
単調減少関数　10
単調減少数列　4
単調数列　4
単調増加関数　9
単調増加数列　4
値域　9
置換積分　89, 112
中間値の定理　40
中点公式　123
定義域　9
定積分　108
テイラー級数　160

テイラー級数展開　64
テイラー展開　160
テイラーの定理　59, 159
停留点　161
等位曲線　145
等位面　145
導関数　48
等高線　145
同次形　213
同次線形2階微分方程式　226
トーラス　193
特解　210
特性方程式　227
度数法　14

な 行

2階線形微分方程式　226
二項定理　5
2分法　71
ニュートン法　71

は 行

はさみうちの原理　3, 36
発散　3, 22, 138
半減期　211
左側極限値　37
微分可能　47
微分係数　47
微分する　48
微分積分の基本定理　110
微分できない　47
微分不可能　47
微分方程式　210
フーリエ級数　129
フーリエの定理　129
不定形　66
不定積分　87
部分積分　90, 112
部分分数分解　91

索　引

分数関数　10
平均値の定理　57
平均変化率　47
閉区間　1
ベルヌーイの微分方程式　220
変数分離形　210
偏導関数　149
偏微分　149
偏微分係数　148
方向微分係数　150
補助方程式　227
ポテンシャル面　145

ま　行

マクローリン級数　160
マクローリン級数展開　64
マクローリン展開　160
マクローリンの定理　60, 160
マチンの公式　29
右側極限値　37
無限級数　22
無限小　38
無限大　1
無理関数　12

や　行

ヤコビアン　157, 181
ヤコビ行列　157
有界　4
有理関数　10
要素　1
余弦関数　15
余接関数　15
余割関数　15

ら　行

ライプニッツの公式　55
ラグランジュの乗数　164
ラグランジュの剰余項　60
ラグランジュの未定乗数法　164
ラゲール多項式　78
ラジアン　14
リプシッツ条件　234
臨界点　161
累次積分　173
ルジャンドル多項式　77
連鎖律　50, 54
連続　39
ロピタルの定理　66
ロルの定理　57

A～Z

$\arccos x$　20
$\arcsin x$　20
$\arctan x$　20
C^∞ 級　53, 152
C^n 級　53, 152
$\cos^{-1} x$　20
$\cosh x$　21
e　6
grad　150
$\max(a, b)$　1
$\min(a, b)$　1
∇　150
$\sin^{-1} x$　20
$\sinh x$　21
$\tan^{-1} x$　20
$\tanh x$　21

著者略歴

笹野　一洋（ささの　かずひろ）
1977 年　東京大学理学部数学科卒業
1986 年　同大学院博士課程修了
　　　　　富山医科薬科大学講師，助教授を経て
現　在　富山大学教授
　　　　　理学博士（東京大学）

南部　徳盛（なんぶ　とくもり）
1996 年　九州大学大学院理学研究科修士課程修了
　　　　　九州大学教授，富山医科薬科大学教授，
　　　　　富山大学教授を歴任
　　　　　博士（理学）（九州大学）

松田　重生（まつだ　しげお）
1971 年　新潟大学大学院理学研究科修士課程修了
　　　　　富山県立技術短期大学助教授を経て
現　在　富山高等専門学校名誉教授

よくわかる微分積分概論演習

Ⓒ2005　笹野・南部・松田　　Printed in Japan

2005 年 2 月 15 日　初　版　発　行
2020 年 3 月 31 日　初版第 7 刷発行

著　者　　笹　野　一　洋
　　　　　南　部　徳　盛
　　　　　松　田　重　生
発行者　　井　芹　昌　信
発行所　　株式会社　近代科学社
〒162-0843　東京都新宿区市谷田町2-7-15
電話 03-3260-6161　振替 00160-5-7625
https://www.kindaikagaku.co.jp

大日本法令印刷　　ISBN978-4-7649-1045-4

定価はカバーに表示してあります。